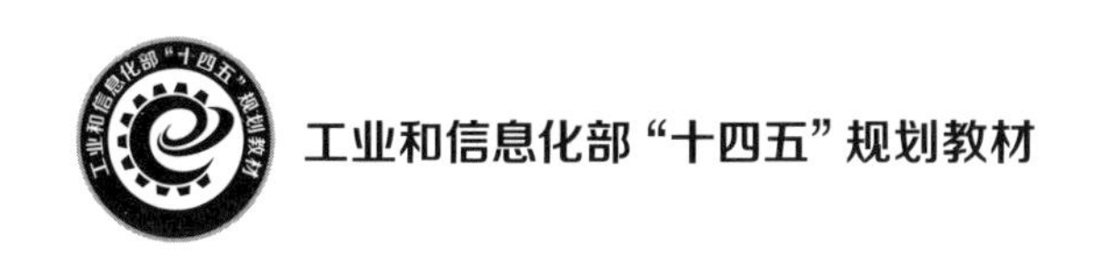

名校名师精品系列教材

Big Data Analysis and Processing

大数据分析处理

慕课版

郭永洪 贺萌 | 主编
丁慧 曹昊 | 副主编

人 民 邮 电 出 版 社
北 京

图书在版编目（CIP）数据

大数据分析处理 : 慕课版 / 郭永洪, 贺萌主编. -- 北京 : 人民邮电出版社, 2024.2
名校名师精品系列教材
ISBN 978-7-115-62827-5

Ⅰ. ①大… Ⅱ. ①郭… ②贺… Ⅲ. ①数据处理－教材 Ⅳ. ①TP274

中国国家版本馆CIP数据核字(2023)第189840号

内 容 提 要

本书采用理论知识与任务案例相结合的形式，系统地阐述大数据分析处理工作流程中的重要步骤，介绍大数据分析处理过程中常用的第三方库。全书共 13 个单元，单元 1 介绍大数据分析的概念等内容；单元 2 和单元 3 介绍使用 numpy 与 pandas 实现科学计算与统计分析的相关知识；单元 4～单元 7 介绍使用 pandas 实现数据预处理的方法；单元 8 介绍使用 scikit-learn 构建简单的机器学习模型的方法；单元 9 介绍使用 matplotlib、seaborn 等绘制图表的方法；单元 10～单元 13 介绍 4 个大数据分析处理的综合案例。单元 1～单元 9 中，每个单元都包含相关知识部分和任务实现部分，任务实现部分一般包含多个任务的具体实现过程，每个任务后都有课堂实践，通过完成实践操作，读者可以进一步巩固所学知识。

本书既可作为高等院校大数据技术专业学生的教材，也可作为大数据技术爱好者的自学用书。

◆ 主　　编　郭永洪　贺　萌
副 主 编　丁　慧　曹　昊
责任编辑　刘　佳
责任印制　王　郁　焦志炜

◆ 人民邮电出版社出版发行　　北京市丰台区成寿寺路 11 号
邮编　100164　　电子邮件　315@ptpress.com.cn
网址　https://www.ptpress.com.cn
涿州市京南印刷厂印刷

◆ 开本：787×1092　1/16
印张：17.75　　2024 年 2 月第 1 版
字数：429 千字　　2024 年 11 月河北第 2 次印刷

定价：69.80 元

读者服务热线：(010)81055256　印装质量热线：(010)81055316
反盗版热线：(010)81055315
广告经营许可证：京东市监广登字 20170147 号

前 言 FOREWORD

当前，全球已经进入“数字经济”时代，数据的价值愈发凸显，大数据作为一个新兴的技术产业正逐步融入我国经济发展的各个领域。近年来，数字化趋势下的新一代信息技术与实体经济深度融合，成为推动经济发展的新引擎，数据成为驱动经济发展的重要新型生产要素，对整个社会产生显著、深刻的影响。2020 年，《中共中央 国务院关于构建更加完善的要素市场化配置体制机制的意见》将数据作为一种新型生产要素，与传统生产要素并列，明确提出加快培育数据要素市场，主要措施包括推进政府数据开放共享、提升社会数据资源价值、加强数据资源整合和安全保护。近年来，越来越多的行业决策开始从业务驱动向数据驱动转变，要促进行业的发展需要大量的掌握数据分析处理技术的人员。

为加快推进党的二十大精神进教材、进课堂、进头脑，编写本书时编者将“立德树人”有机融入其中，丰富本书内容。党的二十大报告指出：“坚持创新在我国现代化建设全局中的核心地位。”本书是“中国特色高水平高职学校和专业建设计划”项目中软件技术（软件与大数据技术）专业群教材建设成果之一，依托已建成的在线共享课程“大数据分析处理”数字化资源，构建书证融通、立体化新形态教材。编写本书时根据《数据应用开发与服务(Python)职业技能等级标准》，将大数据分析处理行业的新技术、新规范、新标准融入教材；参考企业对大数据分析处理相关岗位人员的任职要求规划教材内容。本书采用理论与实践相结合的方式讲解大数据分析处理的基础知识和实现技术。全书共 13 个单元，内容包括大数据分析概述、numpy 科学计算基础、pandas 统计分析基础、数据读取与写入、数据质量与数据清洗、数据合并与数据转换、数据分组与数据聚合、scikit-learn 机器学习、使用统计图表展示数据、某地区电力公司用户付费行为预测、《你好，旧时光》文本挖掘分析、基于大数据可视化的城市通勤特征分析研究、上市公司新闻情感与股票价格的关系。单元 1 ~ 单元 9 由学习目标、相关知识、任务实现、素养拓展、单元小结、课后习题组成，单元 10 ~ 单元 13 是 4 个综合案例，由项目目标、相关背景知识、任务实现、项目总结、项目实践组成。本书内容有机融入大数据分析处理知识点和技能点，由浅入深、循序渐进，通过课后习题检测学生所学知识，通过课堂实践和项目实践进一步提升学生实践技能。

本书编写组成员具有丰富的课程建设经验和教材编写经验。郭永洪和贺萌是本书的主编，负责编写、统稿、审稿和定稿，贺宁、曹昊、丁慧、许秋熹参与本书编写。具体编写分工为：单元 1、单元 2、单元 9、单元 10 和单元 11 由贺萌编写，单元 3 由贺宁编写，单元 4、单元 12 和单元 13 由郭永洪编写，单元 5 和单元 7 由曹昊编写，单元 6 由丁慧编写，单元 8 由许秋熹编写。

本书编写时得到南京青橙科技有限公司的大力支持，高级工程师解冰和张金君对本书中的任务设计及技术实现给予充分的指导，提出许多宝贵意见，在此表示衷心感谢。此外，由于编者水平有限，书中难免有疏漏和不足之处，恳请广大读者批评指正。

编 者

2023 年 9 月

目录 CONTENTS

目　录

单元 1 大数据分析概述

什么是大数据分析？它有什么作用？什么情况下需要使用它？它的流程是什么？使用 Python 实现大数据分析，应该做哪些准备工作？可以使用哪些平台？如何搭建这些平台？

以上这些问题，就是本单元需要回答的问题。通过对本单元的学习，我们将了解与大数据分析相关的概念，并且学会搭建基于 Python 的大数据分析环境。

学习目标

【知识目标】

- 了解大数据分析的概念
- 了解大数据分析的发展过程
- 了解大数据分析的应用场景
- 了解大数据分析的流程
- 了解常用大数据分析技术

【能力目标】

- 能够根据业务需求选择合适的大数据分析技术
- 能够使用 pip 和 PyCharm 完成对 Python 库的管理

【素养目标】

- 使学生了解大数据对当今社会的影响，以及这门课在大数据专业中的重要性，帮助学生对本专业树立坚定的信念

微课 1

什么是大数据分析

相关知识

1. 大数据分析的概念

我们需要先了解一下数据分析和数据挖掘的概念，这样有助于我们了解大数据分析的概念。

数据分析是指根据分析目的，采用对比分析、分组分析、交叉分析和回归分析等分析方法，对收集来的数据进行处理与分析，提取有价值的信息，发挥数据的作用，得到一个特征统计量结果的过程。

数据挖掘是指从大量的、不完全的、有噪声的、模糊的、随机的实际应用数据中，通过应用聚类、分类、回归和关联规则等技术，挖掘潜在价值的过程。

大数据分析是指使用适当的统计分析方法对收集来的大量数据进行分析，从中提取有用信息，形成结论，并加以详细研究和概括总结的过程。大数据分析的目的是从一大批看似杂乱无章的数据集中提炼出有用的数据，以找出所研究对象的内在规律，它是现代社会不可或缺的一门学科。通过大数据分析，制造业从业人员可以对产品进行优化，营销人员可以调整营销策略，金融从业人员可以规避投资风险，即大数据分析可以使他们在自己的行业内更具竞争力。

2. 大数据分析的发展过程

大数据分析的发展过程依托于整个大数据领域的产生和发展。大数据分析能够发展到今天，离不开数据量的发展和分析技术的发展，主要体现在以下几个方面。

（1）互联网数据大爆炸

近年来，随着大数据、云计算、物联网、移动互联网、人工智能等技术的发展，数字化浪潮正席卷全球。由此带来的海量异构化数据，以及新业务的个性化需求，引发了互联网数据的“大爆炸”，人们已经难以用传统方式捕捉、管理和处理数据了。海量异构化数据的出现，推动了大数据分析的发展。

（2）商务智能的发展

商务智能（Business Intelligence，BI）是指用现代数据仓库技术、线上分析处理技术、数据挖掘和数据展现技术进行数据分析以实现商业价值。20 世纪末，第一次出现了 BI 的概念。BI 提供了使企业能迅速分析数据的技术和方法，可收集、管理和分析数据，将这些数据转化为有用的信息，然后分发到企业各处。

BI 系统的发展有以下几个特点。

① 在功能上具有可配置性、灵活性。

对于用户在职权、需求上的差异，BI 系统提供了广泛的、具有针对性的功能，从简单的数据获取，到利用 Web、局域网和广域网进行丰富的交互，再到决策信息和知识的分析和使用。

② 从单独的 BI 系统向嵌入式 BI 系统发展。

这是目前 BI 系统发展的一大趋势，即在企业现有的事务处理系统（如财务系统、销售系统等）中嵌入 BI 组件，使普遍意义上的事务处理系统具有 BI 的特性。

③ 从传统功能向增强型功能转变。

增强型的 BI 功能是相对于早期的用结构查询语言（Structure Query Language，SQL）工具实现查询的传统 BI 功能而言的。目前应用中的 BI 系统除实现传统 BI 系统的功能之外，大多数已实现了数据分析层的功能。而数据挖掘、企业建模是 BI 系统应该加强的功能，加强这些功能能更好地提高系统性能。

（3）大数据分析技术的发展

近年来，数据采集、存储、安全等方面的技术更加成熟，从而带动了大数据分析技术的发展。利用大数据分析技术可以从海量数据中提取有价值的信息，并对这些信息进行分析和预测，例如，风险预测与防范、用户忠诚度分析与用户流失预测、市场数据分析与业务决策等。

大数据分析技术主要是从结构化数据和非结构化数据中挖掘有用的信息，得出有用的结论。未来，大数据分析技术将向这两个方向发展。

① 对海量的结构化和非结构化数据进行分析，挖掘数据背后的信息。

② 对非结构化数据进行深度分析，将文字、图像、音频、视频等类型的信息转化成有用的结论。

目前，比较主流的大数据分析平台，既有开源的 Hadoop，也有阿里云的云原生大数据计算服务 MaxCompute。

3. 大数据分析的应用场景

大数据分析在商业、制造业、传媒业等行业都有广泛的应用。例如，商业中的客户监控、信用评估，制造业中的产品质量检测，传媒业中的新闻推荐等应用是常见的应用场景。以下是大数据分析应用场景的经典案例。

（1）中国移动客户流失预警

通过大数据分析，中国移动能够对企业运营的全业务进行针对性的监控、预警、跟踪，大数据系统可以在第一时间自动捕捉市场变化，再以最快捷的方式将其推送给指定负责人，使他在最短时间内获知市场变化。

例如，一个客户，每月准时缴费、平均一年致电客服 3 次、使用无线接入点（Wireless Access Points，WAP）。如果按照传统的数据分析，这可能是一位客服满意度非常高、流失概率非常低的客户。事实上，当搜集了社交媒体等新型数据源的客户数据之后，这位客户的真实情况可能是这样的：客户在某个固定地点手机经常断线，使用体验极差，有流失风险。这就是关于中国移动的一个大数据分析的应用场景。通过全面获取并分析业务信息，可能会得到颠覆常规分析思路的结论，因此企业应该打破传统数据源的边界，注重社交媒体等新型数据源，通过各种渠道获取尽可能多的客户反馈信息，并从这些数据中挖掘更多的价值。

（2）银行信用评估

近年来，随着经济的发展，以及人民消费水平的提高，消费贷款业务迅速发展，个人信用风险受到了越来越多的关注。无论是企业信用风险评估，还是个人信用风险评估，都非常复杂，涉及诸多元素。面对业务量的不断增加，信贷人员经验不足、银行授信措施不够健全等问题暴露了出来。因此，各大银行都陆续构建出了科学、合理的信用评估模型，以便提高竞争力，这是大数据分析在金融界的应用场景。

4. 大数据分析流程

大数据分析流程大致分为大数据采集、大数据预处理、大数据存储与管理、大数据分析与挖掘、大数据可视化这 5 个阶段，如图 1-1 所示。

图 1-1 大数据分析流程的 5 个阶段

微课 2

大数据分析流程

（1）大数据采集

大数据采集，是指从各种不同的数据源中获取数据并进行数据存储与管理，为后面的阶段做准备。数据可以来自以下几个方面：

Web 端，包括基于浏览器的网络爬虫或者应用程序接口（Application Program Interface，API）；

App 端，包括无线客户端采集软件开发工具包（Software Development Kit，SDK）或者埋点；

传感器，包括温度传感器、视觉传感器、光敏传感器等；

数据库，涉及源业务系统和数据同步，包括结构化数据与非结构化数据。

大数据采集通常使用 ETL 技术，ETL 是英文 Extract Transformation Load 的缩写，用来描述将数据从来源端（如数据库、文件等）经过抽取（Extract）、转换（Transform）、装载（Load）至目的端（如目的数据源等）的过程。ETL 一词较常用于数据仓库，但其对象并不限于数据仓库。

抽取：从各种数据源获取数据。

转换：按需求格式将源数据转换为目标数据。

装载：把目标数据装载到数据仓库中。

ETL 的过程如图 1-2 所示。

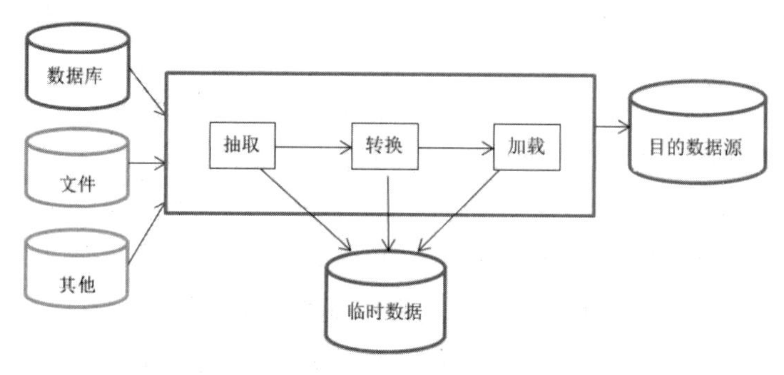

图 1-2 ETL 的过程

目前市场上主流的 ETL 工具有 Pentaho Data Integration、DataStage 和 DataX。

① Pentaho Data Integration，支持跨平台运行，其特性包括：支持 100%无编码，采用拖曳方式开发 ETL 数据管道，可对接传统数据库、文件、大数据平台、接口、流数据等数据源。

② DataStage，是由国际商业机器（International Business Machines，IBM）公司开发的一套专门对来自多种数据源的数据的抽取、转换和装载过程进行简化和自动化，并将数据输入目的数据源的集成工具。

③ DataX，是阿里巴巴集团内被广泛使用的离线数据同步工具/平台，可在 MySQL、Oracle、SQL Server、PostgreSQL、HDFS、Hive、ADS、HBase、Tablestore（OTS）、MaxCompute（ODPS）、DRDS 等各种异构数据源之间实现高效的数据同步功能。

（2）大数据预处理

大数据预处理主要分为 4 个步骤，即数据清洗、数据集成、数据规约和数据变换，如图 1-3 所示。它们需要分别完成自己的工作，下面简单介绍一下。

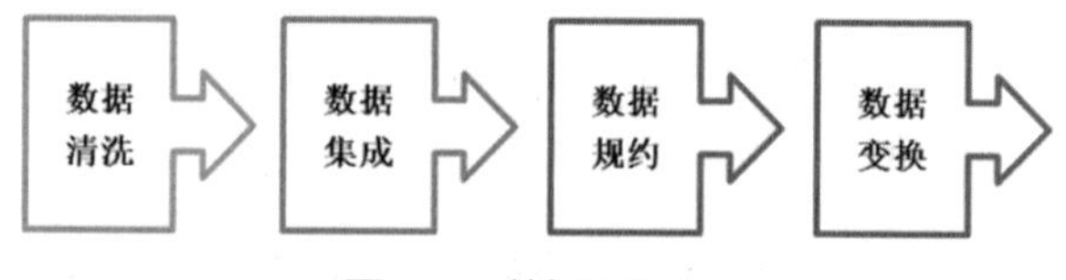

图 1-3 数据预处理

① 数据清洗。

数据清洗是一项复杂且烦琐的工作，也是整个大数据分析流程中最为重要的环节之一。数据清洗的目的在于提高数据质量，将脏数据“清洗”干净，使原数据具有完整性、唯一性、权威性、合法性和一致性等特点。

脏数据是指由于重复输入、输入格式不一致的数据等不规范的操作，产生的不完整、不准确、无效的数据。越早处理脏数据，数据清洗操作越简单。

数据清洗主要包括缺失值处理和噪声处理。

缺失值是指现有数据集中某个或某些属性的不完整的值。缺失值处理方法有简单删除、数据补齐、人工填写和平均值填充的方法。当数据集中的缺失值样本比较少时，可以使用简单删除法，删除包含缺失值的样本，或者用人工填写的方法补全缺失值样本。当数据集中的缺失值样本比较多时，可以使用 K-means 填充、回归法等数据补齐的方法或平均值填充的方法，将缺失值样本补全。

噪声是指被测量的变量的随机误差或偏差。噪声是指测量变量中的随机误差或偏差。噪声数据的处理方法有分箱、聚类等方法。分箱是指按照数据的属性值划分子区间，将待处理的数据按照一定的规则划分到子区间中，分别对各个子区间中的数据进行处理。聚类是指将对象的集合分组为由类似的对象组成的多个类，找出并清除落在类之外的值。

② 数据集成。

数据集成是指将不同来源、格式、特点性质的数据集成到一起，使用户能够以透明的方式访问这些数据源。

数据集成的方法：联邦数据库、中间件集成、数据复制。

联邦数据库：将各数据源的数据视图集成为全局模式。

中间件集成：通过统一的全局数据模型来访问异构数据源。

数据复制：将各个数据源的数据复制到同一处，即数据仓库。

③ 数据规约。

在现实场景中，数据集是很庞大的，数据是海量的，在整个数据集上进行复杂的数据分析和挖掘需要花费很长的时间。

数据规约的目的就是从原有庞大数据集中获得一个精简的数据集，并使这一精简的数据集保持原有数据集的完整性，在这一精简的数据集上进行数据挖掘显然效率更高，并且挖掘出来的结果与使用原有数据集所获得的结果是基本相同的。

数据规约方式包括维规约、数量规约、数据压缩等。

维规约：减少所考虑的随机变量或属性的个数。

数量规约：用较小的数据替换原始数据。

数据压缩：使用变换得到原始数据的“压缩”表示，从压缩数据恢复为原始数据，不损失信息的压缩是无损压缩，损失信息的压缩是有损压缩。

④ 数据变换。

数据变换是指对数据进行变换处理，使数据更符合当前任务或者算法的需求。它的主要目的是将数据转换或统一成易于进行数据挖掘的数据存储形式，使得挖掘过程更加有效。

常用的数据变换方式有数据规范化和数据离散化。

数据规范化：为消除数据的量纲和取值范围的影响，将数据按照比例进行缩放，使之落入一个特定的区域，便于分析。

连续值离散化：将数据取值的连续区间划分为小的区间，再将每个小区间重新定义为一个唯一的取值。

（3）大数据存储与管理

在“大数据”时代，数据库并发负载非常高，往往每秒要处理上万次读写请求。关系数据库能勉强应付上万次 SQL 查询，但是应付上万次 SQL 写数据请求，硬盘输入输出（Input/Output，I/O）模块就无法承受了。大型的社交网站（Social Networking Site，SNS）中，用户每天产生海量的动态，对于关系数据库来说，在庞大的表里面进行 SQL 查询，效率是极其低下的。所以上面提到的这些问题和挑战催生了一种新型数据库技术，它就是 NoSQL。

NoSQL 抛弃了关系模型并能够在集群中运行，不用事先修改结构定义也可以自由添加字段，这些特征决定了 NoSQL 非常适用于大数据环境，因此其得到了迅猛的发展和推进。

（4）大数据分析与挖掘

大数据分析是使用适当的统计分析方法对收集来的大量数据进行分析，从中提取有用信息，形成结论，并加以详细研究和概括总结的过程。在大数据分析领域中，最常用的 3 种大数据分析类型包括相关性分析、因果推断、采样分析。

① 相关性分析。

相关性分析是指对两个或多个具备相关性的变量元素进行分析，从而衡量两个或多个变量元素的相关程度。相关性分析要求被分析变量之间需要存在一定的联系才可以进行。

② 因果推断。

因果推断是指基于某些出现的现象之间的因果关系得出结论的过程。因果推断的要求原因先于结果，原因和结果具有相关性。

③ 采样分析。

采样分析是指当无法对一个问题非常精确地进行分析时，通过采样求解近似值，其中的核心问题是如何进行随机模拟。

大数据挖掘是指从大量的、不完全的、有噪声的、模糊的、随机的实际应用数据中，提取隐含在其中人们事先不知道的、但又是潜在有用的信息和知识的过程。数据挖掘可以描述为，按企业既定业务目标，对大量的企业数据进行探索和分析，揭示隐藏的、未知的规律或验证已知的规律，并进一步将其模型化的有效方法。

传统的数据分析是基于假设驱动的，一般都是先给出一个假设然后通过数据验证。数据挖掘在一定意义上是基于发现驱动的，就是通过大量的搜索工作从数据中自动提取出信息或知识，即数据挖掘是要发现那些不能靠直觉发现的信息或知识，甚至是违背直觉的信息或知识，挖掘出的信息或知识越是出乎意料，就可能越有价值。

（5）大数据可视化

大数据可视化是将大规模、复杂和多维度的数据通过图表、图形、地图等视觉元素的方式进行展示和呈现，帮助人们更直观地理解和分析大数据。通过使用适当的图表和图形，大数据可视化可以将庞大的数据集转化为易于理解和解释的可视化表达形式，使决策者、分析师和普通用户能够更深入地洞察数据背后的深层信息。通过大数据可视化，人们可以更加直观地理解数据，发现潜在的机会，并制定相应的决策和战略。

大数据可视化的常见方法有以下几种。

① 统计图表：指标看板、饼图、直方图、散点图、柱状图等传统BI统计图表。

② 二维、三维区域：使用地理空间数据可视化技术，往往涉及事物特定表面上的位置。如点分布图，它可以用来显示特定区域的情况。

③ 时态：时态数据可视化是指数据以线性的方式展示。最为关键的是时态数据可视化有一个起点和一个终点。如散点图，它可以用来显示某些区域的温度信息。

④ 多维：可以通过使用常用的多维方法来展示二维或高（多）维度的数据。如饼图，它可以用来显示政府开支等。

⑤ 分层：分层方法用于呈现多组数据。这种数据可视化方法通常展示的是大群体里面的小群体。

⑥ 网络：在网络中展示数据间的关系，它是一种常见的展示大量数据的方法。

5. 传统的统计分析软件

早在大数据概念提出之前，统计分析就已经应用于很多行业和领域中。在20世纪，计算机开始应用于科学研究当中，很多计算、统计、分析等工作可以交给计算机完成。那时，就已经出现了用于统计分析的软件。下面，我们来介绍几种传统的统计分析软件。

微课3

大数据分析常用技术

（1）电子表格软件Excel

电子表格软件Excel适合简单的统计分析，其内置的数据分析工具不仅方便好用，功能也基本齐全，可以完成专业数据分析工作，比如，描述统计、相关系数、方差分析、回归、抽样等。

（2）商业统计分析软件SPSS

SPSS是一款商业统计分析软件，它轻量、易于使用，是世界上最早采用图形菜单驱动界面的统计软件，操作界面友好，输出结果美观。它采用类似Excel表格的方式输入与管理数据，数据接口较为通用，能方便地从其他数据库中读入数据。

（3）统计分析软件SAS

SAS统计分析软件，功能丰富，具有强大的绘图能力，且支持通过编程扩展其分析能力，适合复杂与高要求的统计分析。它由数十个专用模块构成，功能包括数据访问、数据储存及管理、应用开发、图形处理、数据分析、报告编制等。

6. 大数据分析编程语言

当分析、处理的数据越来越多，对数据分析与挖掘的要求越来越高的时候，我们可以使用编程语言来实现大数据分析。目前，比较主流的可以用于大数据分析的编程语言有以下几种。

（1）R语言

R语言是用于统计分析、统计绘图的语言。R语言是最适合具有统计研究背景的人员学习的编程语言之一，它具有丰富的统计分析功能库以及可视化绘图函数可以供使用者直接调用。

（2）Python 语言

Python 语言在大数据分析方面的应用也不可忽视。Python 与 R 相比速度更快。Python 可以直接处理 GB 级数据；R 分析处理数据时则需要先通过数据库把大数据转化为小数据。在某些分析领域，Python 代替 R 的趋势逐渐显现。

（3）Java 语言

Java 语言不能提供 R 和 Python 同样质量的可视化，并且它并非统计建模的最佳选择。但是，如果面对金融数据处理、游戏数据处理，那么 Java 往往是你的最佳选择。

（4）Scala 语言

Scala 是一种多范式、类似于 Java 的编程语言。Java 和 Python 是 Hadoop 平台比较常见的编程语言，而在 Spark 平台下，往往更为常见的是 Scala 语言。它正日益成为大规模机器学习或构建高层次算法的工具。

7. 大数据可视化分析工具

在对大数据进行分析，得出结论以后，如果能以图像、图表的形式将结论展示出来，效果会更好。因此，近年来市场上出现了很多大数据可视化分析工具。下面，我们来重点介绍几种工具。

（1）Tableau

Tableau 长期以来一直被誉为最好的大数据可视化分析工具之一。它的主要特性包括：可定制的界面；可嵌入 Salesforce、SharePoint 和 Jive 等应用程序；可实时交互，支持数据挖掘；可与动态数据和内存数据实时连接等。

（2）QlikView

QlikView 是 QlikTech 公司的旗舰产品，近几年成为全球最受欢迎的 BI 产品之一。它可能是 Tableau 最强的竞争对手之一。它的主要特性包括：支持嵌入式分析、支持与 Python 等第三方引擎的高级分析集成、可定制的界面、支持预测分析、支持共享文件管理等。

（3）Microsoft Power BI

Microsoft Power BI 界面会带给人一种熟悉感，易于新用户上手和使用。它的主要特性包括：支持交互式界面与实时共享数据、支持用户自定义创建报告、支持简易获取数据与数据集共享、支持自然语言提问、基于云实现等。

任务实现

任务 1.1 根据业务需求选择合适的大数据分析技术

本任务的主要内容：

- 对大数据分析案例进行业务需求分析；
- 为大数据分析案例选择合适的大数据分析技术。

1.1.1 业务需求分析

在前面的相关知识中，我们介绍了大数据分析的概念、发展过程、应用场景、流程等。那么，当我们在现实中遇到需要使用大数据分析技术来进行分析、得出结论、给出建议的案例时，我们应该怎么做呢?

国内某电信运营商，业务覆盖全国，客户量极其庞大。但这些年来，随着其他运营商的发展，移动通信业务竞争非常激烈，该运营商的客户也出现了严重的流失。是什么因素导致客户流失呢？怎么做才能减少这样的流失？这是该运营商目前亟待解决的问题。

那么，我们就来讨论一下，类似这样的对运营商客户流失因素进行分析的案例应该如何解决。

运营商客户流失因素，一定会涉及多个方面，我们拿到一份关于运营商客户的数据，其中包括以下特征：

- 信用等级；
- VIP 等级；
- 本月话费；
- 通话时长；
- 通话次数；
- 短信发送数；
- 上网流量；
- 性别；
- 年龄。

接下来，我们需要做以下工作：

（1）数据导入；

（2）数据探索与预处理；

（3）数据特征分析；

（4）数据分析与建模；

（5）模型评估；

（6）分析结果的可视化展示。

要想完成这些工作，我们需要选择哪些大数据分析技术呢?

1.1.2 选择大数据分析技术

随着大数据分析技术的发展，大数据分析工具也层出不穷。正如前面相关知识中所讲到的，从传统的统计分析软件，到大数据分析编程语言，再到大数据可视化分析工具，大数据分析工具的使用越来越方便，分析结果的展示方式也越来越多样化。

在本次任务一开始，我们就提出了关于运营商客户流失因素分析的案例，在 1.1.1 小节我们已经提出了该案例的业务需求。那么应该为这个案例选择什么样的大数据分析技术呢?

在当今大数据及人工智能领域中，Python 语言凭借自身的优势脱颖而出，成为使用非常广泛的程序设计语言。说到 Python，就不得不提创造这个语言的人，也就是被称为 Python 之父的吉多·范罗苏姆。

1989 年，范罗苏姆为了打发时间，决心开发一个新的脚本解释程序，作为 ABC 语言的一种继承。Python 这个单词的意思是蟒蛇，所以它的 logo 是由两条蟒蛇组成的，如图 1-4 所示。

Python 具有以下特点。

图 1-4　Python 的 logo

第一，开源。Python 是一种开源编程语言，使用基于社区的模型开发。它可以在 Windows 和 Linux 平台中运行。除此之外，也可以将其移植到其他平台，因为它支持多个平台。

第二，速度快。Python 是一种高级语言，它契合原型设计思想，开发者可以使用它快速编码，同时保持代码与执行过程之间的高度透明性。由于这种透明性，代码的维护以及将其添加到多用户开发环境中的代码库变得容易。

第三，支持多种数据处理。Python 提供了对文本、图像和多媒体数据的高级支持，它支持对非结构化数据和非常规数据的数据处理，这是分析社交媒体数据时的常见大数据需求。这是 Python 能够与大数据分析相结合的另一个原因。

第四，也是非常重要的一点，就是 Python 语言支持多种库。Python 广泛应用于各个行业领域的科学计算，它包含大量经过良好测试的第三方库，主要包括以下几类：

（1）数值计算；

（2）数据预处理；

（3）统计分析；

（4）机器学习；

（5）可视化。

这些第三方库里面有很多函数，完全可以用来解决运营商客户流失因素分析案例中需要解决的问题。因此，在本教材中，我们将使用 Python 语言的库来完成每一个任务。那么使用 Python 语言的库需要哪些准备呢？在任务 1.2 中，我们将详细地进行介绍。

任务 1.2　使用 pip 和 PyCharm 完成 Python 库的管理

本任务的主要内容：

- 使用 pip 命令管理 Python 库；
- 使用 PyCharm 平台管理 Python 库。

微课 4

python 如何处理大数据

1.2.1　了解 Python 常用库

Python 本身的数据分析功能并不强大，需要安装一些第三方的扩展库来增强它的功能。随着 Python 语言的不断发展，目前 Python 支持的第三方库越来越多，本节将要重点介绍以下几个库：

- numpy；
- pandas；
- scikit-learn；
- matplotlib。

numpy 是 Python 的一种开源的数值计算扩展，这种工具可用来存储和处理大型矩阵。

pandas 是 Python 的一个数据分析包，该工具是为解决数据分析任务而创建的。pandas 纳入了大量的库和一些标准的数据模型，提供了高效地操作大型数据集所需的工具。

sklearn 是 scikit-learn 的缩写，是针对 Python 编程语言的免费机器学习库。它提供了分类、回归和聚类算法，包括支持向量机、随机森林、梯度提升、k 均值等算法。

matplotlib 是一个 Python 的二维绘图库，它有一个模块，叫作 pyplot；pyplot 是一个命令型函数集合，它的函数可以创建画布，并且能在画布中绘制图表。

下面，我们重点介绍如何安装这些库。

1.2.2　使用 pip 命令安装、卸载 Python 库

pip 是 Python 库管理工具，该工具提供了对 Python 库进行查找、下载、安装、卸载的功能。

常用的 pip 命令如下。

（1）显示 pip 版本的命令：pip --version。

（2）显示 pip 帮助信息的命令：pip --help/pip -help。

（3）显示当前系统已安装第三方库的列表的命令：pip list。

（4）安装某个第三方库的命令：pip install somepackage（somepackage 就是要安装的库的名字）。

（5）卸载某个库的命令：pip uninstall somepackage。

下面，我们介绍如何在命令提示符窗口中执行这些命令。

（1）打开命令提示符窗口。

（2）输入 pip --version 命令并按【Enter】键，能看到计算机上面的 pip 当前的版本号，如图 1-5 所示。

（3）输入 pip -help 命令并按【Enter】键，我们能看到 pip 的帮助信息，例如 pip 的一些命令，如图 1-6 所示。

（4）如果想要看看系统目前已经安装了哪些第三方库，可以使用 pip list 命令，这样就能看到当前已经安装的库，如图 1-7 所示。

图 1-5　pip 当前的版本号

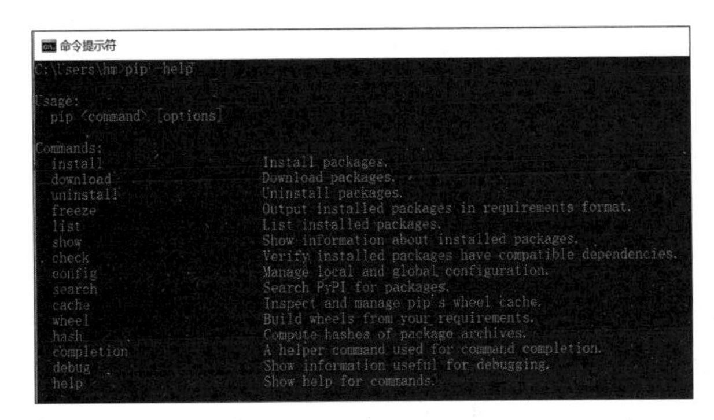

图 1-6　pip 的帮助信息

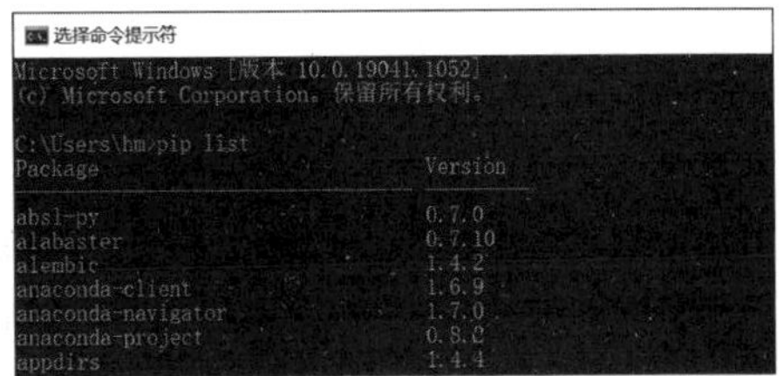

图 1-7　当前已经安装的库

（5）如果要安装一个第三方库，例如 numpy，可以使用 pip install numpy，如图 1-8 所示。在安装过

程中需要保持我们的计算机处于联网状态，这个过程需要花费一些时间。

（6）如果我们要卸载一个第三方库，则需要使用卸载命令，还是以 numpy 为例，使用 pip uninstall numpy 命令，如图 1-9 所示，就能成功卸载这个库。再次使用 pip list 命令，就看不到 numpy 这个库了。

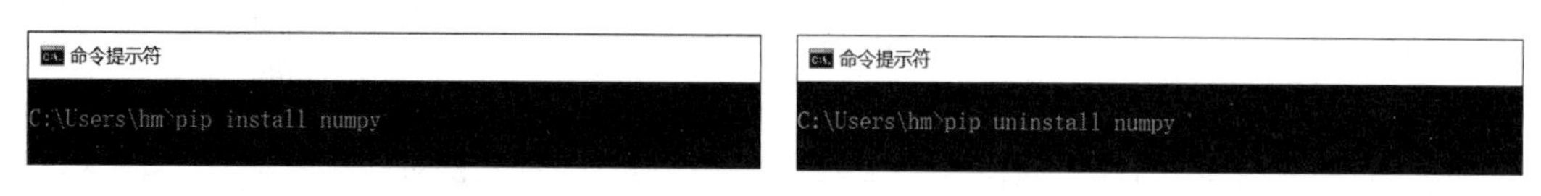

图 1-8　安装 numpy 库

图 1-9　卸载 numpy 库

1.2.3　使用 PyCharm 平台安装、卸载 Python 库

除了 pip 命令，还有一种比较简单的方法，就是直接在 PyCharm 平台上进行库的安装。下面，我们来看一下具体操作方法。

（1）单击 PyCharm 平台的【File】，选择【Settings…】，如图 1-10 所示，这样，我们就打开了【Settings】对话框。

（2）在这个对话框的左边列表中选择【Project Interpreter】选项，我们可以看到当前正在使用的是 Python 3.6 的解释器，在下面的第三方库列表中，我们可以看到这个解释器中已经安装的第三方库，如图 1-11 所示。

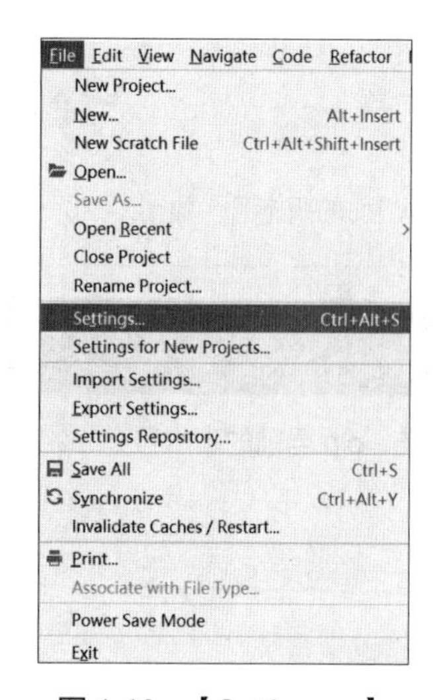

图 1-10　【Settings…】

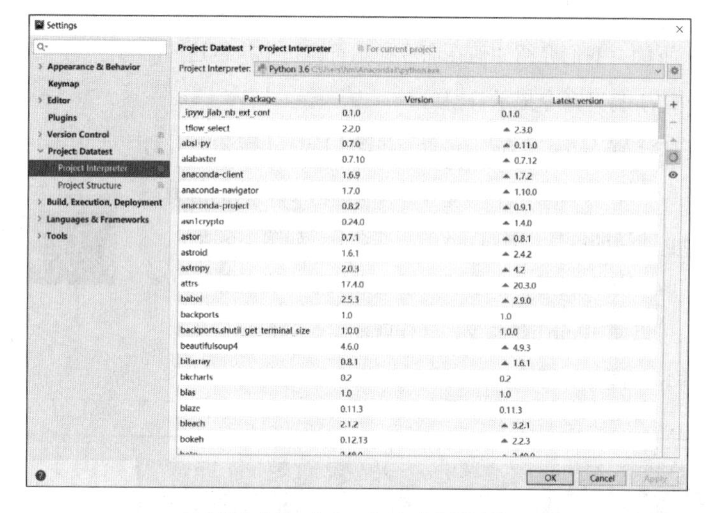

图 1-11　【Settings】对话框

（3）如果要安装一个第三方库，需要单击列表右侧的加号按钮【+】，如图 1-12 所示。

（4）弹出【Available Packages】对话框，我们以 matplotlib 为例，在搜索框里面输入“matplotlib”，下面的列表就会把名字中含有“matplotlib”的库都筛选出来，这个列表显示的就是当前可以选择安装的库，我们选择要安装的库，然后单击【Install Package】按钮，如图 1-13 所示。接下来它就会自动安装，这个过程中要保持计算机处于联网状态，当窗体下方出现安装成功的提示信息后，表示安装成功了，这时在第三方库列表中就能看到 matplotlib 这个库了。

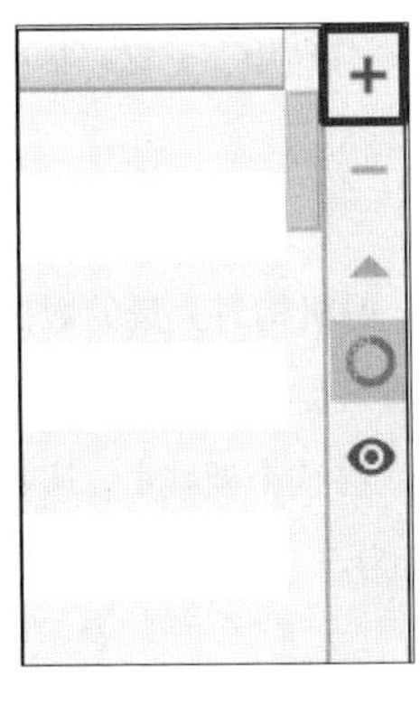

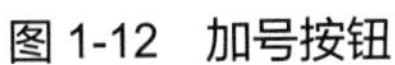

图 1-12 加号按钮

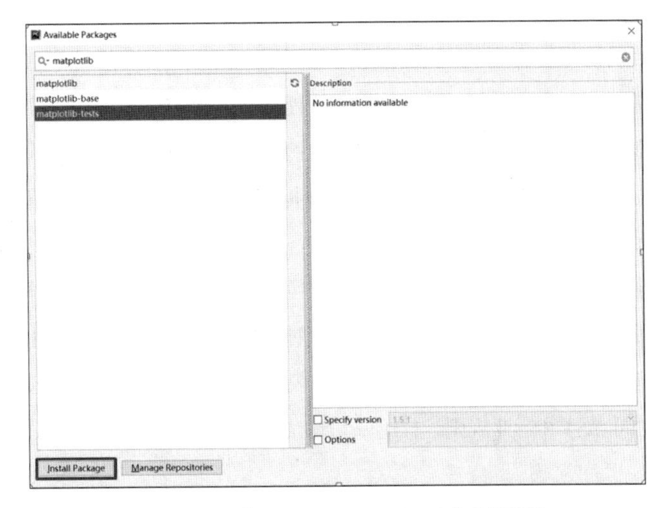

图 1-13 【Available Package】对话框

（5）如果我们要卸载 matplotlib，在第三方库列表中选择【matplotlib】这一项，单击右边的【-】减号按钮，如图 1-14 所示。这样就能卸载这个被选择的库，当卸载成功的提示信息出现后，即表示卸载成功了，我们再来看一下第三方库列表，的确是看不到 matplotlib 这个库了。

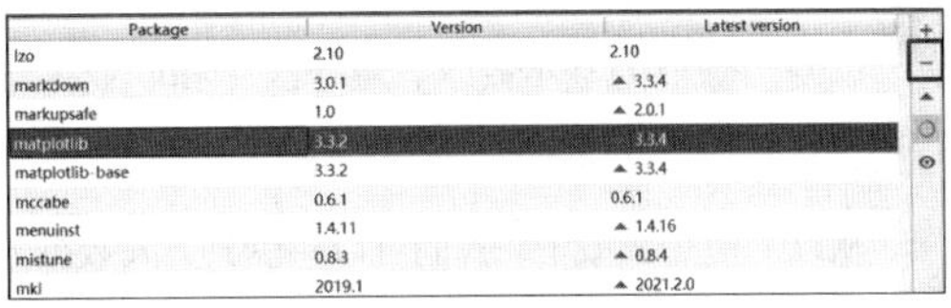

Package	Version	Latest version
lzo	2.10	2.10
markdown	3.0.1	▲ 3.3.4
markupsafe	1.0	▲ 2.0.1
matplotlib	3.3.2	3.3.4
matplotlib-base	3.3.2	▲ 3.3.4
mccabe	0.6.1	0.6.1
menuinst	1.4.11	▲ 1.4.16
mistune	0.8.3	▲ 0.8.4
mkl	2019.1	▲ 2021.2.0

图 1-14 减号按钮

【课堂实践】

请分别使用以上两种方法查看自己的计算机上已经安装了哪些第三方库，在自己的计算机上安装 numpy、pandas、scikit-learn 和 matplotlib 这 4 个第三方库。

职业技能的相关要求

完成任务 1.2 的学习将达到数据应用开发与服务(Python)（初级）职业技能的相关要求，具体内容如下：

✧ 数据应用开发与服务(Python)（初级）职业技能的相关要求

- 能够使用 pip 完成 Python 包的安装、卸载、升级、查询操作。

素养拓展

大数据分析能做什么？

在现实生活中，大数据分析能做什么呢？它对当今社会有什么影响呢？目前，大数据分析应用广泛，我们每一个人都不可避免地接触到以下几个应用领域。

1. 电商领域

目前的零售行业中，线上销售不仅可以全面地展现商品的信息，还可以对客户信息进行统计、分析、筛选等，这些功能都是通过大数据分析处理技术来实现的。大数据分析在电商领域的应用十分广泛，几乎涉及我们每一个人，它很有可能是同学们未来要参与并为之服务的领域。在这个领域中，大家要坚持科学思维、辩证思维，杜绝不正当竞争，承担行业从业人员的社会责任。

2. 金融领域

金融领域中的风险评估和市场预测可以通过大数据分析处理技术实现。金融机构对大量的数据进行分析处理，可解决资金融通双方信息不对称的问题，增强资金使用的透明度，有效促进金融行业的健康发展，降低金融风险。金融领域是一个对职业道德和法治意识要求比较高的领域。在这个领域中，从业人员必须遵守法律和行业规则，杜绝一切违法行为和损害国家利益、公众利益的行为。

3. 医疗领域

随着医疗卫生信息化建设进程的不断加快，医疗数据的类型和规模也在以前所未有的速度迅猛增长，甚至出现了很多软件，能够在有限的时间内采集、管理、整合数据，并能够为医疗机构提供有效信息，支撑医疗决策。医疗大数据涉及病人的生命和健康，要求从事相关工作的人员必须有高度的责任心和使命感。以爱岗敬业为基本要求，遵守法律和职业操守，坚决保护病患的个人隐私，坚决禁止一切利用公共医疗资源谋取个人利益的行为。

从以上应用领域中，我们可以感受到，大数据分析技术在当今人们的工作和生活中有多么重要。作为这个行业的从业人员，更要坚持社会主义核心价值体系，提高综合职业素养，为社会做出力所能及的贡献。

单元小结

本单元是本教材的第一个单元，介绍了大数据分析的概念、大数据分析的流程等。本教材介绍的任务，都是用 Python 语言实现的，因此，如何使用 Python 语言解决数据分析问题、Python 语言中用于数据分析的库也是本单元介绍的重点。

课后习题

一、单选题

1. 大数据分析针对的是什么样的数据集合？（　　）

A. 单一的　　B. 海量的、多样化的

C. 无须处理的　　D. 传统的

2. ETL 是 3 个单词的缩写，分别代表什么意思？（　　）

A. 抽取、分析、存储　　B. 清洗、转换、分析

C. 抽取、转换、装载　　D. 分析、展示、装载

3. “提取隐含在数据中的、人们事先不知道的、但又是潜在有用的信息和知识。”这是在描述哪一项技术？（　　）

A. 数据清洗　　B. 数据收集　　C. 数据展示　　D. 数据挖掘

4. 目前大数据分析的比较主流编程语言是（　　）。

A. Python　　B. Java　　C. C 语言　　D. R 语言

5. 哪一个库是 Python 的数据分析库，是为解决数据分析任务而创建的？（　　）

A. numpy　　B. pandas　　C. sklearn　　D. matplotlib

二、填空题

1. ________是有目的地进行收集、整理、加工和分析数据，提炼有价值信息的过程。

2. ________的目的在于提高数据质量，将脏数据“清洗”干净，使原数据具有完整性、唯一性、权威性、合法性、一致性等特点。

3. ________适合简单的统计分析，其内置的数据分析工具不仅方便好用，功能也基本齐全，可以完成专业数据分析工作。

4. ________是 Python 包管理工具，该工具提供了对 Python 包进行查找、下载、安装、卸载的功能。

5. ________是用来查看 pip 版本的命令。

三、简答题

1. 什么是数据分析？

2. 请列举几个大数据分析编程语言。

3. 通常安装第三方库的方法有几种？请列举。

单元 ❷ numpy 科学计算基础

虽然 Python 是可用于通用编程的优秀工具，具有高度可读的语法和丰富强大的数据类型，但它并不是专为数学和科学计算而设计的，难以有效地表示数学和科学计算中常用的数据结构，例如向量和矩阵等。Python 语言的标准库中没有用于多维数据集高效表示的工具、线性代数工具和一般矩阵操作工具等，因此需要用 numpy 和 pandas 这样的第三方库加以补充。

numpy 作为高性能科学计算和数据分析的基础库，是本教材中介绍的其他重要数据分析工具的基础，掌握 numpy 的功能及其用法，将有助于后续其他数据分析工具的学习。

学习目标

【知识目标】

- 了解 numpy 的特点
- 了解 ndarray 对象
- 了解数组的矢量化运算
- 熟悉 numpy 的通用函数

【能力目标】

- 掌握创建 ndarray 数组的函数的使用方法
- 掌握 numpy 支持的数据类型的方法
- 掌握数组运算的方法
- 掌握 numpy 通用函数的使用方法
- 掌握利用 numpy 数组进行数据处理的方法
- 掌握 numpy 的线性代数模块

【素养目标】

- 培养学生职业规范，提高学生团队协作意识，在潜移默化中培养学生社会主义核心价值观

相关知识

1. numpy 与 ndarray 对象

numpy 是 Numerical Python 的简称，它是一个高性能科学计算和数据分析的基础包，是基于数组的，

可以用来存储和处理大型矩阵。在使用之前，必须先安装并导入这个库，导入numpy库代码如下：

```
import numpy as np
```

上述代码中用np作为numpy的别名。安装方法已经在单元1中做了介绍。

numpy最重要的一个特点就是其提供了*n*维数组对象（n-dimensional array object），即ndarray对象，该对象具有矢量化运算能力和复杂的广播机制，可以执行一些科学计算。不同于Python标准库，numpy拥有对多维数组的处理能力，这是矢量化运算中不可缺少的一个部分。使用numpy的函数可以创建ndarray对象，还可以创建随机数组。

2. 创建ndarray数组的函数

numpy提供了多个创建一维和多维数组的函数，其中通用的函数是array，其格式如下：

```
numpy.array(object,dtype=None,copy=True,order='K',subok=False,ndmin=0)
```

array函数的常用参数如表2-1所示。

表2-1 array函数的常用参数

参数	说明
object	接收array_like类型的值，包括数组、公开数组接口的任何对象、__array__方法返回数组的对象或任何（嵌套）序列
dtype	接收data-type类型的值，表示数组所需的数据类型，如果未给定，则选择保存对象所需的最小数据类型，默认为None
ndmin	接收int类型的值，指定生成数组应该具有的最小维数，默认为None

使用这个函数可以创建多种数组，数组类型为ndarray。除此以外，使用numpy提供的函数还可创建一些特殊的数组，例如，通过zeros函数可创建元素值都是0的数组，通过ones函数可创建元素值都为1的数组，通过empty函数可创建空数组等。这些创建数组的函数如表2-2所示。

表2-2 创建数组的函数

函数	说明
array	创建普通数组
zeros	创建元素值全为0的数组
ones	创建元素值全为1的数组
empty	创建空数组，该数组只分配了内存空间，使用随机数填充
arange	创建一个等差数列数组

另外，numpy还有一个模块，叫作random，这个模块，包含random、rand、randn等函数，可以使用它们创建多种随机数组，并且可以使用seed函数生成随机数种子。

3. numpy支持的数据类型

numpy支持的数据类型比Python的标准数据类型更多，从表2-3中可以看到，numpy支持的数据类型有布尔类型，8位、16位、32位、64位整型，16位、32位、64位浮点型，复数类型。

表 2-3　numpy 支持的数据类型

数据类型	说明
bool_	布尔类型（True 或者 False）
int_	默认的整型（类似于 C 语言中的 long、int32 或 int64）
intc	与 C 语言的整型一样，一般是 int32 或 int 64
intp	用于索引的整型（类似于 C 语言的 ssize_t，一般情况下仍然是 int32 或 int64）
int8	字节（-128 ~ 127）
int16	整型（-32768 ~ 32767）
int32	整型（-2147483648 ~ 2147483647）
int64	整型（-9223372036854775808 ~ 9223372036854775807）
uint8	无符号整型（0 ~ 255）
uint16	无符号整型（0 ~ 65535）
uint32	无符号整型（0 ~ 4294967295）
uint64	无符号整型（0 ~ 18446744073709551615）
float_	float64 类型的简写
float16	半精度浮点型，包括 1 个符号位、5 个指数位、10 个尾数位
float32	单精度浮点型，包括 1 个符号位、8 个指数位、23 个尾数位
float64	双精度浮点型，包括 1 个符号位、11 个指数位、52 个尾数位
complex_	complex128 类型的简写，即表示 128 位复数
complex64	复数，表示双 32 位浮点数（实数部分和虚数部分）

每一个 numpy 内置的数据类型都有一个特征码，也就是说，每一种数据类型不仅有类型名称，还有类型代码，比如 b 表示布尔类型，u 表示无符号整型，c 表示复数类型。数据类型特征码如表 2-4 所示。

表 2-4　数据类型特征码

特征码	说明
b	布尔类型
u	无符号整型
c	复数类型
S、a	字节字符串类型
V	原始数据
i	有符号整型
f	浮点型
O	Python 对象类型
U	Unicode 字符串类型

4. 数组的矢量化运算

numpy 数组不需要循环遍历，即可对元素执行批量的算术运算操作，这个过程叫作矢量化运算，它是指形状相同的数组之间的算术运算，会应用算术运算到元素级，即只应用于位置相同的元素之间，所得的运算结果将组成一个新的数组。例如，数组[0,1,2,3]与数组[1,2,3,4]相加等于数组[1,3,5,7]，如图 2-1 所示。

5. 广播机制

当形状不相同的数组执行算术运算的时候，就会触发广播机制，该机制会对数组进行扩展，使两个数组的 shape 属性的值一样，这样就可以进行矢量化运算了。

例如，将 4 行 1 列的数组与 3 个元素组成的一维数组相加，这个时候就会触发广播机制，将 4 行 1 列的数组横向延伸，3 个元素组成的一维数组纵向延伸，两个数组都会变成 4 行 3 列的数组，然后将两个数组中相同位置的元素相加，得到一个新的 4 行 3 列的数组，如图 2-2 所示。

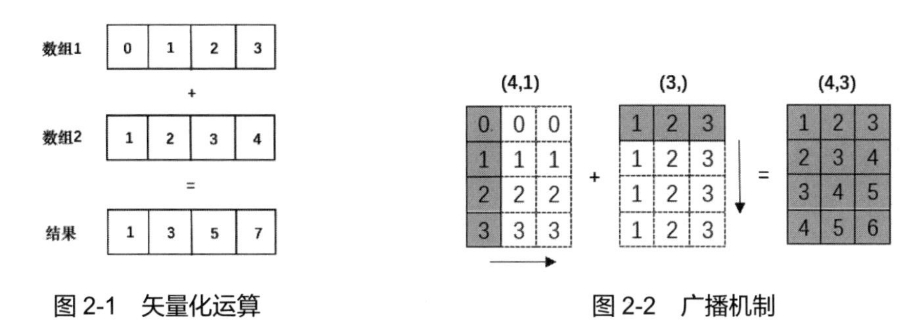

图 2-1　矢量化运算　　　　图 2-2　广播机制

需要注意的是，触发广播机制需要满足以下两个条件之一。

① 两个数组的某一维度等长。

② 其中一个数组为一维数组。

6. 数组与标量的算术运算

数组与标量进行的加、减、乘或除运算称为标量运算。数组与标量的算术运算也需要将标量值进行广播。运算后会产生一个与数组具有相同行和列的新数组，原数组的每个元素都被相加、相减、相乘或者相除。以加法运算为例，一个数组与标量 10 相加，得到一个新的数组，新数组的每一个元素都是原数组的元素与 10 相加的结果，如图 2-3 所示。

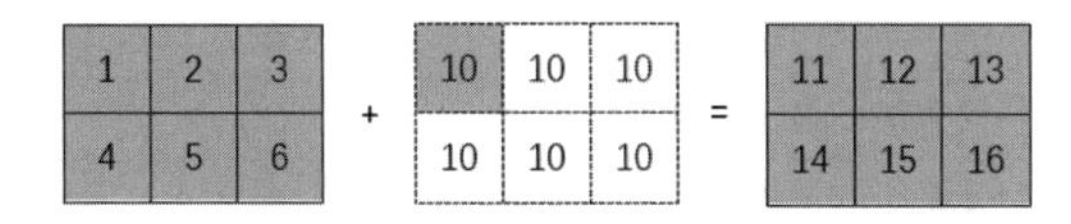

图 2-3　数组与标量的算术运算

7. numpy 通用函数

numpy 提供了一些常用的数学函数，这些函数叫作通用函数，简称 ufunc。通用函数是一种能够对数组中的所有元素进行操作的函数，是针对数组进行操作的，并且以 numpy 数组作为输出。需要对一个数组进行重复运算时，使用通用函数会比使用 math 库中的函数的效率高很多。

通用函数中，接收一个数组参数的函数称为一元通用函数，接收两个数组参数的函数则称为二元通用函数。

（1）一元通用函数

常见的一元通用函数包括计算各元素绝对值的函数 abs、fabs，计算各元素平方根的函数 sqrt，计算各元素平方的函数 square，计算各元素指数的函数 exp，计算自然对数的函数 log，判断各元素正负的函数

sign，计算各元素“天花板值”的函数 ceil，计算各元素“地板值”的函数 floor，计算各元素四舍五入值的函数 rint，分割各元素整数和小数部分的函数 modf 等，如表 2-5 所示。

表 2-5　一元通用函数

函数	说明
abs	计算整数、浮点数或复数的绝对值
sqrt	计算各元素的平方根
square	计算各元素的平方
exp	计算各元素的指数
log, log10, log2	计算自然对数，底数为 10 的对数，底数为 2 的对数
sign	判断各元素的正负，正数返回 1，负数返回-1，零返回 0
ceil	计算各元素的天花板值，即大于或等于该元素的最小整数
floor	计算各元素的地板值，即小于或等于该元素的最大整数
rint	计算各元素的四舍五入值
modf	将数组的小数和整数部分以两个独立数组的形式返回

（2）二元通用函数

常见的二元通用函数包括加法函数 add、减法函数 subtract、乘法函数 multiply、除法函数 divide 等，如表 2-6 所示。

表 2-6　二元通用函数

函数	说明
add	数组中对应位置的元素相加
subtract	数组中对应位置的元素相减，第 1 个数组中的元素减去第 2 个数组中的元素
multiply	数组中对应位置的元素相乘
divide	数组中对应位置的元素相除，第 1 个数组中的元素除以第 2 个数组中的元素
floor_ divide	第 1 个数组中的元素整除第 2 个数组中的元素
maximum、fmax	元素级的最大值计算
minimum、fmin	元素级的最小值计算
mod	第 1 个数组中的元素除以第 2 个数组中的元素后取余数
copysign	第 2 个数组中的值的符号赋值给第 1 个数组中的值
greater、greater_equal、less、less_equal、equal、not_equal	函数 greater、greater_equal、less、less_equal、equal 和 not_equal 分别相当于运算符 “>” “>=” “<” “<=” “=” 和 “!=”，逐个元素比较，返回布尔型数组

8. numpy 数组的统计与排序方法

numpy 数组可以用来进行数据处理，它处理数据的速度要比 Python 内置的数组快至少一个数量级，所以我们把 numpy 数组作为处理数据的首选。

（1）变换数组形状

在对数组进行操作时，有时我们需要改变数组的维度，也就是数组的形状。在 numpy 中，可以使用 reshape 方法改变数组的形状。

另外，还可以使用 ravel、flatten 方法展平数组，使用 hstack、vstack、concatenate 函数实现数组的横向组合和纵向组合。

（2）数组统计与排序

通过 numpy 库中数组的统计方法，我们可以很方便地对数组进行统计汇总。例如，求和方法 sum，求平均值方法 mean，求最大值、最小值方法 max、min，累计求和方法 cumsum，累计求积方法 cumprod 等，如表 2-7 所示。

表 2-7　numpy 中数组的统计方法

方法	说明
sum	计算数组中所有元素的和
mean	计算数组中所有元素的平均值
min	计算数组中所有元素的最小值
max	计算数组中所有元素的最大值
argmin	返回数组中最小元素的索引
argmax	返回数组中最大元素的索引
cumsum	计算所有元素的累计和
cumprod	计算所有元素的累计积

我们在实现数组横向和纵向处理的时候，要先搞清楚 0 轴和 1 轴（也就是纵轴与横轴）的概念。我们会用到一个参数 axis，它的值是 0 或者 1。当值为 0 时，表示 0 轴，0 轴会沿着行的方向垂直向下延伸；当值为 1 时，表示 1 轴，1 轴会沿着列的方向水平向右延伸，如图 2-4 所示。

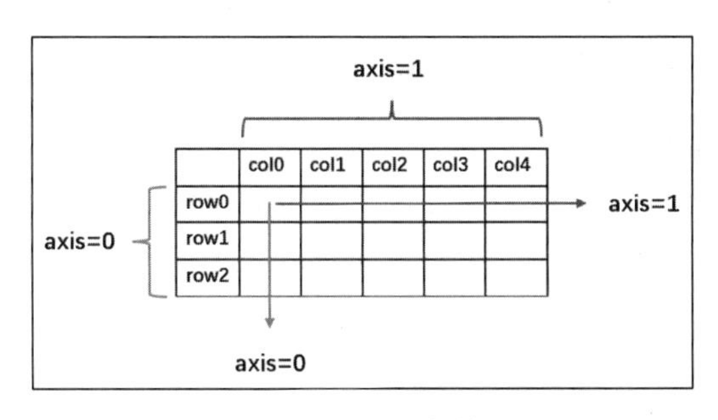

图 2-4　axis 参数

另外，还可以通过 numpy 对数组元素进行排序，排序方式主要可以概括为直接排序和间接排序两种。直接排序是指根据数值直接对数组元素进行排序，间接排序返回的是排序后各元素在原序列中的索引值。直接排序经常使用 sort 函数，间接排序经常使用 argsort 函数。

9. numpy 的 numpy.linalg 模块

线性代数是数学运算中的一个重要工具，它的研究对象是向量、向量空间、线性变换和线性方程组等。numpy 包含一个线性代数模块——numpy.linalg 模块。这个模块可以执行标准的矩阵分解运算，它提供了很多关于矩阵运算的函数。例如，矩阵乘法函数 dot、返回对角线元素函数 diag、计算对角线元素和函数 trace、计算矩阵行列式函数 det 等，如表 2-8 所示。

表 2-8 numpy.linalg 模块的函数

函数	说明
dot	矩阵乘法
diag	以一维数组的形式返回矩阵的对角线元素，或将一维数组转为矩阵
trace	计算对角线元素和
det	计算矩阵的行列式
eig	计算矩阵的特征值和特征向量
inv	计算矩阵的逆
qr	求矩阵 QR（正交三角）分解
svd	计算奇异值
solve	解线性方程组 $\boldsymbol{Ax=B}$，其中 $\boldsymbol{A}$ 和 $\boldsymbol{B}$ 是矩阵，$\boldsymbol{x}$ 为解向量
1stsq	计算 $\boldsymbol{Ax=B}$ 的最小二乘解，其中 $\boldsymbol{A}$ 和 $\boldsymbol{B}$ 是矩阵，$\boldsymbol{x}$ 为解向量

任务实现

微课 5

创建数组

任务 2.1 保存考试成绩——创建一个数组

本任务的主要内容：

- 使用 numpy 第三方库提供的函数创建 n 维数组，其中包括用于保存考试成绩的常规数组、元素值全为 0 的数组、元素值全为 1 的数组、空数组、等差数列数组等；
- 使用 ndarray 对象的属性查看数组的维数、形状、元素总数、元素类型、元素大小等；
- 使用 numpy 的随机数模块创建随机数组。

2.1.1 使用函数创建数组

最简单的创建 ndarray 对象的方式是使用 array 函数，在调用该函数时传入一个数组。分别创建一维数组和二维数组，用来保存一个学生的考试成绩和两个学生的考试成绩，如代码 2-1 所示。

代码 2-1

```
In[1]:   import numpy as np
         arr1 = np.array([91, 88, 96, 79])  #创建一维数组
         print('小李的考试成绩为：',arr1)
Out[1]:  小李的考试成绩为： [91 88 96 79]
In[2]:   arr2 = np.array([[91, 88, 96, 79], [85, 98, 77,81]])     #创建二维数组
         print('小李和小王的考试成绩为：\n',arr2)
Out[2]:  小李和小王的考试成绩为：
          [[91 88 96 79]
          [85 98 77 81]]
```

我们来执行一下，可以看到创建了两个数组，也就是两个 ndarray 对象。

除此以外，还可以通过 zeros 函数创建元素值都是 0 的数组，通过 ones 函数创建元素值都为 1 的数组。创建元素值均为 0 的数组或元素值均为 1 的数组，只要将 zeros 函数或 ones 函数的参数设置成数组

的 shape 就可以了，如代码 2-2 所示。。

代码 2-2

In[3]:	import numpy as np np.zeros((3, 4))　#创建元素值全是 0 的数组
Out3]:	array([[0., 0., 0., 0.], 　　　[0., 0., 0., 0.], 　　　[0., 0., 0., 0.]])
In[4]:	np.ones((3, 4))　#创建元素值全是 1 的数组
Out[4]:	array([[1., 1., 1., 1.], 　　　[1., 1., 1., 1.], 　　　[1., 1., 1., 1.]])

我们来执行一下这段代码，可以看到结果是创建了一个元素值全是 0 的二维数组和一个元素值全是 1 的二维数组。

这里提到 shape，那 shape 又是什么意思呢？它是 ndarray 对象的一个属性，除此以外，ndarray 还有几个重要的属性。例如，ndim、size、dtype、itemsize 等，如表 2-9 所示。

表 2-9　ndarray 的属性

属性	说明
ndim	返回整型的值，表示数组的维数
shape	返回元组，表示数组的形状，对于 n 行 m 列的数组，形状为(n,m)
size	返回整型的值，表示数组的元素总数，等于数组形状的乘积
dtype	返回 data-type，描述数组中元素的数据类型
itemsize	返回整型的值，表示数组的每个元素的大小（以字节为单位）

我们以刚才的成绩数组为例，看一下数组的属性，如代码 2-3 所示。

代码 2-3

In[5]:	import numpy as np
	#查看数组的属性
	arr2 = np.array([[91, 88, 96, 79], [85, 98, 77,81]])
	print(arr2.ndim)
	print(arr2.shape)
	print(arr2.size)
	print(arr2.dtype)
	print(arr2.itemsize)

Out[5]:	2 (2, 4) 8 int32 4

同时，我们还可以通过 empty 函数创建一个空数组，该数组只分配了内存空间，它里面填充的元素都是随机的。该函数同样将 shape 作为参数，例如，np.empty((5,2))，如代码 2-4 所示。

代码 2-4

In[6]:	import numpy as np
	#创建一个空数组
	np.empty((5, 2))

Out[6]:	array([[2.41907520e-312, 2.33419537e-312], [8.48798317e-313, 2.41907520e-312], [1.06099790e-312, 2.12199579e-312], [2.56761491e-312, 2.14321575e-312], [1.78021119e-306, 8.34445562e-308]])

执行这段代码，我们可以看到，这个数组的元素都是随机的。

我们介绍的最后一种创建数组的方法是，通过 arange 函数创建一个等差数列数组，例如，np.arange(1,20,5)，如代码 2-5 所示。

代码 2-5

In[7]:	import numpy as np
	#利用 arange 函数创建数组
	arr2 =np.arange(1, 20, 5)
	arr3 = np.arange(0, 10)
	arr4 = np.arange (10)
	arr5 = np.arange(0, 1, 0.1)
	print(arr2)
	print(arr3)
	print(arr4)
	print(arr5)

Out[7]:	[1 6 11 16] [0 1 2 3 4 5 6 7 8 9] [0 1 2 3 4 5 6 7 8 9] [0.0.1 0.2 0.3 0.4 0.5 0.6 0.7 0.8 0.9]

执行这段代码，我们发现 arange 函数可以有 1 个参数，也可以有 2 个参数，还可以有 3 个参数，参数个数不同函数的用法也会不同。

2.1.2　掌握随机数模块的使用

手动创建数组往往达不到要求，numpy 提供了强大的生成随机数的功能，与随机数相关的函数都在 random 模块中，其中包括可以生成服从多种概率分布的随机数的函数。

numpy 的随机数模块，也就是 random 模块，与 Python 的 random 模块相比，numpy 的 random 模块功能更多，其中最常用的函数有以下 3 种。

random 函数是常用的生成随机数的函数，如代码 2-6 所示。

代码 2-6

In[8]:	import numpy as np print(np.random.random(10))　　#无约束条件下的随机数
Out[8]:	[0.8378088 0.98845658 0.27624013 0.56607653 0.52371814 0.97460161 0.82652937 0.5893625 0.46744111 0.47323512]

rand 函数可以生成服从均匀分布的随机数，如代码 2-7 所示。

代码 2-7

In[9]:	import numpy as np print(np.random.rand(3,4)) #生成指定 shape 的服从均匀分布的随机数
Out[9]:	[[0.55243935 0.14526377 0.10875833 0.26898174] [0.12507141 0.02588368 0.60809143 0.26887304] [0.17134164 0.21424564 0.59648744 0.67870062]]

randn 函数可以生成服从正态分布的随机数，如代码 2-8 所示。

代码 2-8

In[10]:	import numpy as np print(np.random.randn(3,4)) #生成指定 shape 的服从正态分布的随机数
Out[10]:	[[1.45383038 0.70265732 1.03759659 0.87568661] [-0.65764495 -0.0207559 0.384057 1.25490847] [1.51505294 0.29331875 0.02776714 1.03329517]]

除此之外，random 模块中还有一些可以生成服从多种概率分布的随机数的函数。例如，seed、randint、normal、beta、uniform 等，如表 2-10 所示。

表 2-10　生成服从多种概率分布的随机数的函数

函数	说明
seed	生成随机数种子
randint	从给定的上下限范围内随机产生整数
normal	产生服从正态分布的随机数
beta	产生服从 β 分布的随机数
uniform	产生在[0,1]中均匀分布的随机数

其中，seed()函数可以保证生成的随机数具有可预测性，也就是说，产生的随机数有可能相同。它只有一个参数，那么这个参数的作用是什么呢？当调用 seed 函数时，如果传递给 seed 函数的参数的值相同，则每次生成的随机数都是一样的，如代码 2-9 所示。

代码 2-9

In[11]:	import numpy as np
	#生成随机数种子
	np.random.seed(0)
	#随机生成包含 5 个元素的浮点型数组
	np.random.random(5)

Out11]:	array([0.5488135 , 0.71518937, 0.60276338, 0.54488318, 0.4236548])

In[12]:	#生成随机数种子
	np.random.seed(0)
	#随机生成包含 5 个元素的浮点型数组
	np.random.random(5)

Out[12]:	array([0.5488135 , 0.71518937, 0.60276338, 0.54488318, 0.4236548])

我们先调用 seed 函数来生成随机数种子，再调用 random 函数来生成随机数组。我们把这段代码执行两遍，可以看到，它们得到的随机数组是一样的，因为它们生成的随机数种子是一样的。

当传递给 seed 的参数的值不同或者不传递参数时，则系统会自己选择值，即多次生成的随机数都会不同，如代码 2-10 所示。

代码 2-10

In[13]:	import numpy as np
	#生成随机数种子
	np.random.seed(1)
	#随机生成包含 5 个元素的浮点型数组
	np.random.rand(5)

Out13]:	array([4.17022005e-01, 7.20324493e-01, 1.14374817e-04, 3.02332573e-01,1.46755891e-01])

In[14]:	#生成随机数种子
	np.random.seed(2)
	#随机生成包含 5 个元素的浮点型数组
	np.random.rand(5)

Out[14]:	array([0.4359949,0.02592623,0.54966248,0.43532239,0.4203678])

执行一下这段代码，产生了两个不同的随机数组，因为生成的随机数种子不一样，一个的参数是 1，另一个的参数是 2。

【课堂实践】

请使用 numpy 的 random 模块创建一个 4 行 5 列的随机数组。

职业技能的相关要求

完成任务 2.1 的学习将达到数据应用开发与服务(Python)（初级）职业技能的相关要求，具体内容如下：

✧ 数据应用开发与服务(Python)（初级）职业技能的相关要求

- 能够选择合理的方式创建 numpy.array 以存放结构化数据；
- 能够根据数据分布要求使用 random 和 numpy 模块生成随机数。

任务 2.2 查看考试成绩数据类型——查看数组元素的数据类型

本任务的主要内容：

- 使用 ndarray 对象的属性查看数组元素的数据类型；
- 创建指定数据类型的数组；
- 使用 ndarray 对象的方法转换数组的数据类型。

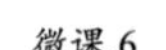

微课 6

ndarray 对象的数据类型

2.2.1 查看数据类型

使用 ndarray.dtype 可以查看数组元素的数据类型，我们用它来查看一下在任务 2.1 中创建的用于存放考试成绩的数组，如代码 2-11 所示。

代码 2-11

In[15]:	import numpy as np arr2 = np.array([[91, 88, 96, 79], [85, 98, 77,81]]) print(arr2.dtype)
Out[15]:	int32

执行一下上面的代码，结果是“int32”。从这个结果，我们可以看出，numpy的数据类型名称，是由类型名和表示元素大小的数字组成的。例如，通过zeros、ones、empty函数创建的数组，默认的数据类型为float64。

默认情况下，对于整数来说，其在64位Windows系统下的数据类型为int32，在64位Linux或macOS系统下的数据类型为int64。当然也可以通过dtype来指定数据类型。

那么，如何指定数据类型呢？我们在前面提到过数据类型的特征码，创建数组时，可以使用dtype来指定某一个特征码，如代码2-12所示。

代码 2-12

In[16]:	import numpy as np arr3 = np.array([[91, 88, 96, 79], [85, 98, 77,81]],dtype='f') print(arr3.dtype)
Out[16]:	float32

这里使用dtype='f'来指定数据类型特征码，特征码为f，代表数据类型为浮点型，因此使用ndarray.dtype查看类型时，结果为“float32”。

2.2.2 实现数据类型转换

ndarray对象的数据类型也可以转换，ndarray对象的数据类型可以通过astype方法进行转换，如代码2-13所示。

代码 2-13

In[17]:	import numpy as np
	arr2 = np.array([[91, 88, 96, 79], [85, 98, 77,81]])
	print(arr2.dtype)
	#数据类型转换为float64
	float_data = arr2.astype(np.float64)
	print(float_data.dtype)

Out[17]:	int32 float64

我们使用astype把创建的整型二维数组的数据类型转换为float64，从执行结果可以看出，转换成功了。

【课堂实践】

使用array函数创建一个2行3列的数组，元素类型为整型，然后将所有元素转换为字符串类型。

职业技能的相关要求

完成任务2.2的学习将达到数据应用开发与服务（Python）（初级）职业技能的相关要求，具体内容如下：

✧ 数据应用开发与服务(Python)（初级）职业技能的相关要求

- 能够调用库函数实现 array 中元素类型的转换。

任务 2.3 对两门课成绩进行相加——实现数组运算

本任务的主要内容：

微课 7

数组运算

- 实现相同形状数组之间的矢量运化算；
- 在满足条件的情况下实现数组广播；
- 实现数组与标量的算术运算。

2.3.1 实现矢量化运算

对两个形状相同的数组进行加、减、乘、除运算，其实就是对两个数组中相同位置的元素进行运算，并得到一个新的数组，新数组中的每一个元素都是两个元素运算的结果，并且结果的位置跟元素的位置是相同的。例如，现在有 4 位同学的语文考试成绩和数学考试成绩，我们需要分别把每一位同学的两门课成绩加起来，如代码 2-14 所示。

代码 2-14

```
In[18]:   import numpy as np
          score1=np.array([98,77,87,81])
          print('4 位同学的语文考试成绩为：',score1)
          score2=np.array([82,95,79,92])
          print('4 位同学的数学考试成绩为：',score2)
          print('4 位同学两门课考试成绩之和为：',score1+score2)
Out[18]:  4 位同学的语文考试成绩为： [98 77 87 81]
          4 位同学的数学考试成绩为： [82 95 79 92]
          4 位同学两门课考试成绩之和为： [180 172 166 173]
```

使用 array 函数创建两个一维数组，从执行结果可以看到，对两个一维数组进行加法运算，其实就是对相同位置的元素进行运算，并得到一个新的一维数组。

2.3.2 实现数组广播

数组在进行矢量化运算时，要求数组的形状是相同的，当对形状不相同的数组执行矢量化运算的时候，就会触发广播机制。该机制会对数组进行扩展，使数组的 shape 属性的值一样，这样就可以进行矢量化运算了。

广播机制的原则是，当维度不同时，需要扩展维度小的数组，使得它的 shape 的值与维度最大的数组的 shape 的值相同，以便使用元素级函数或者运算符进行运算，如图 2-5 所示。

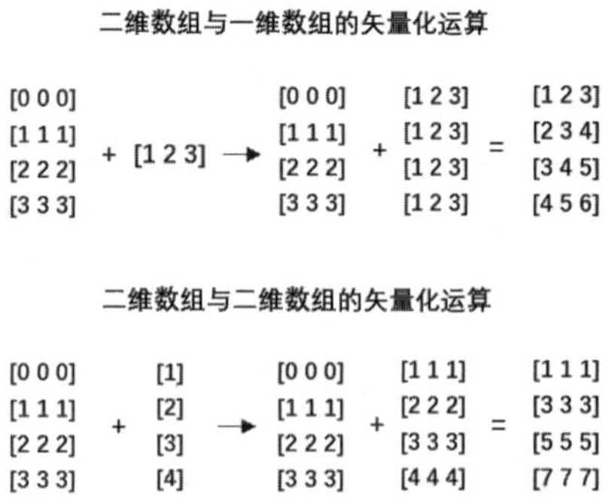

图 2-5 扩展维度小的数组

图中的两种情况都需要广播，第一种情况需要纵向广播，第二种情况需要横向广播，如代码 2-15 所示，执行结果与图 2-5 相同。

代码 2-15

In[19]:	import numpy as np arr1=np.array([[0,0,0],[1,1,1],[2,2,2],[3,3,3]]) arr1.shape
Out[19]:	(4, 3)
In[20]:	arr2=np.array([1,2,3]) arr2.shape
Out[20]:	(3,)
In[21]:	arr1+arr2
Out[21]:	array([[1, 2, 3], [2, 3, 4], [3, 4, 5], [4, 5, 6]])
In[22]:	arr3=np.array([[1],[2],[3],[4]]) arr3.shape
Out[22]:	(4, 1)
In[23]:	arr1+arr3
Out[23]:	array([[1, 1, 1], [3, 3, 3], [5, 5, 5], [7, 7, 7]])

2.3.3 实现数组与标量的算术运算

现在，有 2 名学生 4 门课的考试成绩，需要计算这 4 门课考试成绩的 0.8 倍的值，这就是一个数组与一个标量的运算，这时也需要广播，实现如代码 2-16 所示。

代码 2-16

In[24]:	import numpy as np score= np.array([[91, 88, 96, 79], [85, 98, 77,81]]) rate=0.8 print(score*ratc)
Out[24]:	[[72.8 70.4 76.8 63.2] [68.78.4 61.6 64.8]]

保存 2 名学生成绩的二维数组，与标量 0.8 进行乘法运算，从执行结果可以看到，其实就是用二维数组的每一个元素与 0.8 进行乘法运算，得到一个新的二维数组。

【课堂实践】

使用 array 函数创建一个 1 行 3 列的数组和一个 3 行 3 列的数组，元素类型为整型，再求这两个数组的和。

任务 2.4 对考试成绩进行计算——使用 numpy 通用函数实现数组计算

本任务的主要内容：

NumPy 通用函数

● 使用 numpy 的一元通用函数，计算数组元素的平方、平方根、地板值、天花板值、绝对值、四舍五入值等；

● 使用 numpy 的二元通用函数，计算两个数组的和与差，获得数组元素的最大值、最小值，对两个数组进行元素级比较。

2.4.1 一元通用函数的使用

一元通用函数，只有一个参数。我们以处理 1 位同学的 4 门课考试成绩为例，现在需要对保存考试成绩的数组使用一元通用函数，通过一些实例代码来演示一元通用函数的用法，如代码 2-17 所示。

代码 2-17

```
In[25]:
import numpy as np
arr1 = np.array([91.5, 88.4, 96.8, 79.2])
#计算各元素的平方根
print(np.sqrt(arr1))
#计算各元素的平方
print(np.square(arr1))
#计算各元素的绝对值
print(np.abs(arr1))
#计算小于或等于各元素的最大整数
print(np.floor(arr1))
#计算大于或等于各元素的最小整数
print(np.ceil(arr1))
#判断各元素的正负
print(np.sign(arr1))
#将各元素四舍五入
print(np.rint(arr1))
```

```
Out[25]:
[9.56556323 9.40212742 9.8386991  8.89943818]
[8372.25 7814.56 9370.24 6272.64]
[91.5 88.4 96.8 79.2]
[91.88.96.79.]
[92.89.97.80.]
[1.1. 1.1.]
[92.88.97.79.]
```

从执行结果可以看到，这段代码计算了这组考试成绩中每一门课的考试成绩的平方根、平方、绝对值、地板值、天花板值、四舍五入值等。

2.4.2 二元通用函数的使用

使用二元通用函数时，需要两个数组参与计算。现在有 4 位同学的语文考试成绩和数学考试成绩，我们需要计算每位同学两门课程的考试成绩的和与差，并判断每位同学是语文考试成绩更好，还是数学考试成绩更好。如何实现呢？如代码 2-18 所示。

代码 2-18

In[26]:	import numpy as np score1=np.array([98,77,87,81]) print('4 位同学的语文考试成绩为：',score1) score2=np.array([82,95,79,92]) print('4 位同学的数学考试成绩为：',score2)
Out[26]:	4 位同学的语文考试成绩为： [98 77 87 81] 4 位同学的数学考试成绩为： [82 95 79 92]

In[27]:	#计算两个数组之和
	print(np.add(score1,score2))
	#计算两个数组之差
	print(np.subtract(score1,score2))
	#数组元素级最大值比较
	print(np.maximum(score1,score2))
	#数组元素级最小值比较
	print(np.minimum(score1,score2))
	#数组元素级的比较运算
	print(np.greater(score1,score2))

Out[27]:	[180 172 166 173] [16 -18 8 -11] [98 95 87 92] [82 77 79 81] [True False True False]

我们从执行结果可以看到，这些运算都是对相同位置的元素进行的，其中求差值是用前面数组的元素减后面数组的元素，而比较运算是判断前面数组的元素是否大于后面数组的元素。

【课堂实践】

创建 2 个 shape 值相同的二维数组，元素类型为整型，然后进行元素级的求模计算，也就是取第一个数组除以第二个数组的余数。

职业技能的相关要求

完成任务 2.4 的学习将达到数据应用开发与服务(Python)（初级）职业技能的相关要求，具体内容如下：

✧ 数据应用开发与服务(Python)（初级）职业技能的相关要求

- 熟练使用 numpy 模块中的科学计算函数。

任务 2.5 对考试成绩进行统计与排序——利用 numpy 数组进行数据处理

本任务的主要内容：

- 实现数组形状的变换，实现将二维数组展平为一维数组，实现两个数组的横向组合和纵向组合；
- 使用 ndarray 对象的方法实现对数组元素的统计，包括求数组元素的和、平均值、最大值、最小值、累计和、累计积；

● 使用 ndarray 对象的方法对数组元素进行排序。

2.5.1 变换数组的形状

数组的形状可以通过 shape 属性进行查看，而数组的 reshape 方法则是用来改变数组的形状的，如代码 2-19 所示。

代码 2-19

```
In[28]:   import numpy as np
          a=np.arange(12)
          print(a)
          print(a.reshape(3,4))
Out[28]:  [ 0  1  2  3  4  5  6  7  8  9 10 11]
          [[ 0  1  2  3]
           [ 4  5  6  7]
           [ 8  9 10 11]]
```

从这段代码的执行结果可以看到，使用 reshape 方法，可以将一维数组变换成二维数组。

此外，还可以使用 ravel、flatten 方法将二维数组展平为一维数组，如代码 2-20 所示。

代码 2-20

```
In[29]:   import numpy as np
          a=np.array([[1,2,3],[4,5,6],[7,8,9]])
          print(a)
Out[29]:  [[1 2 3]
           [4 5 6]
           [7 8 9]]
In[30]:   a=np.array([[1,2,3],[4,5,6],[7,8,9]]).ravel()
          print(a)
Out[30]:  [1 2 3 4 5 6 7 8 9]
In[31]:   a=np.array([[1,2,3],[4,5,6],[7,8,9]]).flatten()
          print(a)
Out[31]:  [1 2 3 4 5 6 7 8 9]
In[32]:   a=np.array([[1,2,3],[4,5,6],[7,8,9]]).flatten('F')
          print(a)
Out[32]:  [1 4 7 2 5 8 3 6 9]
```

在这里，flatten()方法将二维数组横向展平为一维数组，而 flatten('F')方法将二维数组纵向展平为一维数组。

除了可以变换数组的形状，numpy 还可以对数组进行组合，包括横向组合和纵向组合。可以使用 hstack 函数进行横向组合，使用 vstack 函数进行纵向组合。另外，concatenate 函数也可以完成数组的组合，如代码 2-21 所示。

代码 2-21

```
In[33]:   import numpy as np
          a1=np.array([[1,2,3],[4,5,6],[7,8,9]])
          a2=np.array([[ 2,4,6],[ 8,10,12],[14,16,18]])
          print(a1)
          print(a2)
```

```
Out[33]:  [[1 2 3]
           [4 5 6]
           [7 8 9]]
          [[ 2  4  6]
           [ 8 10 12]
           [14 16 18]]
In[34]:   print(np.hstack((a1,a2)))  #横向组合
          print(np.vstack((a1,a2)))  #纵向组合
Out[34]:  [[ 1  2  3  2  4  6]
           [ 4  5  6  8 10 12]
           [ 7  8  9 14 16 18]]
          [[ 1  2  3]
           [ 4  5  6]
           [ 7  8  9]
           [ 2  4  6]
           [ 8 10 12]
           [14 16 18]]
In[35]:   print(np.concatenate((a1,a2),axis=1))  #横向组合
          print(np.concatenate((a1,a2),axis=0))  #纵向组合
Out[35]:  [[ 1  2  3  2  4  6]
           [ 4  5  6  8 10 12]
           [ 7  8  9 14 16 18]]
          [[ 1  2  3]
           [ 4  5  6]
           [ 7  8  9]
           [ 2  4  6]
           [ 8 10 12]
           [14 16 18]]
```

在 concatenate 函数中使用了 axis 参数，当 axis=1 时，表示横向组合；当 axis=0 时，表示纵向组合。

2.5.2 实现数组统计

微课 9

利用 NumPy 数据进行数据处理

在 numpy 中有许多可以用于统计分析的函数，几乎所有统计分析函数在针对二维数组进行计算的时候都需要注意轴的概念。当 axis 参数为 0 时，表示沿着 0 轴进行计算。当 axis 为 1 时，表示沿着 1 轴进行计算。有一个二维数组，用来保存两名学生的考试成绩，现在，我们要对这些考试成绩进行求和与求平均值，这就需要使用 numpy 中的求和与求平均值的方法，如代码 2-22 所示。

代码 2-22

```
In[36]:   import numpy as np
          score= np.array([[91, 88, 96, 79], [85, 98, 77,81]])
          print(score)
          #计算所有元素的和
          print(score.sum())
          #计算 0 轴元素的和
          print(score.sum(axis=0))
          #计算 1 轴元素的和
          print(score.sum(axis=1))
          #计算所有元素的平均值
          print(score.mean())
          #计算 0 轴元素的平均值
```

```
print(score.mean(axis=0))
#计算 1 轴元素的平均值
print(score.mean(axis=1))
```

Out[36]:

```
[[91 88 96 79]
 [85 98 77 81]]
695
[176 186 173 160]
[354 341]
86.875
[88.93.86.5 80. ]
[88.5  85.25]
```

从上面的执行结果可以看出，这些方法如果没有参数，则对所有元素进行统计；如果使用 axis 参数，则分别进行横向或者纵向的统计，axis=0 表示纵向统计，axis=1 表示横向统计。

下面，我们再来看求最小值和最大值的方法，如代码 2-23 所示。

代码 2-23

In[37]:

```
import numpy as np
score= np.array([[91, 88, 96, 79], [85, 98, 77,81]])
print(score)
#计算所有元素的最小值
print(score.min())
#计算 0 轴元素的最小值
print(score.min(axis=0))
#计算 1 轴元素的最小值
print(score.min(axis=1))
#计算所有元素的最大值
print(score.max())
#计算 0 轴元素的最大值
print(score.max(axis=0))
#计算 1 轴元素的最大值
print(score.max(axis=1))
```

Out[37]:

```
[[91 88 96 79]
 [85 98 77 81]]
77
[85 88 77 79]
[79 77]
98
[91 98 96 81]
[96 98]
```

numpy 不但有求最小值和最大值的方法，还有求最小值和最大值的索引的方法，如代码 2-24 所示。

代码 2-24

In[38]:

```
import numpy as np
score= np.array([[91, 88, 96, 79], [85, 98, 77,81]])
print(score)
#所有元素最小值的索引
print(score.argmin())
#0 轴元素最小值的索引
```

```
print(score.argmin(axis=0))
#1 轴元素最小值的索引
print(score.argmin(axis=1))
#所有元素最大值的索引
print(score.argmax())
#0 轴元素最大值的索引
print(score.argmax(axis=0))
#1 轴元素最大值的索引
print(score.argmax(axis=1))
```

Out[38]:

```
[[91 88 96 79]
 [85 98 77 81]]
6
[1 0 1 0]
[3 2]
5
[0 1 0 1]
[2 1]
```

我们可以看到，这段代码也是用来求最大值和最小值的，但是它们返回的是最大值和最小值的索引。

最后，还有求累计和与求累计积的方法，如代码 2-25 所示。

代码 2-25

In[39]:

```
import numpy as np
score= np.array([[91, 88, 96, 79], [85, 98, 77,81]])
print(score)
#所有元素的累计和
print(score.cumsum())
#0 轴元素的累计和
print(score.cumsum(axis=0))
#1 轴元素的累计和
print(score.cumsum(axis=1))
#所有元素的累计积
print(score.cumprod())
#0 轴元素的累计积
print(score.cumprod(axis=0))
#1 轴元素的累计积
print(score.cumprod(axis=1))
```

Out[39]:

```
[[91 88 96 79]
 [85 98 77 81]]
[ 91 179 275 354 439 537 614 695]
[[ 91  88  96  79]
 [176 186 173 160]]
[[ 91 179 275 354]
 [ 85 183 260 341]]
[        91       8008     768768   60732672  867309824 -902983168
  -810227200 -1203893760]
[[  91   88   96   79]
 [7735 8624 7392 6399]]
[[       91      8008    768768  60732672]
 [       85      8330    641410  51954210]]
```

这段代码分别计算二维数组元素的累计和与累计积，从执行结果我们可以看到，每个位置上的元素都是它前面的所有元素与它自己的累计求和或者累计求积。

2.5.3 实现数组排序

分别创建一维数组和二维数组，用来保存一名学生的考试成绩和两名学生的考试成绩。我们首先使用 sort 函数进行直接排序，如代码 2-26 所示。

代码 2-26

```
In[40]:   import numpy as np
          arr1 = np.array([91, 88, 96, 79])
          arr1.sort()
          print(arr1)
          arr2 = np.array([[91, 88, 96, 79], [85, 98, 77,81]])
          arr2.sort()
          print(arr2)
Out[40]:  [79 88 91 96]
          [[79 88 91 96]
           [77 81 85 98]]
In[41]:   arr = np.array([[91, 88, 96, 79], [85, 98, 77,81]])
          #沿着 0 轴对元素排序
          arr.sort(axis=0)
          print(arr)
Out[41]:  [[85 88 77 79]
           [91 98 96 81]]
```

当调用 sort 方法后，数组中的元素按从小到大进行排列。使用 sort 方法排序会修改数组本身。我们调用 sort 方法后，再来看一下数组的值，发现原数组已经被修改。

如果希望对二维数组按列进行排序，则需要将轴的编号作为 sort 方法的参数传入。从执行结果可以看到，当我们设置 axis=0 以后，数组中的元素就会按照纵向升序排序了。

使用 argsort 函数进行排序，会得到一个由索引构成的索引数组，索引值表示排序以后新数组中每个元素在原序列中的位置，如代码 2-27 所示。

代码 2-27

```
In[42]:   import numpy as np
          arr1 = np.array([8,4,5,2,9,6])
          arr1.sort()
          print(arr1)
Out[42]:  [2 4 5 6 8 9]
In[43]:   arr2 = np.array([8,4,5,2,9,6])
          print(arr2.argsort())
          print(arr2)
Out[43]:  [3 1 2 5 0 4]
          [8 4 5 2 9 6]
```

从执行结果可以看出，sort 函数与 argsort 函数的不同之处。使用 sort 函数，数组本身的顺序被改变了；使用 argsort 函数并没有改变数组本身，而是返回了新序列中每个元素在原序列中的位置。

【课堂实践】

使用 array 函数创建 2 个 4 行 4 列的数组，元素类型为整型，然后分别使用 hstack 函数和 vstack 函数对两个数组进行横向和纵向的组合。

职业技能的相关要求

完成任务 2.5 的学习将达到数据应用开发与服务(Python)（初级）职业技能的相关要求，具体内容如下：

> ✧ 数据应用开发与服务(Python)（初级）职业技能的相关要求
>
> ▪ 能够以调用 numpy 库函数的方式获取数据的描述性统计。

任务 2.6 对多门课成绩进行计算——使用 numpy 的线性代数模块处理矩阵

本任务的主要内容：

- 了解 numpy 的线性代数模块；
- 使用线性代数模块中的函数对矩阵进行简单计算。

2.6.1 计算对角线元素和

将 3 位同学的语文、数学、英语 3 门课程的考试成绩存放在一个二维数组中，形成了一个 3 行 3 列的矩阵，我们需要求这个矩阵的对角线元素之和，应该如何解决？可以使用 ndarray 对象的 trace 方法，也可以使用 numpy 的 trace 函数，如代码 2-28 所示。

代码 2-28

```
In[44]:   import numpy as np
          score1=np.array([[96,75,88],[78,92,99],[85,89,90]])
          print('小李、小王、小赵的语数外成绩为: \n',score1)
Out[44]:  小李,小王、小赵的语数外成绩为:
           [[96 75 88]
           [78 92 99]
           [85 89 90]]
In[45]:   print(score1.trace())        #使用trace()方法
          print(np.trace(score1))      #使用trace()函数
Out[45]:  278
          278
```

2.6.2 实现矩阵乘法

两个矩阵相乘，必须满足矩阵 $\boldsymbol{A}$ 的列数等于矩阵 $\boldsymbol{B}$ 的行数这一条件。假设 $\boldsymbol{A}$ 为 $m\times p$ 的矩阵，$\boldsymbol{B}$ 为 $p\times n$ 的矩阵，那么矩阵 $\boldsymbol{A}$ 与 $\boldsymbol{B}$ 的乘积就是一个 $m\times n$ 的矩阵 $\boldsymbol{C}$，其中矩阵 $\boldsymbol{C}$ 的第 i 行第 j 列的元素可以

用下面的公式计算出来：

微课 10

NumPy 的线性代数模块

$$(\boldsymbol{AB})_{ij} = \sum_{k=1}^{p} a_{ik}b_{kj} = a_{i1}b_{1j} + a_{i2}b_{2j} + \cdots + a_{ip}b_{pj}$$

即第 i 行第 j 列的元素，是由第 i 行与第 j 列的元素对位相乘，再将所得的乘积累加得到的。

那么，两个矩阵相乘可以用乘号“*”吗？请注意，如果在程序中我们通过“*”对两个矩阵进行乘法运算，得到的是一个元素级的积，而不是一个矩阵点积。

numpy 中提供了一个用于矩阵乘法的 dot 函数，ndarray 对象也有 dot 方法，如代码 2-29 所示。

代码 2-29

```
In[46]:   import numpy as np
          arr_x = np.array([[1, 2, 3], [4, 5, 6]])
          arr_y = np.array([[1, 2], [3, 4], [5, 6]])
          #使用 dot 函数
          print(np.dot(arr_x, arr_y))
Out[46]:  [[22 28]
           [49 64]]
In[47]:   arr_x = np.array([[1, 2, 3], [4, 5, 6]])
          arr_y = np.array([[1, 2], [3, 4], [5, 6]])
          #使用 dot 方法
          print(arr_x.dot(arr_y))
Out[47]:  [[22 28]
           [49 64]]
```

第一种方法是调用 numpy 的 dot 函数，第二种方法是使用 ndarray 对象的 dot 函数。执行一下这段代码，我们可以看到两种方法的执行结果是一样的。

【课堂实践】

使用 array 函数创建一个 3 行 3 列的矩阵，然后使用 diag 函数取矩阵的对角线元素。

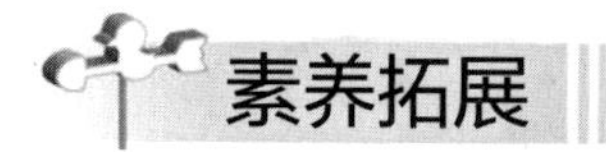

不以规矩，不能成方圆

“不以规矩，不能成方圆。”出自《孟子·离娄章句上》，含义是如果没有圆规和矩尺，就无法准确画出圆形和方形，告诫人们做人做事要遵循一定的标准、规范。

每一个领域、每一个行业都有自己的标准和规范，软件开发也有很严格的标准和规范。每一个从业人员都应该遵守这些规范，例如，遵守程序编写流程，按规范添加注释，定义的变量名、对象名符合代码编写标准等。这样，我们才能编写出符合规范的、可读性强的代码，从而提高整体工作效率。

提升自我，不要做短板！

木桶定律指出一只木桶能盛多少水，并不是取决于桶壁上最长的那块木板，而是取决于最短的那块木板。

任务 2.3 中提到的数组运算，遵循一个原则，那就是当维度不同时，扩展维度小的数组，使得它的

shape 的值与维度最大的数组的 shape 的值相同，这样才能完成数组运算。维度小的数组就像木桶上最短的那块木板，只有把这块木板补长了，木桶才能装更多的水。我们在今后的工作中，不可避免地会参与团队合作。团队就像一只木桶，要想让木桶装更多的水，就不能有短板。因此，每个团队成员都应该不断提升自己的业务能力和团队协作能力，就像维度小的数组要将自己的维度扩展得与其他数组的维度一致，数组间才能执行运算。这样，团队才能协同完成工作。

单元小结

本单元重点介绍了高性能科学计算和数据分析的基础包 numpy，包括创建 ndarray 数组的多种方法、numpy 支持的数据类型、数组与数组之间的运算规则、numpy 通用函数的用法、对数组进行统计和排序的方法以及 numpy 的线性代数模块等。这些内容将为后面单元中对其他数据分析库的学习打下基础。

课后习题

一、单选题

1. numpy 中的随机数模块是哪一个？（　　）

A. random　　B. sklearn　　C. os　　D. linalg

2. 以下哪一个属性可用来表示数组在各个维度上的大小？（　　）

A. ndarray.size　　B. ndarray.dtype　　C. ndarray.ndim　　D. ndarray.shape

3. 标量与多维数组运算时，会根据标量产生一个与多维数组具有（　　）行数和列数的新数组，新数组与多维数组的每个元素都被相加、相减、相乘或者相除。

A. 差异的　　B. 不同的　　C. 相同的　　D. 相似的

4. 通用函数是一种针对 ndarray 中的数据执行（　　）级运算的函数，返回的是一个新的数组。

A. 元素　　B. 数组　　C. 对象　　D. 序列

5. 0 轴会沿着（　　）的方向垂直向下延伸，1 轴会沿着（　　）的方向水平向右延伸。

A. 列，行　　B. 行，列　　C. 单元，轴　　D. 轴，单元

二、填空题

1. numpy 的全称是__________。

2. ndarray 对象的数据类型可以通过__________方法进行转换。

3. 计算数组元素的平方的函数是__________。

4. 返回数组最大元素的索引的方法是__________。

5. numpy 中提供的一个用于矩阵乘法的函数是__________。

三、简答题

1. 触发广播机制需要满足哪些条件？

2. 列举 5 个 ndarray 对象的用于统计的方法。

3. 两个矩阵相乘，需要满足哪些条件？

单元 3 pandas 统计分析基础

pandas 是一个强大的分析结构化数据的工具集，它基于 numpy（实现高性能的矩阵运算），提供数据挖掘和数据分析功能，同时也提供数据清洗功能。它拥有一个快速、高效的 DataFrame 对象，该对象可用于数据操作和综合索引。pandas 库包含各种在内存数据结构和不同格式之间读写数据的工具，以及智能数据对齐和缺失数据综合处理的方法，实现在计算中获得基于标签的自动对齐，将凌乱的数据操作为有序的形式。

Python 与 pandas 被广泛应用于学术和商业领域中，包括金融、神经科学、经济学、统计学、广告、网络分析等。

学习目标

【知识目标】

- 掌握 pandas 的安装方法
- 了解 pandas 的数据类型
- 掌握创建 Series 的方法
- 掌握创建 DataFrame 的方法
- 使用 DataFrame 进行索引和切片

【能力目标】

- 掌握不同数据类型对象的创建方法
- 掌握数据排序的方法
- 掌握数据统计的方法

【素养目标】

- 培养学生遵循科学规律的思维模式，使学生以科学的态度面对成功与失败，建立正确的人生观与价值观

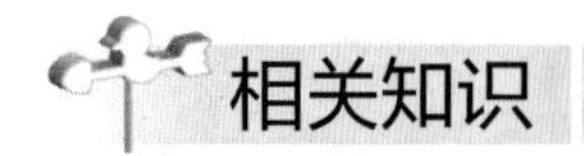

相关知识

微课 11

数据类型和数据结构

1. pandas 与 pandas 的数据结构

pandas 是一个开源的、满足伯克利软件套件（Berkeley Software Distribution，BSD）许可协议的库，为 Python 编程语言提供高性能的、易于使用的数据结构和数据分析工具。

pandas 是基于 numpy 的一种工具，该工具是为了解决数据分析任务而创建的。pandas 纳入了大量的库和一些标准的数据模型，提供了高效地操作大型数据集所需的工具。此外，pandas 提供了大量能使我们快速、便捷地处理数据的函数和方法。你很快就会发现，它是使 Python 成为强大而高效的数据分析环境的重要因素之一。

pandas 是数据分析人员必须熟悉的第三方库，对于数据分析人员而言，pandas 在科学计算上有很大的优势。pandas 库利用表格数据模型在 Python 上的模拟，引用方法对数据进行处理，能够很方便地用 Python 代码实现。

pandas 的安装同样需要使用 pip。打开 Windows 命令提示符窗口并执行 pip install pandas，如图 3-1 所示。

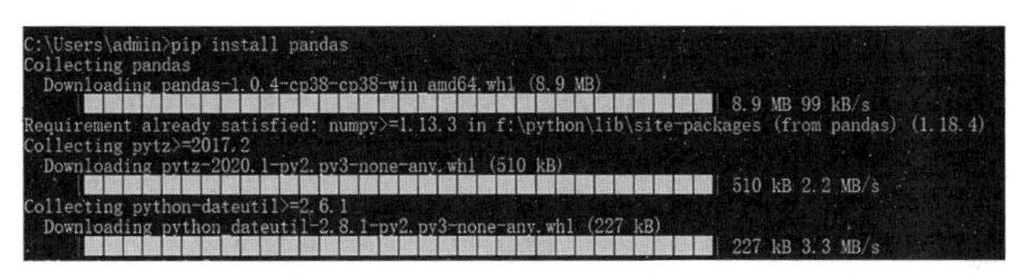

图 3-1　使用 pip 命令安装 pandas

安装成功会出现“Successfully installed”字样。可以使用 pip list 查看到已经安装好的 pandas。

如果想要使用 Python 进行数据分析，需要了解 numpy、pandas 等用于数据分析的库以及学习能够进行迭代的数据类型。能够进行迭代的数据类型有：字符串、列表、字典等。pandas 安装成功后，可以直接导入并使用，代码如下：

```
import pandas as pd
```

pandas 中有 3 个数据结构，分别是 Series（系列）、DataFrame（数据帧）和 Panel（面板）。这些数据结构均构建自 numpy 数组，这意味着它们检索、查询的速度很快。实际上这些数据结构与维度相关，而较高维数据结构是较低维数据结构的容器。例如，DataFrame 是 Series 的容器，Panel 是 DataFrame 的容器。pandas 中的数据结构如表 3-1 所示。

表 3-1　pandas 中的数据结构

数据结构	维度	说明
Series	1	一维标记，均匀数组，大小不可变
DataFrame	2	一般二维标记，大小可变的表结构与潜在的异质类型的列
Panel	3	一般三维标记，大小可变数组

2. 创建 Series 和 DataFrame 的函数

Series 是一种类似于 numpy 数组的对象，它由一组数据和与之相关的一组数据标签（索引）组成。可以用 index 和 data 分别规定索引和值。如果不规定索引，会自动创建 0 到长度-1 的索引。Series 大小不可变，但是数据可变。

pandas 的 Series 可以使用以下构造方法创建。

```
pandas.Series(data=None, index=None, dtype=None, copy=None)
```

也可以使用数组、字典、标量或者常量创建一个 Series。Series 构造方法的参数如表 3-2 所示。

表 3-2　Series 构造方法的参数

参数	描述
data	data（数据）可以采用各种形式，如：数组（ndarray）、列表（list）、常量（constants）等
index	索引必须是唯一的和散列的，长度与数据的长度相同
dtype	dtype 用于指定数据类型。如果没有，将推断数据类型
copy	复制数据，默认为 False

DataFrame 是一种表格型结构，含有一组有序的列，每一列可以使用不同的数据类型。DataFrame 既有行索引，又有列索引，可以被看作由 Series 组成的字典（使用共同的索引）。跟其他语言中类似的结构（比如 R 中的 data.frame）相比，DataFrame 面向行和列的操作基本是相似的。其实，DataFrame 中的数据是以一个或者多个二维数组的形式存放的。DataFrame 的特点是异构数据、大小可变、数据可变。pandas 的 DataFrame 可以使用以下构造方法创建。

```
pandas.DataFrame(data=None,index=None,columns=None,dtype=None,copy=None)
```

DataFrame 构造方法的参数如表 3-3 所示。

表 3-3　DataFrame 构造方法的参数

参数	描述
data	数据可以采取不同形式，如：数组、列表、常量
index	索引必须是唯一的和散列的，长度与数据的长度相同
columns	列标签。当数据没有列标签时，用于生成 DataFrame 的列标签，默认为 0，1，2，…，n。如果数据包含列索引，将改为执行列选择
dtype	dtype 用于指定数据类型。如果没有，将推断数据类型
copy	复制数据，默认为 False

3. 索引与切片

pandas 在构建 Series 和 DataFrame 时都会创建索引序列，类似于标签，用于标示每个数据。不同的是，Series 只有一个索引序列，而 DataFrame 有行索引和列索引。在利用 Python 解决各种实际问题的过程中，经常会遇到从某个对象中抽取部分值的情况，这时就需要使用切片。索引和切片都是数据分析中常用的方法。

（1）索引

DataFrame 构造方法中，index 指定行索引，即每一行的名字；columns 指定列索引，即每一列的名字。创建 DataFrame 时，行索引和列索引都需要以列表的形式传入。

（2）切片

对 DataFrame 进行切片，就像切一个魔方一样，包括取某行、某列、某几行、某几列。

4. 排序算法与实现排序的方法

将一组“无序”的记录序列调整为“有序”的记录序列的过程就是排序。排序可以使一串记录，按照其中的某个或某些关键字的大小，以递增或递减的方式排列起来。

排序算法就是使记录按照要求排列的方法。排序算法在很多领域都得到重视，尤其是在有大量数据需要处理的领域。一个优秀的排序算法可以节省大量的资源。在各个领域都要考虑数据的各种限制和规范，要得到一个符合实际需求的优秀排序算法，需要经过大量的推理和分析。

5. 统计学与统计方法

统计的目的是研究数据，统计学是有效地收集、整理和分析数据，探索数据内在的数量规律的一门科学，它对所观察的现象做出描述、分析或推测。统计学广泛地应用于各个领域，具有数量性、总体性和变异性这 3 种特性。数量性是用大量具体的数字来刻画随机现象，用数字来表示随机现象发生的统计规律。总体性是从非常宏观的角度去研究随机现象的统计规律。变异性则是各单位由于随机因素的某一标志而表现出来的差异。

描述性统计虽一种常用的实现统计的方法。

描述性统计可以描绘或总结观察量的基本情况。描述统计研究如何取得反映客观现象的数据，并通过图表形式对所收集的数据进行加工处理和显示。分析或推测统计则是根据样本数据去推断总体特征的方法，它是在对样本数据进行描述的基础上，对统计总体的未知数量特征做出以概率形式表述的推断。无论是描述统计，还是分析或者推测统计都会用到一些统计方法。

统计方法有助于理解和分析数据的行为。我们已经学习了一些统计方法，并且可以将这些方法应用到 pandas 的对象上。pandas 对象拥有一组常用的数学和统计方法，大部分都属于极简统计和汇总统计，用于从 Series 中提取单个的值，或者从 DataFrame 的行或列中提取一个 Series。

pandas 对象有很多方法可以用来计算描述性统计信息和完成其他相关操作。其中一些方法，如 sum、mean、max、min 等，产生的是数值结果；但另外一些方法，如 cumsum，产生的结果是一个对象。

任务 3.1 用不同方式创建 Series 对象

本任务的主要内容：

- 创建一个空的 Series 对象；
- 使用 ndarray 对象创建一个 Series 对象；
- 使用字典创建一个 Series 对象；
- 使用标量创建一个 Series 对象。

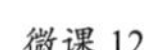

创建 Series

3.1.1 创建一个空的 Series 对象

使用 Series 函数创建一个空的 Series 对象，如代码 3-1 所示。

代码 3-1

```
In[1]:   import pandas as pd
         s = pd.Series()
         #创建一个空的 Series 对象
         print(s)
Out[1]:  Series([], dtype: float64)
```

3.1.2 使用 ndarray 对象创建一个 Series 对象

ndarray 对象是一系列同类型数据的集合，以 0 为下标开始对集合中元素进行索引。ndarray 是通过 numpy 中的 np.array 函数创建的。ndarray 为 N 维数组（简称数组）对象，存储同类型的数据。使用 ndarray 的方便之处在于它能够去掉循环的步骤，效率高，且容易理解。如果数据是 ndarray，则传递的索引必须与数据的长度相同。如果没有传递索引，那么默认的索引在范围 0 ~ n−1，其中 n 是数组长度。

使用 ndarray 创建一个 Series，如代码 3-2 所示。

代码 3-2

In[2]:
```
import pandas as pd
import numpy as np
data = np.array(['a','b','c','d'])
s = pd.Series(data)
#使用 ndarray 创建一个 Series 对象
print(s)
```

Out[2]:
```
0    a
1    b
2    c
3    d
dtype: object
```

3.1.3 使用字典创建一个 Series 对象

字典（dict）可以作为输入传递，如果没有指定索引，则按字典元素排列顺序取得字典的键以构造索引。如果指定了索引，则不使用字典的键作为索引，而是使用指定索引。

使用字典创建一个 Series 对象，如代码 3-3 所示。

代码 3-3

In[3]:
```
import pandas as pd
import numpy as np
data = {'a' : 0., 'b' : 1., 'c' : 2.}
s = pd.Series(data)
#使用字典创建一个 Series 对象
print(s)
```

Out[3]:
```
a    0.0
b    1.0
c    2.0
dtype: float64
```

要注意的是，字典的键是用于构建索引的。

3.1.4 使用标量创建一个 Series 对象

如果数据是标量，则必须提供索引，将重复使用该标量以匹配索引的长度。

使用标量创建一个 Series 对象，如代码 3-4 所示。

代码 3-4

In[4]:	import pandas as pd
	import numpy as np
	s = pd.Series(5, index=[0, 1, 2, 3])
	#使用标量创建一个 Series 对象
	print(s)

Out[4]:	0　5 1　5 2　5 3　5 dtype: int64

【课堂实践】

先使用 Series 函数创建一个空的 Series 对象，再使用 ndarray 对象和字典分别创建 Series 对象。

任务 3.2 用不同方式创建 DataFrame

在 pandas 里，DataFrame 是最常用的数据结构之一，这里有两种生成和添加数据的方法：把其他格式的数据整理到 DataFrame 中，或者在已有的 DataFrame 中插入列和行。

下面以第一种方法为例，先介绍如何创建 DataFrame。

本任务的主要内容：

- 使用字典创建 DataFrame；
- 使用 CSV 文件创建 DataFrame；
- 在 DataFrame 中插入列和行。

微课 13

创建 DataFrame

3.2.1 使用字典创建 DataFrame

（1）使用包含列表的字典创建 DataFrame

使用包含列表的字典创建 DataFrame，如代码 3-5 所示。

代码 3-5

In[5]:	import pandas as pd
	data = {'水果':['苹果','梨','草莓'],
	　　　　'数量':[3,2,5],
	　　　　'价格':[10,9,8]}
	df = pd.DataFrame(data)
	#使用包含列表的字典创建 DataFrame
	print(df)

Out[5]:	水果　数量　价格 0　苹果　3　10 1　梨　2　9 2　草莓　5　8

如果要按照我们想要的顺序生成 DataFrame，则需要添加参数，如代码 3-6 所示。

代码 3-6

In[6]:	`import pandas as pd`
	`data = {`
	`    'platform': ['qq', 'weixin', 'weibo', 'taobao'],`
	`    'year': [2000, 2010, 2005, 2004],`
	`    'percent': [0.71, 0.89, 0.63, 0.82]`
	`}`
	`columns = ['year', 'platform', 'percent']`
	`df = pd.DataFrame(data, columns=columns)`
	` #按照给定的列顺序生成 DataFrame`
	`print(df)`

Out[6]:	`   year platform  percent`
	`0  2000       qq     0.71`
	`1  2010   weixin     0.89`
	`2  2005    weibo     0.63`
	`3  2004   taobao     0.82`

如果给定了列名，但没有给出这一列对应的数据，那么这些数据将会使用 NaN 替代，如代码 3-7 所示。

代码 3-7

In[7]:	`import pandas as pd`
	`data = {`
	`    'platform': ['qq', 'weixin', 'weibo', 'taobao'],`
	`    'year': [2000, 2010, 2005, 2004],`
	`    'percent': [0.71, 0.89, 0.63, 0.82]`
	`}`
	`columns = ['year', 'platform', 'percent', 'count']`
	`index = ['a', 'b', 'c', 'd']`
	`df = pd.DataFrame(data, columns=columns, index=index)`
	`print(df)`

Out[7]:	`   year platform  percent count`
	`a  2000       qq     0.71   NaN`
	`b  2010   weixin     0.89   NaN`
	`c  2005    weibo     0.63   NaN`
	`d  2004   taobao     0.82   NaN`

In[8]:	`print(df['year'])` ` #可以使用列名获取 DataFrame 中该列的所有数据，返回一个 Series`

Out[8]:	`a    2000`
	`b    2010`
	`c    2005`
	`d    2004`
	`Name: year, dtype: int64`

In[9]:	`print(df.platform)` `#也可以直接使用列名访问该列的所有数据`

Out[9]:	`a        qq`
	`b    weixin`
	`c     weibo`
	`d    taobao`
	`Name: platform, dtype: object`

In[10]:	print(df.loc['a']) #获取 index 为 'a' 的行
Out[10]:	year 2000 platform qq percent 0.71 count NaN Name: a, dtype: object

（2）使用嵌套字典创建 DataFrame

在使用嵌套字典创建 DataFrame 时，会将外层字典的键作为 DataFrame 的列索引，内层字典的键作为 DataFrame 的行索引，如代码 3-8 所示。

代码 3-8

```
In[11]:
import pandas as pd
data = {'数量':{'苹果':3,'梨':2,'草莓':5},
        '价格':{'苹果':10,'梨':9,'草莓':8}}
df = pd.DataFrame(data)
print(df)
```

```
Out[11]:
      数量  价格
苹果    3   10
梨      2    9
草莓    5    8
```

（3）使用包含 Series 的字典创建 DataFrame

使用包含 Series 的字典创建 DataFrame，如代码 3-9 所示。

代码 3-9

```
In[12]:
import pandas as pd
data = {'水果':pd.Series(['苹果','梨','草莓']),
        '数量':pd.Series([3,2,5]),
        '价格':pd.Series([10,9,8])}
df = pd.DataFrame(data)
print(df)
```

```
Out[12]:
   水果  数量  价格
0  苹果    3   10
1   梨     2    9
2  草莓    5    8
```

3.2.2 使用 CSV 文件创建 DataFrame

用列表或者字典创建的 DataFrame 一般数据量较小，当数据量比较大，可以使用 CSV 文件作为数据集。而 CSV 文件占用更少的存储空间。下面介绍使用 CSV 文件创建 DataFrame 的方法。

最常用的是使用 pandas 的 read_csv 方法，将需要读取的数据文件传入方法中，例如 pd.read_csv('filename.csv')，pd 为 pandas 的简写。read_csv 方法可以带不同参数，如参数分隔符 sep 或表头 header 等。例如 pd.read_csv('filename.csv',sep='\t',header=1)。

以表 3-4 所示的成绩实例文件 1.csv 为例。

表 3-4　成绩实例文件 1.csv

	A	B	C
1	Chinese	Math	English
2	88	11	22
3	33		30
4	85	32	90
5			

使用 CSV 文件创建 DataFrame，如代码 3-10 所示。

代码 3-10

```
In[13]:   import pandas as pd
          stu_info = pd.read_csv('./1.csv')
          stu_info
Out[13]:     Chinese  Math   English
          0  88       11.0   22
          1  33       NaN    30
          2  85       32.0   90
```

加入 hearder 参数是用来选择列名的。

header=0：读入列属性，将原表格的列名称（也就是列属性）作为 DataFrame 的列名。

header=1：不读入列属性，将原表格中的第一行数据作为了 DataFrame 的列名，这样将丢失第一行数据。

header=None：读入列属性，并将列属性作为 DataFrame 的第一行数据，列名则是自动生成的 0,1,2,3,4,…，如代码 3-11 所示。

代码 3-11

```
In[14]:   import pandas as pd
          stu_info = pd.read_csv('./1.csv',header=1,names=['语文','数学','英语'])
          stu_info
Out[14]:     语文 数学 英语
          0  33   NaN  30
          1  85   32.0 90
```

3.2.3　在 DataFrame 中插入列和行

可以在已有的 DataFrame 中插入列和行。

假如我们已经有了一个 DataFrame，如代码 3-12 所示。

代码 3-12

```
In[15]:   import pandas as pd
          test_dict = {'id':[1,2,3,4,5,6],
                       'name':['Alice','Bob','Cindy','Eric','Helen','Grace '],
```

	'Math':[90,89,99,78,97,93], 'English':[89,94,80,94,94,90]} test_dict_df = pd.DataFrame(test_dict) test_dict_df
Out[15]:	id name Math English 0 1 Alice 90 89 1 2 Bob 89 94 2 3 Cindy 99 80 3 4 Eric 78 94 4 5 Helen 97 94 5 6 Grace 93 90
In[16]:	new_columns = [92,94,89,77,87,91] test_dict_df.insert(2,'Pyhsics',new_columns,allow_duplicates=True) test_dict_df
Out[16]:	id name Pyhsics Math English 0 1 Alice 92 90 89 1 2 Bob 94 89 94 2 3 Cindy 89 99 80 3 4 Eric 77 78 94 4 5 Helen 87 97 94 5 6 Grace 91 93 90

此时我们又有一门新的课程 Physics，需要按照行索引的顺序为每个人添加这门课程的分数，我们可以使用 insert 方法。执行代码后就得到了插入好列的 DataFrame，需要注意的是，DataFrame 默认不允许插入重复的列，但是在 insert 方法中有参数 allow_duplicates，将其设置为 True 后，就可以插入重复的列了，列名也是可以重复的。

此时我们迎来了一位新的同学 Iric，需要在 DataFrame 中添加这个同学的信息，我们可以使用 loc 函数，如代码 3-13 所示。

代码 3-13

In[17]:	new_line = [7,'Iric',99,90] test_dict_df.loc[6]= new_line test_dict_df
Out[17]:	id name Math English 0 1 Alice 90 89 1 2 Bob 89 94 2 3 Cindy 99 80 3 4 Eric 78 94 4 5 Helen 97 94 5 6 Grace 93 90 6 7 Iric 99 90

【课堂实践】

根据班级学生信息表（包括学号、姓名、身高、宿舍号）创建 DataFrame。

职业技能的相关要求

完成任务 3.2 的学习将达到数据应用开发与服务(Python)（初级）职业技能的相关要求，具体内容如下：

✧ 数据应用开发与服务(Python)（初级）职业技能的相关要求

▪ 能够选择合理的方式创建 pandas.DataFrame 以存放结构化数据。

任务 3.3 访问和提取随机数据——使用 DataFrame 进行索引与切片

本任务的主要内容：

● 使用索引访问数据；

● 使用切片提取部分数据。

微课 14

DataFrame 索引与切片

3.3.1 使用索引访问数据

列索引比较简单，列索引的值就是 columns 中的内容。例如，当定义一个 DataFrame 对象为 df 后，列索引就可以用 df.语文或者 df['语文']表示，还可以用 df[ ]选择列或者行。注意，不能用数值来选择行，要用切片的方式，例如 df[:2]，如代码 3-14 所示。

代码 3-14

In[18]:
```
import pandas as pd
import numpy as np
from pandas import Series, DataFrame
df = DataFrame(np.random.rand(12).reshape((3,4)),
            index = ['one', 'two', 'three'],
            columns= list('abcd'))
print(df)
type(df['a'])
df[['a','c']]  # DataFrame
```

Out[18]:
```
             a         b         c         d
one   0.295659  0.497387  0.816818  0.139925
two   0.967393  0.745192  0.439458  0.976838
three 0.897417  0.298176  0.371712  0.494092
a       c
one     0.295659 0.816818
two     0.967393 0.439458
three   0.897417 0.371712
```

df.loc[ ]是按标签名称或者布尔数组进行行/列索引；df.iloc[]是按照标签位置（从 0 到 length−1）或者布尔数组进行索引，如代码 3-15 所示。

代码 3-15

In[19]:
```
df.loc['one']    # 单独的行，返回的是一个 Series 对象
```

Out[19]:
```
a    0.295659
b    0.497387
c    0.816818
```

	d 0.139925 Name: one, dtype: float64
In[20]:	df.iloc[0:2]
Out[20]:	a b c d one 0.323980 0.262418 0.206880 0.061040 two 0.690405 0.070587 0.591459 0.975859

3.3.2 使用切片提取部分数据

切片是指提取出行列相应的部分。直接使用 df[:]提取时，数据区间是前闭后开的；使用 df.loc[: ,["列名"]] 选取行时，数据区间是前闭后闭的；使用 df.iloc[:,:]选取行列时，数据区间则是前闭后开的。此外，还可以根据行列索引序号选取指定行列或者根据特定数据筛选行列，如代码 3-16 所示。

代码 3-16

In[21]:	import numpy as np from pandas import Series, DataFrame df1 = DataFrame(np.random.rand(12).reshape((3,4)),index = [3,2,1], columns= list('abcd')) df1.loc[2:1]
Out[21]:	a b c d 3 0.402319 0.774711 0.742924 0.031992 2 0.416612 0.069033 0.856383 0.372483 1 0.699677 0.450296 0.705520 0.190308 a b c d 2 0.416612 0.069033 0.856383 0.372483 1 0.699677 0.450296 0.705520 0.190308
In[22]:	df1.iloc[0:3]#使用标签位置来进行切片处理
Out[22]:	a b c d 3 0.402319 0.774711 0.742924 0.031992 2 0.416612 0.069033 0.856383 0.372483 1 0.699677 0.450296 0.705520 0.190308

【课堂实践】

根据班级学生信息表（包括学号、姓名、身高、宿舍号）创建 DataFrame，然后提取所有学生的身高信息。

职业技能的相关要求

完成任务 3.3 的学习将达到数据应用开发与服务(Python)（初级）职业技能的相关要求，具体内容如下：

✧ 数据应用开发与服务(Python)（初级）职业技能的相关要求

- 能够通过数据切片和条件筛选，获取 DataFrame 中的部分数据。

任务 3.4 对学生数据进行排序——实现数据排序

微课 15

数据排序方法

本任务的主要内容：

- 使用 sort 函数、sort_index 方法、sort_values 方法实现数据排序；
- 控制排序顺序；
- 设置排序算法。

3.4.1 使用 sort 函数、sort_index 方法、sort_values 方法实现数据排序

在 numpy 中，可以使用 sort 函数对数组的数据进行排序，sort 函数会返回输入数组的排序副本。sort 函数具体格式如下：

```
sort(array, axis=1, kind='quicksort', order)
```

sort 函数的参数如表 3-5 所示。

表 3-5 sort 函数的参数

参数	说明
array	要排序的数组
axis	轴标签，axis=0 表示数组中的数据会按列排序，axis=1 表示数组中的数据会按行排序
kind	排序算法，默认使用'quicksort'（快速排序），也可以使用'mergesort'（归并排序），或者使用'heapsort'（堆排序）
order	选择进行排序的字段

下面看一下 sort 函数排序实例，如代码 3-17 所示。

代码 3-17

```
In[23]:  import numpy as np
         a = np.array([[2,4],[8,5]])
         print ('我们的数组是：')
         print (a)
         print ('\n')
         print ('调用 sort 函数：')
         print (np.sort(a))
         print ('\n')
         print ('按列排序：')
         print (np.sort(a, axis = 0))
         print ('\n')
Out[23]: 我们的数组是：
         [[2 4]
          [8 5]]

         调用 sort 函数：
         [[2 4]
          [5 8]]

         按列排序：
         [[2 4]
          [8 5]]
```

DataFrame 对象有两个排序方法，分别是 sort_index 方法和 sort_values 方法。sort_index 方法以 DataFrame 中的索引为依据，通过传递 axis 参数和 ascending 参数，可以对 DataFrame 进行排序。sort_values 方法以 DataFrame 中的数据值为依据进行排序。当 assending 参数的值为 Ture 时，数据按升序排序，当 assending 参数的值为 False 时，数据按降序排序。代码 3-18 如下所示。

代码 3-18

In[24]:
```
import pandas as pd
import numpy as np
#按索引排序
unsorted_df = pd.DataFrame(np.random.randn(4, 2),index=[1, 0, 3, 2],
columns=['col2', 'col1'])
print(unsorted_df)
print("------排序后 默认按行索引排序\n",
unsorted_df.sort_index(ascending=False))
print("------排序后 默认按列索引排序\n", unsorted_df.sort_index(axis=1))
```

Out[24]:
```
       col2      col1
1  0.245304  1.191981
0  0.234872 -1.359925
3 -0.487438  0.446965
2  1.246065  0.588812
------排序后 默认按行索引排序
       col2      col1
3 -0.487438  0.446965
2  1.246065  0.588812
1  0.245304  1.191981
0  0.234872 -1.359925
------排序后 默认按列索引排序
       col1      col2
1  1.191981  0.245304
0 -1.359925  0.234872
3  0.446965 -0.487438
2  0.588812  1.246065
```

In[25]:
```
#按数据值排序
d = {'Name': pd.Series(['Tom', 'James', 'Ricky', 'Vin', 'Steve',
'Minsu', 'Jack']), 'Age': pd.Series([25, 26, 25, 23, 30, 29, 23]),
'Rating': pd.Series([4.23, 3.24, 3.98, 2.56, 3.20, 4.6, 3.8])}
unsorted_df = pd.DataFrame (d)
print(unsorted_df)
sort_age = unsorted_df.sort_values(by="Age")
print("------排序后 按照[Age]排序\n", sort_age)
sort_age_rating = unsorted_df.sort_values(by=["Age", "Rating"],
ascending=[True, False])
print("------排序后 先按[Age]后按[Rating]排序\n", sort_age_rating)
```

Out[25]:
```
    Name  Age  Rating
0    Tom   25    4.23
1  James   26    3.24
2  Ricky   25    3.98
3    Vin   23    2.56
4  Steve   30    3.20
5  Minsu   29    4.60
6   Jack   23    3.80
```

```
------排序后 按照[Age]排序
      Name  Age  Rating
3      Vin   23    2.56
6     Jack   23    3.80
0      Tom   25    4.23
2    Ricky   25    3.98
1    James   26    3.24
5    Minsu   29    4.60
4    Steve   30    3.20
------排序后 先按[Age]后按[Rating]排序
      Name  Age  Rating
6     Jack   23    3.80
3      Vin   23    2.56
0      Tom   25    4.23
2    Ricky   25    3.98
1    James   26    3.24
5    Minsu   29    4.60
4    Steve   30    3.20
```

3.4.2 控制排序顺序

通过将布尔值传递给 sort_index 方法中的 ascending 参数，例如 ascending=False 或者 ascending=True，可以控制排序顺序。通过下面的例子来理解一下，如代码 3-19 所示。

代码 3-19

In[26]:

```
import pandas as pd
import numpy as np
unsorted_df = pd.DataFrame (np.random. randn (8,2),
index=[1,4,6,2,3,5,0,7],columns = ['col2','col1'])
sorted_df = unsorted_df.sort_index(ascending=False)
print(unsorted_df)
print(sorted_df)
```

Out[26]:

```
       col2      col1
1  0.493912 -0.719863
4 -1.319351  0.872830
6  0.186438 -1.865886
2  0.378730 -0.145524
3 -0.457114 -0.058521
5  0.118296  0.063136
0 -0.688077 -0.706448
7 -0.921347 -0.695270
       col2      col1
7 -0.921347 -0.695270
6  0.186438 -1.865886
5  0.118296  0.063136
4 -1.319351  0.872830
3 -0.457114 -0.058521
2  0.378730 -0.145524
1  0.493912 -0.719863
0 -0.688077 -0.706448
```

通过将 0 或 1 作为参数传递给 axis 来控制排序，axis=0 表示数组中的数据会按列排序，axis=1 表示表示数组中的数据会按行排序，如代码 3-20 所示。

代码 3-20

In[27]:	import pandas as pd import numpy as np unsorted_df = pd.DataFrame(np.random.randn(8,2), index=[1,4,6,2,3,5,0,7], columns = ['col2','col1']) sorted_df=unsorted_df.sort_index(axis=1) print (sorted_df)
Out[27]:	col1 col2 1 -0.107216 -1.101669 4 0.412691 -0.806459 6 -0.009625 0.932272 2 -0.135690 0.552692 3 -0.613400 0.568297 5 1.341320 0.652279 0 1.071977 -0.150734 7 0.956881 0.197338

sort_values 方法以 DataFrame 中的数据值进行排序，它接收一个 by 参数，用来设置一个列名，DataFrame 会按这个列的值进行排序，如代码 3-21 所示。

代码 3-21

In[28]:	import pandas as pd import numpy as np unsorted_df = pd.DataFrame({'col1':[2,1,1,1],'col2':[1,3,2,4]}) sorted_df = unsorted_df.sort_values(by='col1') print (sorted_df)
Out[28]:	col1 col2 1 1 3 2 1 2 3 1 4 0 2 1

sort_values 方法有一个 inplace 参数，它的默认值为 False，如果将它设置为 True，则表示不产生新的 DataFrame 对象，而是改变原始 DataFrame 对象的数据顺序，如代码 3-22 所示。

代码 3-22

In[29]:	import pandas as pd import numpy as np import pandas as pd import numpy as np unsorted_df = pd.DataFrame({'col1':[2,1,1,1],'col2':[1,3,2,4]}) sorted_df = unsorted_df.sort_values(by='col1',inplace=True) print(unsorted_df)
Out[29]:	col1 col2 1 1 3 2 1 2 3 1 4 0 2 1

3.4.3 设置排序算法

sort_values 方法提供了'mergesort'（归并排序）、'heapsort'（堆排序）和'quicksort'（快速排序）3 种排序算法参数值。归并排序算法将数组不断进行二分，直到不可分（单元素），然后以排序的方式组合它们，归并排序的时间复杂度为 $O(n\log N)$。堆排序算法中的堆是一个近似完全二叉树的结构，且子节点的键值或索引总是不小于（或者不大于）它的父结点。快速排序算法的原理是对一个数组按目标值进行分组，将数组中大于目标值的数据放在左边，小于目标值的数据放在右边。其中归并排序是以上算法中唯一稳定的算法，其用法如代码 3-23 所示。

代码 3-23

```
In[30]:  import pandas as pd
         import numpy as np
         unsorted_df = pd.DataFrame({'col1':[2,1,1,1],'col2':[1,3,2,4]})
         sorted_df = unsorted_df.sort_values(by='col1' ,kind='mergesort')
         print (sorted_df)
Out[30]:    col1  col2
         1     1     3
         2     1     2
         3     1     4
         0     2     1
```

可以为 kind 设置不同的参数值，以使用不同的排序算法对数据进行排序。

【课堂实践】

根据班级学生信息表（包括学号、姓名、身高、宿舍号）创建 DataFrame，分别按照学号和宿舍号进行排序。

任务 3.5 进行随机数据统计——实现数据统计

本任务的主要内容：

- 使用 pandas 的统计方法进行统计；
- 使用 describe 方法描述数据。

微课 16

数据统计方法

3.5.1 使用 pandas 的统计方法进行统计

常用的统计方法如表 3-6 所示。

表 3-6 常用的统计方法

方法	描述
count	非空值的数量
sum	所有值之和
mean	所有值的平均值
median	所有值的中位数
mode	值的从数
var	值的方差

续表

方法	描述
std	值的标准差
min	所有值中的最小值
max	所有值中的最大值
mad	根据所有值的平均值计算平均绝对偏差
abs	所有值的绝对值
prod	所有值的积
cumsum	累计和
cumprod	累计积

接下来，我们将以随机数据为例来介绍常用统计方法的使用方法，如代码 3-24 所示。

代码 3-24

```
In[31]:    import numpy as np
           import pandas as pd
           np.random.seed(1234)
           df1 = pd.Series(2*np.random.normal(size = 100)+3)
Out[31]:   0     3.942870
           1     0.618049
           2     5.865414
           3     2.374696
           4     1.558823
                   ...
           95    2.836106
           96    2.310468
           97    4.056576
           98    0.862022
           99    1.976237
           Length: 100, dtype: float64
```

df1.count，用于计算非空值的数量，如果参数中存在 axis（轴），当 axis=0 表示沿着行标签/索引值（index）向下执行，当 axis=1 表示沿着列标签水平方向执行，默认 axis=0，如代码 3-25 所示。

代码 3-25

```
In[32]:    df1.count()
Out[32]:   100
```

df1.sum，用于计算和，如果参数中存在 axis，当 axis=0 表示沿着行标签/索引值向下执行，当 axis=1 表示沿着列标签水平方向执行，默认 axis=0，如代码 3-26 所示。

代码 3-26

```
In[33]:    df1.sum()
Out[33]:   307.0224566250873
```

df1.std，用于计算标准差，如果参数中存在 axis，当 axis=0 表示沿着行标签/索引值向下执行，当 axis=1

表示沿着列标签水平方向执行，默认 axis=0，如代码 3-27 所示。

代码 3-27

In[34]:	df1.std()
Out[34]:	2.001401853335578

df1.mean，用于计算平均值，如果参数中存在 axis，当 axis=0 表示沿着行标签/索引值向下执行，当 axis=1 表示沿着列标签水平方向执行，默认 axis=0，如代码 3-28 所示。

代码 3-28

In[35]:	df1.mean()
Out[35]:	3.070224566250873

df1.median，用于计算中位数，如果参数中存在 axis，当 axis=0 表示沿着行标签/索引值向下执行，当 axis=1 表示沿着列标签水平方向执行，默认 axis=0，如代码 3-29 所示。

代码 3-29

In[36]:	df1.median()
Out[36]:	3.204555266776845

df1.min，用于计算最小值，如果参数中存在 axis，当 axis=0 表示沿着行标签/索引值向下执行，当 axis=1 表示沿着列标签水平方向执行，默认 axis=0，如代码 3-30 所示。

代码 3-30

In[37]:	df1.min()
Out[37]:	-4.1270333212494705

df1.max，用于计算最大值，如果参数中存在 axis，当 axis=0 表示沿着行标签/索引值向下执行，当 axis=1 表示沿着列标签水平方向执行，默认 axis=0，如代码 3-31 所示。

代码 3-31

In[38]:	df1.max()
Out[38]:	7.781921030926066

df1.var，用于计算方差，如果参数中存在 axis，当 axis=0 表示沿着行标签/索引值向下执行，当 axis=1 表示沿着列标签水平方向执行，默认 axis=0，如代码 3-32 所示。

代码 3-32

In[39]:	df1.var()
Out[39]:	4.005609378535087

df1.mad，用于根据平均值计算平均绝对偏差，如果参数中存在 axis，当 axis=0 表示沿着行标签/索引值向下执行，当 axis=1 表示沿着列标签水平方向执行，默认 axis=0，如代码 3-33 所示。

代码 3-33

In[40]:	df1.mad()
Out[40]:	1.5112880411556104

df1.cumsum，用于计算累计和，如果参数中存在 axis，当 axis=0 表示沿着行标签/索引值向下执行，当 axis=1 表示沿着列标签水平方向执行，默认 axis=0，如代码 3-34 所示。

代码 3-34

```
In[41]:    df1.cumsum()
Out[41]:   0       3.942870
           1       4.560919
           2      10.426333
           3      12.801029
           4      14.359852
                    ...
           95    297.817153
           96    300.127621
           97    304.184197
           98    305.046219
           99    307.022457
           Length: 100, dtype: float64
```

df1.mode，用于计算值的众数，如果参数中存在 axis，当 axis=0 表示沿着行标签/索引值向下执行，当 axis=1 表示沿着列标签水平方向执行，默认 axis=0，如代码 3-35 所示。

代码 3-35

```
In[42]:    df1. mode()
Out[42]:   0    -4.127033
           1    -1.800907
           2    -1.485370
           3    -1.149955
           4    -1.042510
                   ...
           95    5.865414
           96    6.091318
           97    7.015686
           98    7.061207
           99    7.781921
           Length: 100, dtype: float64
```

df1.abs，用于计算绝对值，如果参数中存在 axis，当 axis=0 表示沿着行标签/索引值向下执行，当 axis=1 表示沿着列标签水平方向执行，默认 axis=0，如代码 3-36 所示。

代码 3-36

```
In[43]:    df1.abs()
Out[43]:   0     3.942870
           1     0.618049
```

	2 5.865414 3 2.374696 4 1.558823 ... 95 2.836106 96 2.310468 97 4.056576 98 0.862022 99 1.976237 Length: 100, dtype: float64

df1.prod，用于计算所有值的积，如果参数中存在 axis，当 axis=0 表示沿着行标签/索引值向下执行，当 axis=1 表示沿着列标签水平方向执行，默认 axis=0，如代码 3-37 所示。

代码 3-37

In[44]:	df1.prod()
Out[44]:	-6.968931241977193e+42

df1.cumprod，用于计算累计积，如果参数中存在 axis，当 axis=0 表示沿着行标签/索引值向下执行，当 axis=1 表示沿着列标签水平方向执行，默认 axis=0，如代码 3-38 所示。

代码 3-38

In[45]:	df1.cumprod()
Out[45]:	0 3.942870e+00 1 2.436886e+00 2 1.429334e+01 3 3.394235e+01 4 5.291009e+01 ... 95 -4.364645e+41 96 -1.008437e+42 97 -4.090802e+42 98 -3.526363e+42 99 -6.968931e+42 Length: 100, dtype: float64

3.5.2 使用 describe 方法描述数据

describe 方法，返回 Series 或者 DataFrame 的描述统计信息，可用于观察一系列数据的范围、大小、波动趋势等，以便为后面的模型选择打下基础，如代码 3-39 所示。

代码 3-39

In[46]:	df1.describe()
Out[46]:	count 100.000000 mean 3.070225 std 2.001402 min -4.127033

```
25%        2.040101
50%        3.204555
75%        4.434788
max        7.781921
dtype: float64
```

【课堂实践】

根据班级学生信息表（包括学号、姓名、身高、宿舍号）创建 DataFrame，统计本班学生身高的最大值、最小值和平均值。

职业技能的相关要求

完成任务 3.5 的学习将达到数据应用开发与服务(Python)（初级）职业技能的相关要求，具体内容如下：

- ✧ 数据应用开发与服务(Python)（初级）职业技能的相关要求
  - ▪ 能够以调用 pandas 库函数的方式获取数据的描述性统计。

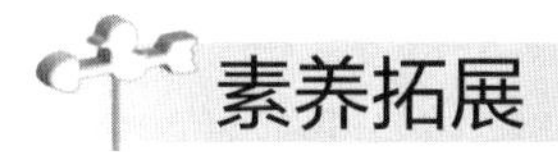

素养拓展

验证不同排序算法的效率

假如我们现在按身高升序排队，一种排队的方法是：让所有人站成一列，从第一个人开始，让相邻的两人相互比身高，若前者高则交换位置，再让更高的那个人与另一个与他相邻的人比，这样完成一趟比较之后最高的人就站到了队尾。接着重复以上过程，直到最矮的人站在了队头。我们把队头看作水底，队尾看作水面，那么第一趟比较结束，最高的人就像泡泡一样从水底“冒”到水面，第二趟比较则是让第二高的人“冒”到水面，以此类推。排队的过程即对数据对象进行排序的过程（这里我们排序的指标是身高）。上述内容描述了冒泡排序的思想。从上述内容我们可以看到，若要对 n 个人进行排队，我们需要 $n-1$ 趟比较，而且第 k 趟比较需要进行 $n-k$ 次比较。通过这些信息，我们能够很容易地算出冒泡排序的时间复杂度。首先，排序算法通常都是以数据对象的两两比较作为关键操作的，这里我们可以得出，冒泡排序需要进行的比较次数为$(n-1)+(n-2)+\cdots+1=n\times(n-1)/2$，因此冒泡排序的时间复杂度为 $O(n^2)$。pandas 集成了排序函数 sort，使用该函数对一维数组排序是非常便捷的，但是如果需要对多维数组按照某一个标准来排序就会出现困难。对于一般排序来说，如果数据量为 100 ~ 1000，可以选择普通 sort 函数进行排序，这种方法容易理解，也容易编写，但当数据量过大时，普通 sort 函数在执行效率上会出现问题。这时需要其他的算法，例如堆排序或者归并排序。如果遇到数据量较大的情况，你是否能耐心验证相同数据在不同算法下的运算效率呢？

科学家最重要的品质和精神是什么？是“不要害怕重新开始，科研中失败总比成果多”。遵循“猜想-实验”的循环，这是人类探索自然的方式，是科学研究的方法，也就是我们所说的“科学精神”。

单元小结

本单元重点介绍了用于数据分析的 pandas 库，包括 pandas 的数据类型和数据结构、数据的索引和切片、数据的排序和统计等。pandas 库的基础是 numpy。pandas 库纳入了大量的库和标准的数据模型，提供了高性能的矩阵运算和一个强大的分析和操作大型结构化数据集所需的工具集，同时也提供了大量能够快速、便捷地处理数据的函数和方法。学好本单元，将为后面单元中的数据分析打下基础。

课后习题

一、单选题

1. 定义一个 DataFrame 为 df，使用切片选择索引为 1、3 的列，包括尾部数据。(　　)

   A. df.loc[:, [0, 3]]　　B. df.loc[:, [1, 4]]　　C. df.loc[:, [1, 3]]　　D. df.loc[:, [0, 2]]

2. 使用字典创建 DataFrame，字典的键将作为 DataFrame 的（　　)。

   A. index　　B. rows　　C. values　　D. columns

3. 创建 Series 对象时可以使用（　　）参数来指定 Series 对象的索引。

   A. data　　B. index　　C. dtype　　D. copy

4. 定义一个 DataFrame 为 df，计算 df['visit']的总和，请选择正确的代码。(　　)

   A. df['visits'].sum()　　B. df['visit'].sum()　　C. df['visits'].total()　　D. df['visit'].total()

5. DataFrame 对象的（　　）方法是以索引为依据对数据进行排序的。

   A. sort_index　　B. sort_values　　C. index　　D. sort

二、填空题

1. pandas 中有 3 个数据结构，分别是________、________和 Panel。
2. DataFrame 对象有两个排序方法，其中以索引为依据进行排序的方法是________。
3. sort_values 方法中用于设置按升序或降序排序的参数是________。
4. pandas 的统计方法中用于统计平均值的方法是________。
5. pandas 的统计方法中用于统计累计和的方法是________。

三、简答题

1. 写出导入 pandas 库并将其简写为 pd 的语句。
2. 对 DataFrame 对象进行排序，可以用哪两种方法？
3. 创建一个 Series 对象，并获得它的元素中的最小值、第一四分位数（Q1）、中位数（Q2）、第三四分位数（Q3）和最大值。

单元 4 数据读取与写入

在大数据分析处理中，常常需要对数据进行读取和写入，通过读取数据，将数据加载到内存中进行处理；通过写入数据，将内存中的数据存储到文件或数据库。常用数据文件类型有文本文件、Excel 文件和关系数据库文件等。Python 的 pandas 库提供了对文本文件和 Excel 文件进行读取和写入的函数。PyMySQL 库实现了对 MySQL 的连接。pandas 库提供了对 MySQL 进行读写操作的函数，这些用于进行读写操作的函数通过 PyMySQL 建立的数据连接引擎读写数据库中的表。掌握常用格式数据的读取和写入方法对数据分析而言是有必要的。

学习目标

【知识目标】

- 熟悉文本文件的类型及特点
- 熟悉常用的数据文件类型
- 熟悉使用 read_table 函数、read_csv 函数和 to_csv 函数的方法
- 熟悉使用 read_excel 函数和 to_excel 函数的方法
- 熟悉使用 read_sql_table 函数、read_sql_query 函数和 read_sql 函数读取 MySQL 文件的方法
- 熟悉使用 to_sql 函数将数据写入数据库的方法

【能力目标】

- 能够使用 read_table 函数、read_csv 函数和 to_csv 函数实现对文本文件的读取和写入处理
- 能够使用 read_excel 函数和 to_excel 函数实现对 Excel 文件的读取和写入处理
- 能够使用 read_sql_table 函数、read_sql_query 函数、read_sql 函数和 to_sql 函数实现对 MySQL 文件的读取和写入处理

【素养目标】

- 培养学生的知识产权意识，帮助学生对国产软件树立信心，培养学生社会主义核心价值观

相关知识

1. 常用的数据文件类型

常用数据文件类型有文本文件、Excel 文件和关系数据库文件等。文本文件是由若干行字符组成的一种计算机文件，是一种典型的顺序文件。文本文件以美国信息交换标准代码（American Standard Code for

Information Interchange，ASCII）方式存储，ASCII 标准使得仅含有 ASCII 字符的文本文件可以被不同操作系统方便地读取和写入。文本文件会在文件最后一行放置文件结束标志，用来指明文件结束。常用文本文件有 TXT 文件、JSON 文件以及 CSV 文件等。TXT 格式是微软公司在操作系统上附带的一种文件格式，这种类型的文件以.txt 作为扩展名。JSON（JavaScript Object Notation，JavaScript 对象表示法）是一种轻量级的用于数据交换的文件格式，便于用户阅读和编写，同时也便于机器的解析和生成，这种类型的文件以.json 作为扩展名。CSV 是一种通用的、相对简单的文件格式，中文含义为逗号分隔值，因为文件中的分隔符通常为逗号，但文件中的分隔符也可以不是逗号，也可以是其他字符，因此也称为字符分隔值，这种类型的文件以.csv 作为扩展名。文本文件被广泛用于记录信息，它能够避免其他类型数据文件可能会遇到的一些问题，例如，当 Word 文件损坏时，程序将不能处理其中的内容；而当处理文本文件中的部分信息出现错误时，程序往往能够比较容易地从错误中恢复出来，并继续处理其余的内容。

Excel 的全称是 Microsoft Office Excel，是微软公司开发的一款办公软件，该软件生成的 Excel 文件为电子表格文件，电子表格文件也叫作工作簿，工作簿以二维表格的形式管理和呈现数据。Excel 可以制作各种类型的电子表格、用函数公式处理数据、用图表来直观表现数据等。Excel 的功能十分强大，在数据分析领域中有广泛的应用。

关系数据库文件以关系表的形式存储数据，通常使用关系数据库管理系统管理数据库文件。典型的关系数据库管理系统有 Oracle、MySQL 和 SQL Server。Oracle 是世界第一个支持 SQL 的商业数据库管理系统，应用于高端工作站以及作为服务器的小型计算机。MySQL 属于 Oracle 旗下产品，是最流行的关系数据库管理系统之一，在 Web 应用方面使用广泛。SQL Server 是微软公司发布的一款关系数据库管理系统，提供面向用户的图形化操作界面，直观、简单、使用方便。

2. 文本文件读取与写入

pandas 库使用 read_table 函数和 read_csv 函数读取 TXT 文件和 CSV 文件，这两个函数会以不同的默认分隔符读取文本文件，其中 read_table 函数以制表符“\t”作为默认分隔符，而 read_csv 函数以逗号“,”作为默认分隔符。两个函数的常用参数可以指定待读取文本文件的路径、分隔符、数据列名、数据类型、一次读取的数据行数等。

使用 pandas 库的 read_table 函数读取文本文件的代码格式如下：

```
pandas.read_table(path_or_buf, sep='\t', header='infer', usecols=None, names=None,
index_col=None, dtype=None, engine=None, nrows=None)
```

使用 pandas 库的 read_csv 函数读取文本文件的代码格式如下：

```
pandas.read_csv(path_or_buf, sep=',', header='infer', usecols=None, names=None,
index_col=None, dtype=None, engine=None, nrows=None)
```

函数 read_table 和 read_csv 的常用参数如表 4-1 所示。

表 4-1　函数 read_table 和 read_csv 的常用参数

参数	说明
path_or_buf	待读取文本文件的路径，不可省略
sep	待读取文本文件中的分隔符。read_csv 函数默认分隔符为逗号；read_table 函数默认分隔符为制表符

续表

参数	说明
header	将某行数据作为列名。header 默认为'infer'，此时会自动推断列名；如果将 header 设置为 None，则不会将第一行设置为列名；如果将 header 设置为 1，则会将第一行设置为列名
usecols	设置需要读取的列，默认为 None
names	接收的参数为一维数组，读取文件时用 names 修改列名，默认为 None
index_col	索引列的位置，接收整型、序列型或布尔类型的参数
dtype	接收字典类型的参数（列名为键，数据类型为值），默认为 None
engine	数据解析引擎，包括 C 或者 Python，默认为 C
nrows	要读取的文件中的行数，默认为 None

使用 pandas 库的 to_csv 函数可以向 TXT 文件或 CSV 文件写入数据。该函数的常用参数可指定写入文件的路径、数据写入文件时的分隔符、是否将列名写入文件、是否将索引写入文件、数据写入模式、写入数据的编码格式等。使用 pandas 库的 to_csv 函数将数据写入文本文件的代码格式如下：

```
pandans.to_csv(path_or_buf=None, sep=',', na_rep= '', columns=None, header=True,
index=True, index_label=None, mode='w', encoding=None)
```

函数 to_csv 的常用参数如表 4-2 所示。

表 4-2　函数 to_csv 的常用参数

参数	说明
path_or_buf	写入文件的路径，不可省略
sep	数据写入文件时的分隔符，默认为逗号
na_rep	缺失数据填充值，默认为空格
columns	要写入的字段，默认为 None
header	是否将列名写入文件，默认为 True
index	是否将行名（列索引）写入文件，默认为 True
index_label	表示索引名，默认为 None
mode	数据写入模式。r 表示只读、w 表示覆盖只写、a 表示追加只写，默认为 w
encoding	写入数据的编码格式，默认为 None

3. Excel 文件读取与写入

使用 pandas 的 read_excel 函数可将 Excel 文件读取到 pandas 的 DataFrame 中。一个 Excel 文件中有多个工作表（Sheet），因此，对 Excel 文件的读取实际上是读取指定文件中指定 Sheet 中的数据。可以一次读取一个 Sheet，也可以一次读取多个 Sheet，同时读取多个 Sheet 的后续操作可能不够方便，因此建议一次只读取一个 Sheet。read_excel 函数的常用参数可以指定待读取文件的路径、Sheet 的名称或索引、表头等。使用函数 read_excel 读取 Excel 文件的代码格式如下：

```
pandas.read_excel(io, sheet_name=0, header=0, names=None, index_col=None,
parse_cols=None, usecols=None, squeeze=False, dtype=None, engine=None,
converters=None, true_values=None, false_values=None, skiprows=None, nrows=None,
na_values=None, keep_default_na=True, verbose=False, parse_dates=False,
```

```
date_parser=None, thousands=None, comment=None, skip_footer=0, skipfooter=0,
convert_float=True, mangle_dupe_cols=True, **kwds)
```

函数 read_excel 的常用参数如表 4-3 所示。

表 4-3 函数 read_excel 的常用参数

参数	说明
io	文件读取路径
sheet_name	选择要读取的 Sheet 如果为字符串，则表示引用的 Sheet 的名称 如果为整数，则表示引用的 Sheet 的索引（从 0 开始） 如果为字符串或整数组成的列表，则表示引用特定的 Sheet 如果为 None，则表示引用所有 Sheet 默认为 0，表示不输入 sheet_name 参数时，引用第一个 Sheet 的数据
header	表示用第几行作为表头，默认为 0，即默认第一行为表头
names	表示自定义表头的名称，需要传递数组类型的参数值
index_col	指定某列为索引列，默认为 None，表示将索引为 0 的列作为 DataFrame 的索引列
usecols	默认为 None，表示解析所有列 如果为字符串，则表示用逗号分隔 Excel 列字母和列范围的列表（例如“A:E”或“A,C,E:F”），列范围的列表包含边界列 如果为整数，则表示解析到第几列 如果为整数组成的列表，则表示解析列表中的列
squeeze	默认为 False。如果设置 squeeze=True，则表示如果解析的数据只包含一列，就返回一个 Series
dtype	指定列的数据类型，默认为 None，表示不指定列数据类型
engine	可以接收的参数有 xlrd、openpyxl 或 odf，表示使用第三方库去解析 Excel 文件，默认为 None，表示自动根据格式选择解析方式
converters	对指定列的数据用指定函数进行处理，传入参数为列名与函数组成的字典。键可以是列名或者列的序号，值可以是自定义函数或者 lambda 表达式
true_values	将指定的文本转换为 True，默认为 None
false_values	将指定的文本转换为 False，默认为 None
skiprows	指定跳过的行，默认为 None
nrows	指定需要读取前多少行，通常用于较大的数据文件中，默认为 None
na_values	指定某些列的某些值为 NaN，便于缺失值处理
keep_default_na	表示导入数据时是否导入空值，默认为 True，即自动识别空值并导入
verbose	表示是否标识非数值列空值的数量，默认为 False
parse_dates	指定将哪些列解析为日期类型
date_parser	表示将某个字符串类型列转换为日期类型的 lambda 函数
thousands	表示将带有千分位分隔符的字符串转换为数字
comment	表示忽略标注行
skip_footer	表示省略从尾部数的行数据，默认为 0
convert_float	表示将浮点数转换为整数

使用 pandas 提供的 to_excel 函数可以将数据写入 Excel 文件。使用函数 to_excel 写数据到 Excel 文件的代码格式如下：

```
DataFrame.to_excel(excel_writer, sheet_name='Sheet1', na_rep='', float_format=None,
columns=None, header=True, index=True, index_label=None, startrow=0, startcol=0,
engine=None, merge_cells=True, encoding=None, inf_rep='inf', verbose=True,
freeze_panes=None)
```

函数 to_excel 的常用参数如表 4-4 所示。

表 4-4　函数 to_excel 的常用参数

参数	说明
excel_writer	写入数据的文件路径
sheet_name	字符串类型，写入的 Excel 文件中的工作表的名称，默认为 Sheet1
na_rep	缺失值填充，默认为空格
float_format	浮点数的格式字符串，例如，float_format="%.2f"将 0.1234 格式化为 0.12
columns	要写入数据的列
header	布尔类型或表示列名别名的字符串列表。如果默认为 True，则将默认列名写入工作表；如果给定了字符串列表，则将字符串列表中的列名别名作为列名写入工作表
index	布尔类型，表示是否写行索引，默认为 True，写行索引
index_label	设置索引列的列名
startrow	整型，数据写入工作表的起始行，默认为 0
startcol	整型，数据写入工作表的起始列，默认为 0
engine	写入数据要使用的第三方库，值为 openpyxl 或 xlsxwriter
merge_cells	布尔类型，默认为 True，将多索引行和分层行作为合并单元格
encoding	字符串类型，对生成的 Excel 文件进行编码
inf_rep	字符串类型，默认为 inf，写入 Excel 工作表中表示无穷大
verbose	布尔类型，默认为 True，在错误日志中会显示更多信息
freeze_panes	元素个数为 2，且为整数的元组，指定要冻结的最底部的行和最右边的列

4. 数据库文件读取与写入

数据库（DataBase，DB）是指长期存储在计算机内的、有组织的、可共享的数据集合。根据数据存储的方式，数据库分为关系数据库和非关系数据库，关系数据库有着广泛的应用。数据库管理系统（DataBase Management System，DBMS）用于实现对数据库的管理，目前主流的关系数据库管理系统有 SQL Server、Oracle、Db2、MySQL 等，MySQL 是最流行的关系型数据库管理系统之一。本单元将介绍 MySQL 的读写方法。

Python 的 pandas 库提供了访问数据库的函数，pandas 支持对 MySQL、SQLite、PostgreSQL、SQL Server、Oracle 等主流数据库管理系统进行读写操作。使用 pandas 库函数访问数据库前需要先与要访问的数据库建立连接，第三方的 SQLAlchemy 库可以建立与数据库的连接。SQLAlchemy 是 Python 中一个通过对象关系映射（Object Relational Mapping，ORM）操作数据库的框架。SQLAlchemy 提供了用于将用户定义的 Python 类与数据库中的表相关联的方法，并将 Python 类的实例（对象）与数据库中对应表的行相关联。但 SQLAlchemy 本身无法操作数据库，必须使用第三方工具库，即使用 Python 连接工具库实现对数据库的操作。Python 连接 MySQL 的一个常用第三方工具库是 PyMySQL 库。PyMySQL 是在 Python 3.x 版本中用于连接 MySQL 的一个工具库。在使用 PyMySQL 之前，需要确保 PyMySQL 已安装。Windows 环境下安装 SQLAlchemy 库和 PyMySQL 库的命令如下：

```
pip install SQLAlchemy
pip install PyMySQL
```

使用 Python 的 pandas 库从数据库中读取数据的常用函数有 3 个，即 read_sql_table、read_sql_query、read_sql。函数 read_sql_table 只能读取数据库中的某个表，不能实现查询操作。函数 read_sql_query 只能实现查询操作，不能直接读取数据库中某个表。函数 read_sql 既能读取数据库中某个表，也能实现查询操作。

pandas 库的 read_sql_table 函数通过数据库表名将数据读入 DataFrame，使用该函数的代码如下：

```
pd.read_sql_table(table_name, con, schema=None, index_col=None, coerce_float=True,
parse_dates=None, columns=None, chunksize=None)
```

函数 read_sql_table 的常用参数如表 4-5 所示。

表 4-5　函数 read_sql_table 的常用参数

参数	说明
table_name	字符串，表示数据库表名
con	SQLAlchemy 连接或者字符串（数据库 URI）
schema	字符串，表示要查询的数据库中的 SQL 模式的名称，如果为默认值 None，则使用默认 SQL 模式
index_col	字符串或字符串列表，可选，默认为 None。表示要设置为索引的列
coerce_float	布尔类型，默认为 True，尝试将非字符串、非数字对象（如 decimal.Decimal）的值转换为浮点数，可能导致精度损失
parse_dates	列表或字典，默认为 None，表示要解析为日期的列名列表
columns	列表，默认为 None，表示从表中选择的列名列表
chunksize	整数，默认为 None。如果指定，则返回一个迭代器。表示每次读取的数据行数

使用 pandas 库的 read_sql_query 函数的代码如下：

```
pandas.read_sql_query(sql, con, index_col=None, coerce_float=True, params=None,
parse_dates=None,chunksize=None)
```

函数 read_sql_query 的常用参数如表 4-6 所示。

表 4-6　函数 read_sql_query 的常用参数

参数	说明
sql	字符串，表示要执行的 SQL 查询语句
con	SQLAlchemy 连接。使用 SQLAlchemy 可以使用该库支持的任何数据库
index_col	字符串或字符串列表，可选，无默认值。表示要设置为索引的列

续表

参数	说明
coerce_float	布尔类型，默认为 True。尝试将非字符串、非数字对象（如 decimal.Decimal）的值转换为浮点数，可能导致精度损失
params	列表、元组或字典，可选，默认为 None。要传递给 SQL 查询语句的参数列表。用于传递参数的语法取决于数据库驱动程序
parse_dates	列表或字典，默认为 None，表示要解析为日期的列名的列表
chunksize	整数，无默认值。如果指定，则返回一个迭代器。表示每次读取的数据行数

使用 pandas 库的 read_sql 函数的代码如下：

```
pandas.read_sql(sql, con, index_col=None, coerce_float=True, params=None,
parse_dates=None, columns=None, chunksize=None)
```

函数 read_sql 的常用参数如表 4-7 所示。

表 4-7　函数 read_sql 的常用参数

参数	说明
sql	字符串或 SQLAlchemy，可选（选择或文本对象），表示要执行的 SQL 查询语句或数据库表名
con	SQLAlchemy 连接。使用 SQLAlchemy 可以使用该库支持的任何数据库
index_col	字符串或字符串列表，可选，无默认值，要设置为索引的列（MultiIndex）
coerce_float	布尔类型，默认为 True。尝试将非字符串、非数字对象（如 decimal.Decimal）的值转换为浮点值。可能导致精度损失
params	列表、元组或字典，可选，默认为 None。 要传递给执行方法的参数列表。用于传递参数的语法取决于数据库驱动程序
parse_dates	列表或字典，默认为 None，表示要解析为日期的列名的列表
columns	列表，默认为 None。在 SQL 命令里面一般指定了要选择的列，所以此参数很少使用
chunksize	整数，无默认值。如果指定，则返回一个迭代器。表示每次读取的数据的行数

使用 pandas 的 to_sql 函数将 DataFrame 中的数据写入数据库的代码如下：

```
DataFrame.to_sql(name, con, schema=None, if_exists='fail', index=True,
index_label=None, chunksize=None, dtype=None)
```

函数 to_sql 的常用参数如表 4-8 所示。

表 4-8　函数 to_sql 的常用参数

参数	说明
name	字符串，数据库表的名称
con	SQLAlchemy 连接。使用 SQLAlchemy 可以使用该库支持的任何数据库
schema	字符串，可选，指定写入数据库和的 SQL 模式名称。如果为 None，使用默认 SQL 模式
if_exists	表示表已存在情况下的操作方式。有 3 种取值：fail、replace、append，默认为 fail。 fail 表示如果表存在，则不做任何操作； replace 表示删除原表，然后建立新表，再添加数据； append 表示将数据追加到现有表中
index	布尔类型，默认为 True，表示将 DataFrame 索引写为列，使用 index_label 作为表中的列名

续表

参数	说明
index_label	字符串或序列，默认为 None，表示索引列的列标签。如果为 None（默认）且 index 为 True，则使用索引名称。 如果 DataFrame 使用多维索引，则应该给出一个列序列
chunksize	整数，可选，表示一次批量写入的数量。默认情况下，所有行都将立即写入
dtype	字典，可选，指定列的数据类型。键是列名，值是 SQLAlchemy 类型或 sqlite3 传统模式的字符串

任务实现

微课 17

Pandas 文件读取

任务 4.1 读取并存储城市经纬度数据——TXT 文件读写

本任务的主要内容：

- 使用 pandas 库提供的 read_table 函数将 TXT 文件中的数据读取到 DataFrame 对象中，并输出 DataFrame 对象中的数据；
- 使用 pandas 库的 to_csv 函数将 DataFrame 对象中数据写入 TXT 文件。

4.1.1 读取 TXT 文件中数据

函数 read_table 可以从 TXT 文件中读取带分隔符的数据，在不指定分隔符时，分隔符默认为'\t'。可以通过将该函数的参数 sep 的值设置成文件中的分隔符来修改分隔符。在读取没有标题的文件时，read_table 默认将第一行（即列索引数字为 0 的行）作为列名。如果设置 header=None，则将第一行作为数据，不作为列名。参数 names 用于自定义列名，例如通过 names=['a','b','c']可以将读取到的数据的列名设置为“a”“b”和“c”。参数 usecols 用于设置需要读取的列。通过 index_col 可以将指定的列设置为索引列，默认使用 0 ~ n-1 作为列索引。

地图标注的城市信息包含城市经纬度数据，通过读取各城市的经纬度数据可以对城市进行定位。文件 city.txt 中存储的是城市数据，每行数据由空格、城市所属的省名称或直辖市、城市名称、城市纬度和经度数据等组成，其中空格是数据的分隔符。城市数据格式如下：

```
    北京市 北京 北纬 39.55 东经 116.24
    福建省 福州 北纬 26.05 东经 119.18
    福建省 长乐 北纬 25.58 东经 119.31
    福建省 福安 北纬 27.06 东经 119.39
    福建省 福清 北纬 25.42 东经 119.23
    福建省 建瓯 北纬 27.03 东经 118.20
......
```

Data 为项目根文件夹下的子文件夹，用于存放数据文件。文件 city.txt 位于文件夹 Data 中。通过分析可知，该数据文件为纯数据文件，不设表头，第一行为北京市的经纬度坐标。因为文件中有中文字符，因此，使用 read_table 函数读取文件数据时，需要将参数 encoding 的值设置成 gbk，使读取到的数据能够正常显示为中文。简单地读取文件 city.txt 中数据的方式如代码 4-1 所示。

代码 4-1

In[1]:

```
import pandas as pd
data = pd.read_table('./Data/city.txt',
                     sep=' ',
                     header=None,
                     nrows=6,
                     encoding='gbk')
data
```

Out[1]:

	0	1	2	3	4	5	6	7
0	NaN	NaN	NaN	NaN	北京市	北京	北纬39.55	东经116.24
1	NaN	NaN	NaN	NaN	福建省	福州	北纬26.05	东经119.18
2	NaN	NaN	NaN	NaN	福建省	长乐	北纬25.58	东经119.31
3	NaN	NaN	NaN	NaN	福建省	福安	北纬27.06	东经119.39
4	NaN	NaN	NaN	NaN	福建省	福清	北纬25.42	东经119.23
5	NaN	NaN	NaN	NaN	福建省	建瓯	北纬27.03	东经118.20

代码 4-1 中，函数 read_table 通过设置参数 nrows=6，将 TXT 类型的文本文件 city.txt 中前 6 行数据读取到 DataFrame 对象中。参数 sep=' '，将空格符作为读取数据的分隔符。参数 header=None，将所有读取到内容都作为数据，不作为列名。

代码执行后输出的结果中，第 0 ~ 3 列为 “NaN”，表示读取到的数据中有缺失值，这是因为原始文件中前 4 列有空。需要对读取的数据中的缺失值进行剔除处理。此外，读取到的数据中用列索引标注列数据，不能准确表达数据的含义，需要重新设置能代表数据含义的列名。处理上述情况的操作，如代码 4-2 所示。

代码 4-2

In[2]:

```
data = pd.read_table('./Data/city.txt',
                     sep=' ',
                     usecols=[4,5,6,7],
                     header=None,
                     nrows=6,
                     names=['省份或直辖市','市','纬度','经度'],
                     encoding='gbk')
data
```

Out[2]:

	省份或直辖市	市	纬度	经度
0	北京市	北京	北纬39.55	东经116.24
1	福建省	福州	北纬26.05	东经119.18
2	福建省	长乐	北纬25.58	东经119.31
3	福建省	福安	北纬27.06	东经119.39
4	福建省	福清	北纬25.42	东经119.23
5	福建省	建瓯	北纬27.03	东经118.20

代码 4-2 中，在函数 read_table 中增加了参数 usecols=[4,5,6,7]，即仅取 4 ~ 7 列的有效数据，剔除 0 ~ 3

列的无效数据。参数 names=['省份或直辖市','市','纬度','经度']，为读取到的 4 列数据增加列名，明确 4 列数据的含义。

微课 18

Pandas 文件写入

4.1.2 将数据写入 TXT 文件

pandas 提供的 to_csv 函数可以将数据写入 TXT 类型的文本文件中，运行代码 4-3 可以将读取到的 6 行城市经纬度数据写入文件 SimpleCity.txt 中。代码 4-3 中，参数 path-or-buff 为“./Output/SimpleCity.txt”，表示在根文件夹下的 Output 文件夹中创建输出文件 SimpleCity.txt。在函数 to_csv 中设置参数 sep='\t'将写入 TXT 文件的数据用制表符'\t'分隔。参数 columns=['省份或直辖市','市','纬度','经度']，设置将要写入文本文件的数据列。参数 header=False，表示不将列名写入文本文件。参数 index=False 不将行名写入文本文件。参数 encoding='gbk'定义写入文件中的数据包含中文。

代码 4-3

In[3]:

```
data.to_csv('./Output/SimpleCity.txt',
            sep='\t',
            columns=['省份或直辖市','市','纬度','经度'],
            header=False,
            index=False,
            encoding='gbk')
data = pd.read_table('./Output/simpleCity.txt',
                     header=None,
                     encoding='gbk')
data
```

Out[3]:

	0	1	2	3
0	北京市	北京	北纬39.55	东经116.24
1	福建省	福州	北纬26.05	东经119.18
2	福建省	长乐	北纬25.58	东经119.31
3	福建省	福安	北纬27.06	东经119.39
4	福建省	福清	北纬25.42	东经119.23
5	福建省	建瓯	北纬27.03	东经118.20

通过代码 4-3 执行写入操作后，生成的文本文件 SimpleCity.txt 的数据格式如图 4-1 所示。

SimpleCity.txt - 记事本

文件(F) 编辑(E) 格式(O) 查看(V) 帮助(H)

```
北京市	北京	北纬39.55	东经116.24
福建省	福州	北纬26.05	东经119.18
福建省	长乐	北纬25.58	东经119.31
福建省	福安	北纬27.06	东经119.39
福建省	福清	北纬25.42	东经119.23
福建省	建瓯	北纬27.03	东经118.20
```

图 4-1 数据写入 TXT 文件

【课堂实践】

销售员数据包括流水编号、工号、姓名、性别、出生日期、入职日期、住址、联系电话等，数据列用空格隔开。

（1）请编写 Python 程序从文本文件 seller.txt 中读取 8 条销售员数据，并输出；

（2）请编写 Python 程序将工号、姓名、性别写入文本文件，写入文件的第一行（即表头）为“工号、姓名、性别”。

存储销售员数据的文本文件 seller.txt：

```
1    S01 王强 男    1975-12-08    2002-05-01    蓝色港湾 42-12 0519-85150900
2    S02 付芳芳    女    1982-02-19    2008-08-14    燕阳花园 53-4    0519-85150901
3    S03 李芳 女    1983-08-30    2008-04-01    富都小区 252-16        0519-85150902
4    S04 胡宝林    男    1991-09-19    2014-05-03    燕兴小区 79-42 0519-85150903
5    S05 吴韵 男    1979-07-02    2008-11-15    富琛花园 3-2    0519-85150904
6    S06 陆海成    男    1990-03-22    2014-04-17    都市雅居 15-10 0519-85150905
7    S07 刘洋 男    1988-12-06    2012-10-23    顺园八村 59-6    0519-85150906
8    S08 吴永佳    男    1985-07-10    2012-10-23    顺园三村 21-12 0519-85150907
```

职业技能的相关要求

完成任务 4.1 的学习将达到数据应用开发与服务(Python)（初级）职业技能的相关要求，具体内容如下：

✧ 数据应用开发与服务(Python)（初级）职业技能的相关要求

- 能够使用 pandas 模块读写 TXT 格式的文本文件。

任务 4.2 读取并存储招聘数据——CSV 文件的读写

本任务的主要内容：

- 使用 pandas 库提供的 read_csv 函数将 CSV 文件中的数据读取到 DataFrame 对象中，并将 DataFrame 对象中的数据输出；
- 使用 pandas 库的 to_csv 函数将 DataFrame 对象中的数据写入 CSV 文件。

4.2.1 读取 CSV 文件数据

文本文件除 TXT 文件外，还有 CSV 文件。以下文件存储的是公司的招聘需求信息，数据包含公司名称、岗位、工作地、薪水和招聘信息的发布日期，各列数据之间以逗号分隔，第一行没有给定标题。文件名称为“job_info.csv”，位于项目根文件夹下的 Data 文件夹内。

```
字节跳动有限公司,数据产品经理,北京,2-3.5 万/月,09-03
甲骨文（中国）软件系统有限公司,数据产品经理,长沙,,09-03
莱茵技术(上海)有限公司,数据产品经理,上海-静安区,,09-03
百度在线网络技术（北京）有限公司,数据产品经理,北京,2～4 万/月,09-03
携程旅行网,数据产品经理,上海-长宁区,1.5～2 万/月,09-03
……
```

使用 pandas 库的 read_csv 函数能够读取 CSV 文件。简单读取存储招聘数据文件 job_info.csv，如代码 4-4 所示。根据文件的实际存储格式，为函数 read_csv 设置参数 sep=','，以逗号分隔符切分文件数据。参数 header=None，表示不将第一行作为列名。参数 nrows=5 表示读取开始的 5 条记录。代码 4-4 的 Out[4] 输出了读取 CSV 文件后的结果，数据行和数据列分别增加了索引，索引从 0 开始依次递增。

代码 4-4

```
In[4]:   import pandas as pd
         data = pd.read_csv('./Data/job_info.csv',
                            sep=',',
                            header=None,
                            nrows=5,
                            encoding='gbk')
         data
Out[4]:
```

	0	1	2	3	4
0	字节跳动有限公司	数据产品经理	北京	2-3.5万/月	09-03
1	甲骨文（中国）软件系统有限公司	数据产品经理	长沙	NaN	09-03
2	莱茵技术(上海)有限公司	数据产品经理	上海-静安区	NaN	09-03
3	百度在线网络技术（北京）有限公司	数据产品经理	北京	2-4万/月	09-03
4	携程旅行网	数据产品经理	上海-长宁区	1.5-2万/月	09-03

代码 4-5 对代码 4-4 进行了改进，使用参数 names 定义了一组列名['公司名称','岗位','工作地','薪水','发布日期']作为读取到 DataFrame 中的数据的标题，明确指明了所读取到的数据的含义。

代码 4-5

```
In[5]:   import pandas as pd
         namelist=['公司名称','岗位','工作地','薪水','发布日期']
         data = pd.read_csv('./Data/job_info.csv',
                            sep=',',
                            header=None,
                            nrows=5,
                            names=namelist,
                            encoding='gbk')
         data
Out[5]:
```

	公司名称	岗位	工作地	薪水	发布日期
0	字节跳动有限公司	数据产品经理	北京	2-3.5万/月	09-03
1	甲骨文（中国）软件系统有限公司	数据产品经理	长沙	NaN	09-03
2	莱茵技术(上海)有限公司	数据产品经理	上海-静安区	NaN	09-03
3	百度在线网络技术（北京）有限公司	数据产品经理	北京	2-4万/月	09-03
4	携程旅行网	数据产品经理	上海-长宁区	1.5-2万/月	09-03

4.2.2　将数据写入 CSV 文件

pandas 库的函数 to_csv 可以将 DataFrame 中的数据写入 CSV 类型的文本文件。代码 4-6 将代码 4-5 中读取到的 5 行招聘数据写入文件“jobs.csv”中，该 CSV 文件保存到项目根文件夹下的文件夹 Output 中。参数 sep='\t'时，表示使用制表符分隔文件中的数据。参数 columns=['公司名称','岗位','工作地','薪水']和参数 header=True，表示将列名写入 CSV 文件。参数 na_rep=0，表示当有缺失值时，用 0 默认填充。参数 index=False，表示写入数据时，不写入列索引。参数 encoding='gbk'，表示正常写入中文编码的数据。当数据写入成功后，使用函数 read_table 再次读取写入的数据，输出显示在“Out[6]”中。

代码 4-6

In[6]:
```
data.to_csv('./Output/jobs.csv',
         columns=['公司名称','岗位','工作地','薪水'],
         sep='\t',
         na_rep=0,
         header=True,
         index=False,
         encoding='gbk')
data = pd.read_table('./Output/jobs.csv',
             header='infer',
             sep='\t',
             encoding='gbk')
data
```

Out[6]:

	公司名称	岗位	工作地	薪水
0	字节跳动有限公司	数据产品经理	北京	2-3.5万/月
1	甲骨文（中国）软件系统有限公司	数据产品经理	长沙	0
2	莱茵技术(上海)有限公司	数据产品经理	上海-静安区	0
3	百度在线网络技术（北京）有限公司	数据产品经理	北京	2-4万/月
4	携程旅行网	数据产品经理	上海-长宁区	1.5-2万/月

【课堂实践】

商品销售文件存储了商品销售的数据，字段包括销售时间、销售编号、商品名称、销售单价、销售数量、销售额、品牌等。编写 Python 程序实现 CSV 文件的读写操作。

（1）使用函数 read_csv 从商品销售文件 sales.csv 中读取商品销售数据并输出；

（2）以销售编号、商品名称、销售单价、销售额、品牌作为列名从读取到的商品销售数据中提取数据写入另一个 CSV 文件，使用“\t”作为分隔符。

商品销售文件 sales.csv 格式：

```
update_time,id,title,price,sale_count,comment_count,brand
2016/11/14,A18177105952,CHANDO/自然堂凝时鲜颜肌活乳液 120mL 淡化细纹补水滋润专柜正
品,194,8122,1575668,自然堂
2016/11/14,A18177226992,CHANDO/自然堂活泉保湿修护精华水（滋润型 135mL 补水控油爽肤
水,99,12668,1254132,自然堂
2016/11/14,A18178033846,CHANDO/自然堂 男士劲爽控油洁面膏 100g 深层清洁  男士洗面
奶,38,25805,980590,自然堂
2016/11/14,A18178045259,CHANDO/自然堂雪域精粹纯粹滋润霜（清爽型）50g 补水保湿滋润
霜,139,5196,722244,自然堂
2016/11/14,A18178129035,自然堂 雪域纯粹滋润洗颜霜 110g  补水保湿  洗面奶女 深层清
洁,88,42858,3771504,自然堂
……
```

职业技能的相关要求

完成任务 4.2 的学习将达到数据应用开发与服务(Python)（初级）职业技能要求，具体内容如下：

✧ 数据应用开发与服务(Python)（初级）职业技能要求

- 能够使用 pandas 模块读写 csv 格式的文本文件。

任务 4.3 读取并存储用户数据——Excel 文件的读写

本任务的主要内容：

● 使用 pandas 库提供的 read_excel 函数实现从 Excel 文件的 Sheet 中读取数据，将读取到的数据存储到 DataFrame 对象中并输出；

● 使用 pandas 库的 to_excel 函数将数据写入 Excel 文件的工作表中。

4.3.1 读取 Excel 文件工作表数据

Excel 文件在工作中被广泛使用。Excel 文件通过工作表来组织数据，每个工作表是一个二维表。图 4-2 所示的 Excel 文件 users_info.xlsx 的工作表 Sheet1 存储了用户数据。

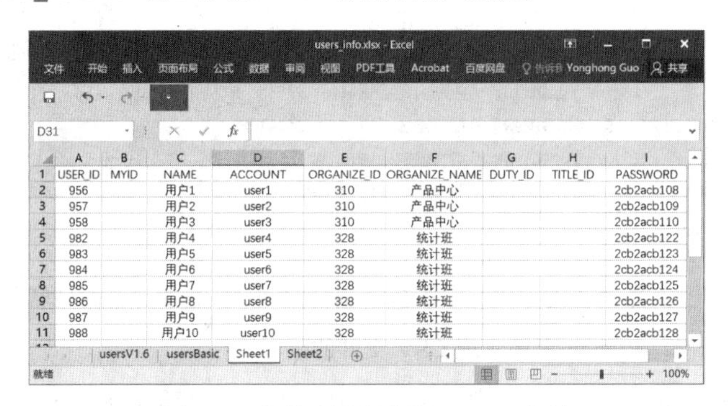

	A	B	C	D	E	F	G	H	I
1	USER_ID	MYID	NAME	ACCOUNT	ORGANIZE_ID	ORGANIZE_NAME	DUTY_ID	TITLE_ID	PASSWORD
2	956		用户1	user1	310	产品中心			2cb2acb108
3	957		用户2	user2	310	产品中心			2cb2acb109
4	958		用户3	user3	310	产品中心			2cb2acb110
5	982		用户4	user4	328	统计班			2cb2acb122
6	983		用户5	user5	328	统计班			2cb2acb123
7	984		用户6	user6	328	统计班			2cb2acb124
8	985		用户7	user7	328	统计班			2cb2acb125
9	986		用户8	user8	328	统计班			2cb2acb126
10	987		用户9	user9	328	统计班			2cb2acb127
11	988		用户10	user10	328	统计班			2cb2acb128

图 4-2 存储用户数据的 Excel 文件

使用函数 read_excel 从 Excel 文件 users_info.xlsx 的工作表 Sheet1 中读取数据的代码，如代码 4-7 所示。Excel 文件位于项目根文件夹下的 Data 文件夹，参数 sheet_name='Sheet1'指定待读取数据的工作表名称为“Sheet1”。工作表中的第一行数据默认为写入 DataFrame 中的数据的标题。

代码 4-7

In[7]:
```
import pandas as pd
data = pd.read_excel('./Data/users_info.xlsx',
                     sheet_name='Sheet1')
data
```

Out[7]:

	USER_ID	MYID	NAME	ACCOUNT	ORGANIZE_ID	ORGANIZE_NAME	DUTY_ID	TITLE_ID	PASSWORD
0	956	NaN	用户1	user1	310	产品中心	NaN	NaN	2cb2acb108
1	957	NaN	用户2	user2	310	产品中心	NaN	NaN	2cb2acb109
2	958	NaN	用户3	user3	310	产品中心	NaN	NaN	2cb2acb110
3	982	NaN	用户4	user4	328	统计班	NaN	NaN	2cb2acb122
4	983	NaN	用户5	user5	328	统计班	NaN	NaN	2cb2acb123
5	984	NaN	用户6	user6	328	统计班	NaN	NaN	2cb2acb124
6	985	NaN	用户7	user7	328	统计班	NaN	NaN	2cb2acb125
7	986	NaN	用户8	user8	328	统计班	NaN	NaN	2cb2acb126
8	987	NaN	用户9	user9	328	统计班	NaN	NaN	2cb2acb127
9	988	NaN	用户10	user10	328	统计班	NaN	NaN	2cb2acb128

代码 4-7 的执行结果中 MYID、DUTY_ID 和 TITLE_ID 列为缺失值，需要做缺失值的处理。代码 4-8 使用函数 read_excel 的参数 usecols=[0,2,3,4,5,8]对有缺失值的列（列索引为 1、6、7）做了过滤。使用参数 names 重新定义表头名称，值为['用户 ID','姓名','账号','部门代码','部门名称','密码']。

代码 4-8

```
In[8]:   import pandas as pd
         namelist = ['用户 ID','姓名','账号','部门代码','部门名称','密码']
         data = pd.read_excel('./Data/users_info.xlsx',
                              sheet_name='Sheet1',
                              usecols=[0,2,3,4,5,8],
                              header = 0,
                              names=namelist,
                              encoding='gbk'
                              )
         data
```

Out[8]:

	用户ID	姓名	账号	部门代码	部门名称	密码
0	956	用户1	user1	310	产品中心	2cb2acb108
1	957	用户2	user2	310	产品中心	2cb2acb109
2	958	用户3	user3	310	产品中心	2cb2acb110
3	982	用户4	user4	328	统计班	2cb2acb122
4	983	用户5	user5	328	统计班	2cb2acb123
5	984	用户6	user6	328	统计班	2cb2acb124
6	985	用户7	user7	328	统计班	2cb2acb125
7	986	用户8	user8	328	统计班	2cb2acb126
8	987	用户9	user9	328	统计班	2cb2acb127
9	988	用户10	user10	328	统计班	2cb2acb128

4.3.2 将数据写入 Excel 文件的工作表

函数 to_excel 能够将数据写入 Excel 文件，需要提供被写入的 Excel 文件的路径和工作表的名称。代码 4-9 将存储在 DataFrame 中的数据写入 Output 文件夹下的 users.xlsx 中，存储数据的工作表名称为“users”，写入数据时，忽略行索引（index=False）。处理后写入 Excel 文件的用户数据如图 4-3 所示。

代码 4-9

```
In[9]:   data.to_excel('./Output/users.xlsx',
                       sheet_name='users',
                       encoding='gbk',
                       index=False)
```

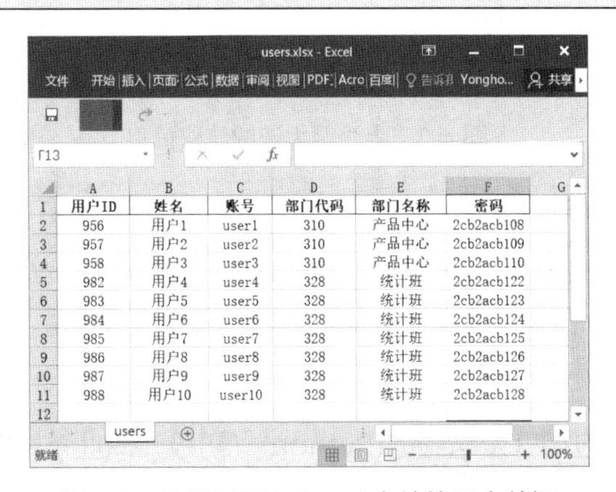

	A	B	C	D	E	F
1	用户ID	姓名	账号	部门代码	部门名称	密码
2	956	用户1	user1	310	产品中心	2cb2acb108
3	957	用户2	user2	310	产品中心	2cb2acb109
4	958	用户3	user3	310	产品中心	2cb2acb110
5	982	用户4	user4	328	统计班	2cb2acb122
6	983	用户5	user5	328	统计班	2cb2acb123
7	984	用户6	user6	328	统计班	2cb2acb124
8	985	用户7	user7	328	统计班	2cb2acb125
9	986	用户8	user8	328	统计班	2cb2acb126
10	987	用户9	user9	328	统计班	2cb2acb127
11	988	用户10	user10	328	统计班	2cb2acb128

图 4-3 处理后写入 Excel 文件的用户数据

【课堂实践】

使用 pandas 的 read_excel 函数和 to_excel 函数实现 Excel 文件的读写操作。

（1）图 4-4 为机场出港航班量统计数据文件（“机场出港航班量.xlsx”），该文件中存储了机场出港航班数据，包括机场、出港航班量、航班量同比、取消航班量、出港准点率、准点同比率等。编写 Python 程序，使用 read_excel 函数实现从“机场出港航班量.xlsx”的工作表 Sheet1 中读取机场出港航班量统计数据的操作。

	C	D	E	F	G	H
1	机场	出港航班量（万）	航班量同比	取消航班量（万）	出港准点率	准点同比率
2	白云	16.87	-27.72%	5.33	84.67%	7.86%
3	双流	14.97	-16.40%	3.90	81.44%	4.28%
4	宝安	14.20	-17.38%	3.67	81.58%	10.68%
5	长水	13.48	-23.91%	4.66	85.80%	8.58%
6	江北	13.33	-14.56%	3.40	85.14%	6.53%
7	首都	13.15	-54.07%	6.97	82.56%	16.56%
8	浦东	12.67	-45.59%	9.00	82.53%	10.70%
9	咸阳	12.36	-27.17%	4.15	84.30%	3.68%
10	虹桥	10.77	-19.77%	2.74	85.81%	9.72%
11	萧山	10.24	-22.99%	3.01	77.87%	16.64%
12	新郑	8.19	-20.93%	2.26	83.78%	9.59%
13	禄口	8.18	-25.39%	3.19	80.44%	25.57%
14	黄花	7.49	-21.80%	2.35	83.83%	10.22%

图 4-4　机场出港航班量.xlsx

（2）图 4-5 为上海至大连的航班信息，编写 Python 程序将图中展示的航班号、机型、离港时间、到港时间、起飞机场、到达机场、周班期、准点率、价格、出发日期等写入 Excel 文件，文件名称为“航班.xlsx”，工作表名称为“上海至大连”，不全的信息用空格替代。

航空公司/航班号	起飞时间		本周参考班期	准点率	价格	出发日期
HO5568 机型:JET	08:00 虹桥国际机场T2	09:55 周水子国际机场	班期 一 二 三 四 五 六 日 餐食	100%	¥1608起	2022-04-07
HO5568 机型:325	08:00 虹桥国际机场T2	10:05 周水子国际机场	班期 一 二 三 四 五 六 日 餐食	100%	¥1608起	2022-04-07
MU6333 机型:JET	08:00 虹桥国际机场T2	09:55 周水子国际机场	班期 一 二 三 四 五 六 日 餐食	100%	查看时价	2022-04-06
MU6333 机型:325	08:00 虹桥国际机场T2	10:05 周水子国际机场	班期 一 二 三 四 五 六 日 餐食	100%	查看时价	2022-04-07
CZ6534 机型:32L	13:05 浦东国际机场T2	15:00 周水子国际机场	班期 一 二 三 四 五 六 日 餐食	100%	查看时价	2022-04-06
HO5566 机型:JET	15:45 虹桥国际机场T2	17:40 周水子国际机场	班期 一 二 三 四 五 六 日 餐食	100%	¥1208起	2022-04-09
HO5566 机型:JET	15:45 虹桥国际机场T2	17:40 周水子国际机场	班期 一 二 三 四 五 六 日 餐食	100%	¥1208起	2022-04-09

图 4-5　上海至大连的航班信息

职业技能的相关要求

完成任务 4.3 的学习将达到数据应用开发与服务(Python)（初级）职业技能的相关要求，具体内容如下：

> ✧ 数据应用开发与服务(Python)（初级）职业技能的相关要求
>
> ▪ 能够使用 pandas 模块读写 Excel 工作表文件。

任务 4.4 读取商品类别数据并存储账户数据——MySQL 读写

微课 19

Pandas 数据库操作

本任务的主要内容：

- 使用 SQLAlchemy 和 PyMySQL 创建连接 MySQL 的连接对象；
- 使用 read_sql_table 函数实现依据数据库表名称读取表中数据；
- 使用 read_sql_query 函数实现依据 SQL 语句读取表中数据；
- 使用 read_sql 函数实现直接读取数据库指定表的数据和依据 SQL 语句读取表中数据；
- 使用 to_sql 函数实现将数据写入数据库表中。

4.4.1 连接 MySQL

MySQL 是目前流行的关系数据库管理系统，在中小企业中有着广泛的应用。本任务将以 MySQL 的读写操作为例，实现数据库的读写操作。在本地安装 MySQL 软件后，需要启动 MySQL 服务，才能实现对 MySQL 的读写操作。启动 MySQL 服务有两种方法：一是在命令提示符窗口中执行启动 MySQL 服务的指令；二是使用系统“服务”窗口提供的可视化服务管理功能。运行 MySQL 服务需要管理员权限，在命令提示符窗口中启动 MySQL 服务需要先用管理员权限启动命令提示符窗口，然后执行启动 MySQL 服务的指令“net start MySQL80”，MySQL 服务名称为“MySQL80”。在系统“服务”窗口中启动 MySQL 服务需要从服务名称中找到对应的服务，如 MySQL80，选择该服务，单击“启动”，启动该服务。图 4-6 所示为启动 MySQL 服务的两种方法。

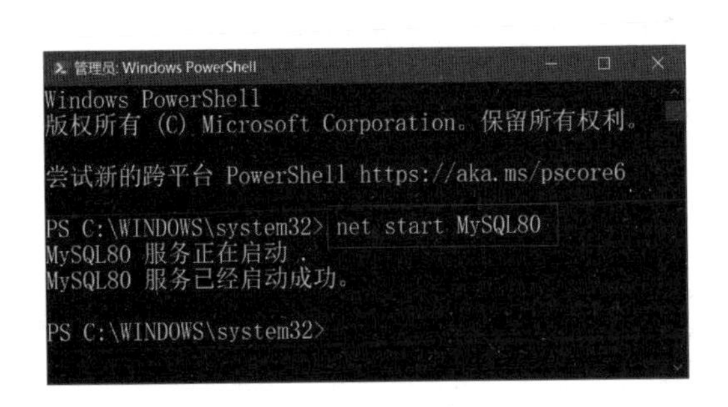

（a）在命令提示符窗口中启动 MySQL 服务

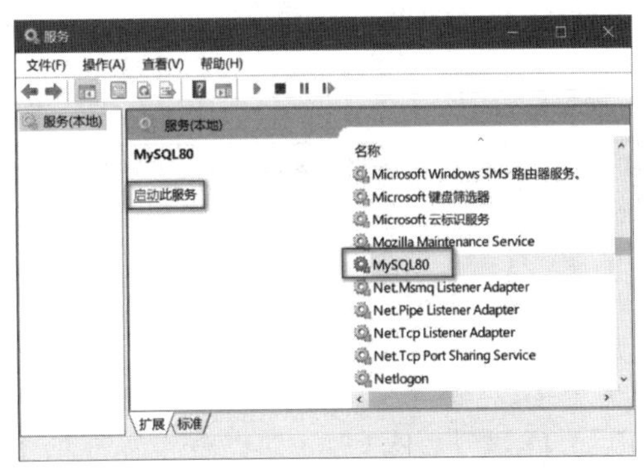

（b）在系统“服务”窗口中启动 MySQL 服务

图 4-6 启动 MySQL 服务

启动 MySQL 服务后，需要将包含商品销售信息的商品销售数据库 sales 部署到服务器。通过数据库管理工具 Navicat Premium 创建连接对象 MySQL80，连接到数据库服务器，执行创建 sales 数据库的 SQL 脚本，创建 sales 数据库。数据库 sales 中表 category 包含商品的类别数据，如图 4-7 所示。

使用 Python 的 to_sql 函数读写数据库表中数据需要建立与数据库的连接，使用“from sqlalchemy import create_engine”语句从 SQLAlchemy 库中导入创建数据库引擎的模块，构建创建连接对象的连接字符串，连接字符串中包含数据库产品名称、连接工具名、用户名、用户名对应的密码、部署数据库的 IP

（Internet Protocol，互联网协议）地址、访问数据库的端口号、数据库名称、数据库数据编码等。如果数据库产品为 MySQL，登录数据库所用的用户名为 root，用户名对应的密码为 Mysql123!，连接工具为 pymysql，数据库名称为 sales，数据库数据编码为 utf8mb4，访问本地数据库，访问端口号为 3306，则连接字符串创建后赋值给字符串类型变量 cstr。

```
cstr ='mysql+pymysql://root:Mysql123!@127.0.0.1:3306/sales?charset=utf8mb4'
```

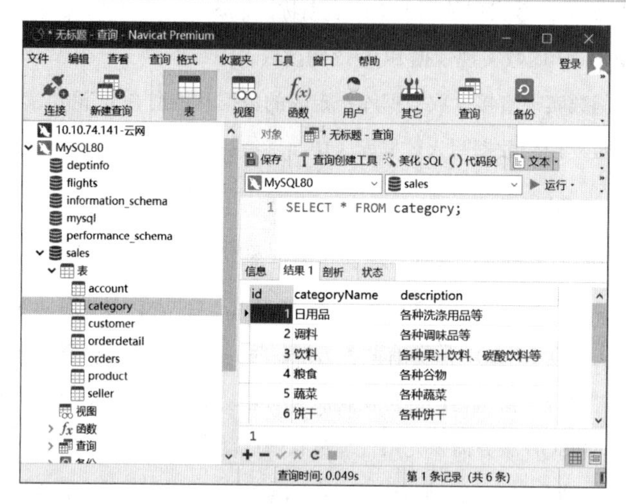

图 4-7　存储商品类别数据的表 category

代码 4-10 将创建数据库连接对象的语句封装在函数 engine_中，函数执行后的返回值为数据库连接对象 engine。对象 engine 为数据库读写操作提供连接支持。

代码 4-10

```
In[10]:  from sqlalchemy import create_engine

         cstr = 'mysql+pymysql://root:Mysql23!@127.0.0.1:3306/sales?charset=utf8mb4'

         def engine_():
            engine = create_engine(cstr)
            return engine

         engine = engine_()
```

4.4.2　从 MySQL 读取数据

使用函数 read_sql_table 可以从数据库读取指定表中的数据，将数据库中待读取数据的表的名称作为函数的一个参数的值，通过数据库连接对象访问数据库，读取结果封装在 DataFrame 对象中。代码 4-11 使用 read_sql_table 函数从数据库 sales 的表 category 中读取所有的商品类别数据，参数 con=engine 用于定义 SQLAlchemy 连接对象。代码执行后，读取到的商品类别数据将被存储到 DataFrame 中，将 DataFrame 中的商品类别数据输出。

代码 4-11

```
In[11]:   import pandas as pd
          data = pd.read_sql_table('category', con=engine)
          data
```

Out[11]:

	id	categoryName	description
0	1	日用品	各种洗涤用品等
1	2	调料	各种调味品等
2	3	饮料	各种果汁饮料、碳酸饮料等
3	4	粮食	各种谷物
4	5	蔬菜	各种蔬菜
5	6	饼干	各种饼干

函数 read_sql_query 可以将 SQL 查询语句作为参数，从数据库读取符合查询需求的数据。在代码 4-12 中，表达式 query_sql = 'SELECT * FROM category WHERE id=1'用于从 category 表中查询 id=1 的商品类别数据，函数 read_sql_query 将使用 SQL 查询语句构造的字符串变量 query_sql 和数据库连接对象 con=engine 作为参数，执行对数据库的读取操作，返回商品 id 为 1 的日用品类别数据。

代码 4-12

```
In[12]:   query_sql = 'SELECT * FROM category  WHERE id=1'
          data = pd.read_sql_query(query_sql, con=engine)
          data
```

Out[12]:

	id	categoryName	description
0	1	日用品	各种洗涤用品等

函数 read_sql 兼具 read_sql_table 和 read_sql_query 的功能。当参数为数据库中表的名称时，将会从该表中读取完整数据，封装到 DataFrame 中。当参数为 SQL 查询语句时，将会执行查询操作，从数据库中读取符合查询需求的数据，封装到 DataFrame 中。在代码 4-13 中，使用函数 read_sql 的两种查询方式读取数据库中存储的商品类别数据。

代码 4-13

```
In[13]:   data1 = pd.read_sql('category', con=engine)
          print('所有日用品类别：\n', data1)

          data2 = pd.read_sql(query_sql, con=engine)
          print('日用品类别编号为 1：\n', data2)
```

Out[13]:

所有日用品类别：

	id	categoryName	description
0	1	日用品	各种洗涤用品等
1	2	调料	各种调味品等
2	3	饮料	各种果汁饮料、碳酸饮料等
3	4	粮食	各种谷物
4	5	蔬菜	各种蔬菜
5	6	饼干	各种饼干

	日用品类别编号为 1：

	id	categoryName	description
0	1	日用品	各种洗涤用品等

4.4.3　写入数据到 MySQL

函数 to_sql 具有将数据写入数据库的表中的功能。使用 to_sql 函数向数据库写入数据需要使用 name 参数指定写入数据的表的名称，并将数据库连接对象作为函数的参数 con，使用 index 参数指定是否写入索引列，使用 if_exists 参数指定数据是否覆盖写入。在代码 4-14 中，首先使用 read_excel 函数从 Excel 文件 users.xlsx 的工作表 users 中读取用户数据，然后使用 to_sql 函数将读取到的用户数据写入 sales 数据库的 account 表中。写入数据时，如果数据库中没有 account 表，则创建 account 表，参数 index=False 指定不将索引列写入表中，参数 if_exists='replace'指定每次执行写入操作均用新数据覆盖表中原有数据。

代码 4-14

In[14]:
```
import pandas as pd
data = pd.read_excel('./Output/users.xlsx',
                     sheet_name='users',
                     usecols=[0,1,3,4],
                     header=0)
print(data)
```

Out[14]:

	用户ID	姓名	部门代码	部门名称
0	956	用户1	310	产品中心
1	957	用户2	310	产品中心
2	958	用户3	310	产品中心
3	982	用户4	328	统计班
4	983	用户5	328	统计班
5	984	用户6	328	统计班
6	985	用户7	328	统计班
7	986	用户8	328	统计班
8	987	用户9	328	统计班
9	988	用户10	328	统计班

In[15]:
```
data.to_sql('account',
            con=engine,
            index=False,
            if_exists='replace')
```

代码 4-14 执行后，将在数据库 sales 中生成表 account，并将数据写入 account 表中，在 Navicat Premuim 中可以查看到写入数据库表的内容，如图 4-8 所示。

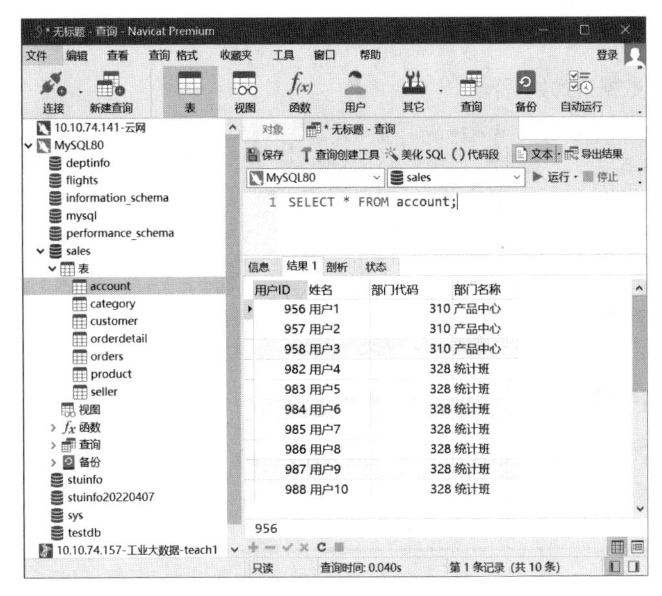

图 4-8　数据写入 sales 数据库表 account

【课堂实践】

数据库 sales 中的 product 表中存储了商品数据，编写 Python 代码实现从 product 表中读取商品数据的操作。

（1）使用 read_sql_table 函数读取 sales 数据库中 product 表内容。

（2）使用 read_sql_query 函数执行 SQL 查询语句读取 product 表内容，SQL 语句为“SELECT * FROM product WHERE productNo='P01001'”。

（3）使用 read_sql 函数直接读取 product 表内容或执行上述 SQL 查询语句读取内容。

数据库 sales 中的 product 表的字段及数据如表 4-9 所示。

表 4-9　product 表的字段及数据

Id	productNo	productName	categoryID	price	stocks
1	P01001	飘柔洗发水 200ml	1	18.00	376
2	P01002	飘柔洗发水 800ml	1	61.50	69
3	P01003	飘柔沐浴露 400ml	1	28.60	248
4	P01004	大宝保湿霜	1	12.80	420
5	P01005	美加净护手霜	1	8.50	526
6	P02001	淮牌食盐 358g	2	2.00	1034
7	P02002	莲花味精 200g	2	13.80	872
8	P02003	太古冰糖 500g	2	9.80	615
9	P03001	可口可乐	3	2.20	2083
10	P03002	雪碧	3	2.10	2897
11	P03003	美汁源 1000ml	3	10.80	1985

读取job_info.csv文件数据并写入sales数据库的jobs表中，表的列名为公司名称、岗位、工作地点、月薪、信息发布时间等。

文件job_info.csv数据格式如下：

```
字节跳动,数据产品经理,北京,2-3.5万/月,09-03
甲骨文（中国）软件系统有限公司,数据产品经理,长沙,,09-03
莱茵技术(上海)有限公司 TUV Rhei...,数据产品经理,上海-静安区,,09-03
百度在线网络技术（北京）有限公司...,数据产品经理,北京,2-4万/月,09-03
携程旅行网业务区,数据产品经理,上海-长宁区,1.5-2万/月,09-03
嘉吉投资（中国）有限公司南京分公...,数据产品经理,南京,,09-03
阿里巴巴集团,数据产品经理,北京,,09-03
......
```

职业技能的相关要求

完成任务4.4的学习将达到数据应用开发与服务(Python)（初级）职业技能的相关要求，具体内容如下：

✧ 数据应用开发与服务(Python)（初级）职业技能的相关要求

- 能够使用pymysql模块连接到MySQL数据库服务，并进行数据操作。

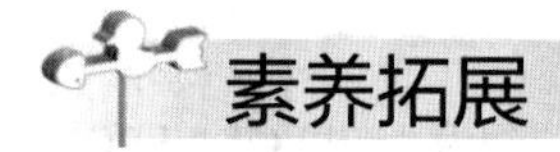

素养拓展

OceanBase：国产数据库软件自研之路

1970年，IBM圣约瑟研究实验室的高级研究员埃德加·科德（Edgar Codd）发表题为《A relational model of data for large shared data banks》的论文，第一次提出了关系数据库模型，解决了当时应用开发中极其复杂的数据管理、使用和共享中存在的问题，为计算机科学开辟了一个崭新的技术领域。科德也因此获得1981年的图灵奖。如今，数据库软件几乎支撑着我们身边的每一项信息服务，从查询天气预报、预订车票、网购商品到各种在线服务，数据库软件每年都会产生巨大的商业价值。长期以来，商用领域的数据库软件几乎被Oracle、Microsoft、IBM等公司垄断。

对于国内电商平台阿里巴巴而言，伴随淘宝业务快速成长，外来数据库软件性能瓶颈和成本压力成为淘宝业务发展的难点，因此阿里巴巴开始自主研发数据库。阿里巴巴自主研发数据库软件的道路开始于搭建基于开放源码数据库系统的自研数据库平台。2010年，OceanBase创始人阳振坤博士带领初创团队启动了OceanBase项目，OceanBase第一个应用是淘宝的收藏夹业务。2012年，OceanBase发布了支持SQL的版本，初步成为一个功能完整的通用关系数据库。2014年淘宝“双11”促销活动时，OceanBase开始承担交易库部分流量。2016年，OceanBase发布了架构重新设计后的1.0版本，支持分布式事务，提升了高并发写业务的扩展，同时实现了多租户架构，当年“双11”促销活动时，支付宝全部核心库的业务流量运行在OceanBase上。2017年，OceanBase走向外部市场，成功应用于南京银行。2018年，OceanBase发布了 2.0 版本，开始支持 Oracle 兼容模式，这一特性降低应用改造适配成本，在外部市场中快速推广开来。如今，OceanBase 已经在多家机构落地应用，帮助企业实现数字化转型，在业内不断获得国内外同行肯定。

2019 年和 2020 年，OceanBase 两次获得世界联机事务处理（Online Transacation Processing，OLTP）TPC-C 基准测试第一。2021 年，OceanBase 拿到了联机分析处理（Online Analytical Processing，OLAP）技术测评世界第一。这意味着 OceanBase 成为唯一在 OLTP 和 OLAP 两个领域的国际技术评测中都拿到第一的国产自研数据库。

从科德的论文发表至今，数据库技术已走过多个年头。正如无线通信技术经历过多个技术阶段的发展，如今在向结合卫星通信的 6G 技术演进一样，数据库技术在“云计算”时代也在飞速演进，中国必将迎来自研数据库百花齐放、群星灿烂的时代。

单元小结

数据分析首先要解决数据的加载与存储，数据加载即如何从文件中读取数据，数据存储即如何将数据写入文件。本单元介绍了数据读取与写入的方法，包括文本文件的读取与写入，Excel 文件的读取与写入，数据库文件的读取与写入等。本单元通过知识分析和案例讲解，详细介绍了 pandas 库的文件读取和写入函数在数据读写方面的应用，为后面单元进行数据分析提供技术支持。

课后习题

一、单选题

1. Python 导入 pandas 库的语句为“import pandas as pd”，文本文件 userinfo.txt 的数据格式如下，能正确读取该文本文件的语句是（　　）。

用户 1,男,软件开发工程师

用户 2,女,软件测试工程师

A. pd.read_exel('userinfo.txt',encoding='gbk')

B. pd.read_csv('userinfo.txt',encoding='gbk')

C. pd.read_table('userinfo.txt',encoding='gbk')

D. pd.read_sql('userinfo.txt',encoding='gbk')

2. 下列哪个函数能够将数据写入 Excel 文件？（　　）

A. to_xlsx　　B. to_csv　　C. to_excel　　D. to_sql

3. 读取文件的代码为“data=pd.read_csv('job_info.csv', encoding='gbk')”，将读取到的内容写入 Excel 文件 user_info.xlsx 的工作表 jobs，索引不写入，下列语句正确的是（　　）。

A. data.to_excel('jobs',sheet_name='job_info.xlsx',encoding='gbk',index=True)

B. data.to_excel('jobs',sheet_name='job_info.xlsx',encoding='gbk',index=False)

C. data.to_excel('user_info.xlsx',sheet_name='jobs',encoding='gbk',index=True)

D. data.to_excel('user_info.xlsx',sheet_name='jobs',encoding='gbk',index=False)

4. 使用 SQLAlchemy 和 PyMySQL 建立数据库连接，以 root 用户登录 sales 数据库（字符集为 UTF-8），登录密码为 M123，下列连接 MySQL 的连接字符串 s 设置正确的是（　　）。

A. s='mysql+pymysql://root:M123@127.0.0.1:3306/sales?charset=utf8'

B. s='pymysql+mysql://root:M123@127.0.0.1:3306/sales?charset=utf8'

C. s='mysql+pymysql://root:M123?127.0.0.1:3306/sales?charset=utf8'

D. s='pymysql+mysql://root:M123?127.0.0.1:3306/sales?charset=utf8'

5. 下列哪些函数可以从 MySQL 中读取数据？（　　）

①read_sql_table ②read_sql_query ③read_table ④read_sql

A. ①②③　　B. ①②④　　C. ②③④　　D. ①②③④

二、填空题

1. pandas 库中用于读取 Excel 文件的函数是__________。
2. pandas 库中用于将数据写入文本文件的函数是__________。
3. pandas 库中只能通过表名称读取表内容的函数是__________。
4. pandas 库中只能通过执行 SQL 查询语句读取表内容的函数是__________。
5. pandas 库中用于将数据写入 Excel 文件的函数是__________。

三、简答题

1. pandas 读写 CSV 文本文件的方法有哪些？
2. pandas 有哪些函数可用来实现 Excel 文件的读写操作？
3. Python 如何实现对 MySQL 数据库的操作？

单元 5 数据质量与数据清洗

在“大数据”时代，数据已经成为企业的核心资产，盘活优质数据可以“点石成金”，增加企业资产；而如果数据质量较差，其甚至可能成为企业的负担。中国信息通信研究院云计算与大数据研究所和大数据技术标准推进委员会在2019年颁布的《数据资产管理实践白皮书（4.0版）》从方法论的角度对如何做好数据资产的管理、获取高质量数据和清洗低质量数据做出了指导。

本单元将着重介绍数据质量与数据清洗的相关知识和技能，掌握这些知识和技能是整个数据分析流程内的重要任务。

学习目标

【知识目标】

- 了解数据质量的定义
- 了解常用的数据质量检测手段
- 了解数据质量管理的必要性
- 了解缺失值、重复值、异常值的概念

【能力目标】

- 掌握缺失值处理的方法
- 掌握重复值处理的方法
- 掌握异常值处理的方法

【素养目标】

- 培养学生的工匠精神，提高学生综合职业素养，帮助学生树立正确的职业道德规范

相关知识

1. 企业数据管理现状

企业在数据管理方面主要有3个“痛点”：第一点是缺乏统一的数据视图，数据分散在各个业务系统中，特别是伴随微服务架构的兴起，分散的情况会更加严重，这使得业务人员无法感知到数据的分布和更新的情况，也比较难收集、汇总到有价值的数据；第二点是数据质量低下，原数据的缺失、统计口径的差异都会导致“脏乱差”的数据无处不在，而质量低下的数据会导致业务决策的偏差，从而使企业陷入

“Garbage in,Garbage out”的恶性循环；第三点是缺少核心价值数据的管理体系，例如对客户数据的管理，哪些是核心客户，哪些是高转化率的客户，哪些是快要流失的客户，这些都需要做好精细化的客户标签管理，更要求企业建立起一套自己的核心价值数据管理体系。

2. 数据标准

数据标准的定义：保障数据的内外部使用和交换的一致性和准确性的规范性约束。一般包括基础指标和计算指标两个部分。

（1）基础指标

例如，在不同的系统中，性别可能会表示为“0”“1”的数字形式或者“男”“女”的汉字形式，也可能是“male”“female”的英文形式，各个系统的约定可能是不一致的，因此国家颁布了《个人基本信息分类与代码 第1部分：人的性别代码》标准文件。统一使用“0”表示未知的性别，“1”表示男性，“2”表示女性，“9”表示未说明的性别。确立此项标准后，就能指导各行业和各系统的一些值域的选择。国家标准全文公开系统中发布了各行业的标准，使用者可以结合自己所在的行业加以应用。

（2）计算指标

计算指标即通常所谈的“口径”，例如在电商场景下的下单转化率、客户的获客成本、商品的复购率等，如何定义这些计算指标的分子、分母？是否需要排除一些异常账号或异常的订单？是按下单时间还是按付款时间进行计算？这些都需要在同一个企业中达成统一的共识。具体体现在业务系统中，可以是一个类似百度百科的系统，只要将企业用户使用到的数据标准分门别类，方便检索查阅，在定义数据结构和值域的时候引用即可。

3. 数据质量的定义

微课 20

数据质量管理

国家颁布的《信息技术 数据质量评价指标》将数据质量的衡量分为6个方面：数据的准确性、数据的完整性、数据的一致性、数据的规范性、数据的时效性和数据的可访问性。

（1）数据的准确性

数据的准确性是用来表示所描述真实实体“真实值”的程度，通俗来讲就是数据的正确程度。

例如，假设有一个场景，用户在系统下单，而订单又对接给另外一家公司来处理。月底两家公司需要对订单数据进行核对，从而完成财务的结算，这其中就涉及己方公司审核对方公司数据的过程，例如对方公司给己方公司的订单数据中订单最终金额这一列实际填写的是优惠前的金额，则数据内容错误。

（2）数据的完整性

数据的完整性是按照数据规范的要求，数据元素被赋予数值的程度。通俗的说法是数据够不够、有没有空值或者缺失值。数据的完整性可以分为两方面：记录的完整性和元素的完整性。

例如，假设甲方与乙方交易时，按照合同规定，甲方需向乙方提供100张订单的数据表，实际交付时乙方只收到98张订单的数据表，则记录不完整；元素的完整性，可以体现为每张表的每个字段是否被填充完整，假设订单总数仍为100，但有用户的收货地址这一列只填充了80条，剩下的20条是有缺失的，这就使得数据不具有元素的完整性。

（3）数据的一致性

数据的一致性可用来描述数据无矛盾的程度，可以分成两个方面：相同数据的一致性和关联数据的一致性。

例如，对于相同数据的一致性而言，商品的价格信息在商品表中必然是有记录的，在订单的明细表中也有记录，一旦一个商品在两个表上的价格不一致，就产生了矛盾；对于关联数据的一致性而言，已发现500个用户的下单记录，期望情况为500个用户都有访问网站的日志信息，然而在数据中只发现了499个用户访问网站的日志信息，说明有一个用户没有此信息，从而造成了关联数据的不一致。

（4）数据的规范性

数据的规范性是指数据是否符合国际、国家或者行业的标准，是否符合模型的定义，以及是否符合数据安全规范等。

例如，订单数据中“日期”这一列，国内常用的规范格式是“XXXX/XX/XX”，例如“2022/08/20”。但是如果将日期写为“2022/20/08”，则这一列数据就在数据规范性方面出现了问题。

（5）数据的时效性

数据的时效性用以体现在时间变化的情况下数据的正确程度。数据的时效性一般分两方面来展开。首先是基于时间段的数据分布是否符合预期，比如在统计过去每一年订单的数据时发现基本每一年销售量都有10%的提升，但某一年销售量有50%的骤降，则这一年的数据分布可能是不符合预期的，要考虑是否为异常值。然后是否符合时序规律，比如正常情况下下单时间一定是早于用户的付款时间的，而配送时间是早于用户的接收时间的，但凡违反了这些符合常识的时间次序，也称之为不具有数据的时效性。

（6）数据的可访问性

数据的可访问性是指数据能被访问的程度。它主要指两个方面，一方面是指是否可访问，另一方面是指是否可用。

可访问是指数据在需要时可获取。通常使用满足可访问要求的数据集中元素的个数在被评价的数据集中元素的个数中所占的比例作为评价可访问的指标。可用是指数据在设定有效生存周期内可使用。通常使用满足可用要求的数据集中元素的个数在被评价的数据集中元素的个数中所占的比例作为评价可用的指标。

当然这6个方面并不是静态、一成不变的，当后续的数据还要做进一步的加工处理时，可能在整条数据处理链路上，处理人员需要找到几个关键节点，对这些关键节点的数据进行质量检测。发现问题并解决问题，是能整体提高数据生产效率的。

4. 常用的数据质量检测手段

数据的完整性如何统计，准确性如何核查，一致性如何评估，这3类问题可以通过3种手段来完成，分别是抽样、统计和规则。

（1）抽样

抽样这种手段比较简单，即通过对数据集合进行采样来做质量检测。例如在数据集有 N 条记录的情况下，使用者可以从数据集中选择 $\sqrt{N}$ 条记录，并找到记录中最原始、最真实的数据进行比对，从而保证数据的准确性，而这些最源头的数据可能在企业资源计划（Enterprise Resource Planning，ERP）系统、客户关系管理（Customer Relationship Management，CRM）系统或者数据库中，而在早期的医疗、图书馆等领域，数据还可能在纸质档案或者刻录光盘中。

（2）统计

统计的内容可以是：总表张数、非空表的比例；列数、非空列的比例；分类值的列的值域统计频次；时间列以月或年为尺度做数量统计的分布等。这些统计的内容可以被绘制成图表，从而让使用者更加容易地把握和感知整体数据的分布，方便对数据准确性进行核查。在实际的大数据质量管理项目中，按照取值统计来做质量检测是非常实用且非常有效的。

（3）规则

如《个人基本信息分类与代码 第1部分：人的性别代码》中所规定的性别代码，其值在0、1、2、9这4个值中取；又如线上下单的客户有完整的网站访问记录，客户的下单时间须早于客户的付款时间。以上指标都可以具象化成特定的规则来程序化地执行，从而节省人工时间。

5. 数据质量管理的必要性

目前，公司的竞争力已经不局限于有形的产品，逐渐囊括了无形的信息。信息的载体是数据，当挖掘其中有价值的部分或者将其应用于某个领域时，数据质量都应该作为基本的需求得到保证。然而现实生活中能够直接采集到的、大量的数据往往存在一些质量问题，如不准确、不完整、不一致、不规范、无时效性等。

从企业层面而言，数据质量的具体影响可以分为以下几个方面。

（1）数据质量关系到系统建设的成败：很多系统中的数据仓库应用程度不高或最后建设失败归根结底都是数据质量不高造成的。

（2）数据质量关系到结果与预期是否一致：低质量的数据往往造成开发出来的系统与用户的期望大相径庭。

（3）数据质量是决策正确的保障：数据是企业重要的战略资源，合理、有效地使用正确的数据，能指导企业领导做正确的决策，提高企业的竞争力；不合理地使用低质量的数据可导致决策的失败，造成经济损失。

（4）数据质量是长期困扰开发人员的难题：数据质量不高，已经成为困扰相关开发人员与用户的一个严重问题。

低质量数据提供了一部分不准确的信息，即使不会对项目或业务本身产生灾难性的影响，也会对过程、决策、资源分配、通信或与系统的交互造成损害。因此清洗数据、提高数据质量，对于应用服务、系统架构以及项目运维具有重要的意义。

数据清洗是数据质量管理的基本方法，其实现原理是对不同类型的缺陷数据运用统计学方法、数据挖掘算法、语义分析技术等进行数据修正。本单元后续内容将聚焦于最基础的缺失值处理、重复值处理和异常值处理的介绍和实操指导。

6. 缺失值

数据中的某个或某些特征的值是不完整的，这些值称为缺失值。使用Python发现和处理缺失值要用到强大的pandas库。

首先，数据类型在pandas里面被称为dtype（date type，数据类型的英文缩写），可以直接用dtype属性来获取某一列的类型。代码编写人员往往对字符串类型比较熟悉，但是pandas库中没有字符串类型，在 pandas 库中，字符串是 object 类型。

其次，在 pandas 库中，如果是 DataFrame，缺失值可以表示为 "NaN"（数据格式的缺失）或者 "NaT"（时间格式的缺失），也可以用 np.NaN 或 np.nan 直接赋值缺失值。需要注意的是，" "表示空的字符串，它不是缺失值。

对于缺失值，一般有以下几种处理方法。

（1）删除法

如果数据集较大，缺失值极少且不影响整体数据，可以删除带缺失值的行；而某一列的数据缺失太多导致此列数据已无参考意义的情况下，可以删除这一列。

删除法分为删除观测记录和删除特征两种，它是一种利用减少样本量来换取信息完整度的方法，是一种简单的缺失值处理方法。

pandas 中提供了简便删除缺失值的 dropna 方法，该方法既可以删除观测记录，也可以删除特征。方法内常用参数及其说明如表 5-1 所示。

表 5-1　dropna 方法参数说明

参数	说明
axis	表示轴，接收 0 或 1；0 表示删除观测记录（行），1 表示删除特征（列）。默认为 0
how	表示删除的形式，接收特定 string；any 表示只要有缺失值存在就执行删除操作，all 表示当且仅当全部为缺失值时执行删除操作。默认为 any
subset	接收类 array 数据，表示进行去重的列 / 行。默认为 None，表示所有列/行
inplace	接收 bool，表示是否在原表上进行操作。默认为 False

（2）替换法

替换法是指用一个特定的值替换缺失值。

特征可分为数值型和类别型，两者出现缺失值时的处理方法是不同的。

缺失值所在特征为数值型时，通常利用其均值、中位数和众数等描述其集中趋势的统计量来代替缺失值。

缺失值所在特征为类别型时，选择使用众数来替换缺失值。

pandas 库中提供了缺失值替换的方法 fillna，方法内常用参数及其说明如表 5-2 所示。

表 5-2　fillna 方法参数说明

参数	说明
value	接收 scalar、dict、Series 或者 DataFrame，表示用来替换缺失值的值。无默认值
method	接收特定 string、backfill 或 bfill 表示使用下一个非缺失值填补缺失值，pad 或 ffill 表示使用上一个非缺失值填补缺失值。默认为 None
axis	接收 0 或 1，表示轴。默认为 1
inplace	接收 bool，表示是否在原表上进行操作。默认为 False
limit	接收 int，表示填补缺失值个数上限，超过则不进行填补。默认为 None

（3）插值法

删除法简单易用，但是会引起数据结构变动，导致样本减少；替换法使用难度较低，但是会影响数据的标准差，导致信息量变动。在面对数据缺失问题时，除了这两种方法之外，还有一种常用的方法——插值法。

常用的插值法有线性插值、多项式插值和样条插值等。

① 线性插值是一种较为简单的插值法，它会针对已知的值求解线性方程，通过求解线性方程得到缺失值。

② 多项式插值是利用已知的值拟合一个多项式，使得现有的数据满足这个多项式，再利用这个多项式求解缺失值，常见的多项式插值有拉格朗日插值和牛顿插值等。

③ 样条插值是以可变样条作出一条经过一系列点的光滑曲线的插值法，可变样条由一些多项式组成，每一个多项式都是由相邻两个数据点决定的，这样可以保证两个相邻多项式及其导数在连接处连续。

scipy 库中的 interpolate 模块除了提供常规的插值法外，还提供了在图形学领域具有重要作用的重心坐标插值（Barycentric Interpolator）等。在实际应用中，需要根据不同的场景，选择合适的插值法。

7. 重复值

实际的重复值通常分为两种：记录重复与特征重复。

记录重复，即一个或者多个特征某几个记录的值完全相同。特征重复，即存在一个或者多个特征名称不同，但数据完全相同的情况。

得到重复值后有一个更重要的问题需要考虑：数据重复了就需要去重吗？

去重是重复值处理的主要方法，主要目的是保留能显示特征的唯一数据记录。但当遇到以下几种情况时，请慎重执行数据去重，甚至建议不去重。

（1）重复值用于体现业务需求变化

例如，在商品类别表中，每个商品对应的同一个类别的值应该是唯一的，如 iPhone 12 属于个人电子消费品，这样才能为所有商品分配唯一类别的值。但当所有商品类别的值重构或升级时（大多数情况下，公司随着发展都会这么做），原有的商品可能被分配了类别中的不同值，表 5-3 所示展示了这种变化。

表 5-3　商品类别

商品名称	原有商品类别	新有商品类别
iPhone 12	个人电子消费品	手机数码

此时，在数据中做跨重构时间点的类别匹配时，会发现 iPhone 12 会同时匹配到个人电子消费品和手机数码两条记录。对于这种情况，需要根据具体业务需求处理。

如果业务需求是两条记录需要做整合，那么需要确定一个整合字段用来涵盖这两条记录。其实就是将这两条记录再次映射到一个类别主体中。

如果业务需求是需要同时保存两条数据，那么此时不能做任何处理。后续的具体处理根据建模需求而定。

（2）重复值用于样本不均衡处理

在开展分类数据建模工作时，样本不均衡是影响分类模型效果的关键因素之一。解决样本不均衡的一种方法是对少数样本类别做随机过采样，采取简单复制样本的策略来增加少数样本类别。

经过这种处理方式后，也会在数据记录中产生具有相同记录的多条数据。此时，执行者不能对其中的重复值执行去重操作。

（3）重复值用于检测业务规则问题

对于以分析应用为主的数据集而言，存在重复值不会直接影响实际运营，毕竟数据集主要是用来做分析的。

但对于事务型的数据而言，重复值可能涉及重大业务规则问题，尤其当这些重复值出现在企业经营中与金钱相关的业务场景时，例如重复的订单、重复的充值、重复的预约项、重复的出库申请等。

这些重复的数据记录通常是由于数据采集、存储、验证和审核机制的不完善等问题导致的，会直接反馈到生产和运营后端。

以重复的订单为例，假如前台的提交订单功能未实现唯一性约束，那么在一次下单操作中重复单击提交订单按钮，就会触发多次提交订单的申请记录，如果该操作审批通过，会联动影响运营后端的商品分拣、出库、送货等，如果用户接收重复商品则会导致重大损失；如果用户退货则会增加反向订单，并影响物流、配送和仓储相关的各个运营环节，导致运营资源无端消耗、商品损耗增加、仓储和物流成本增加等问题。

因此，这些问题必须在前期数据采集和存储时就通过一定机制解决和避免。如果确实产生了此类问题，那么数据工作者或运营工作者可以基于这些重复值来发现规则漏洞，并配合相关部门，最大限度地降低由此带来的运营风险。

8. 异常值

异常值是指数据中个别值明显偏离其余值，有时也称为离群点。检测异常值就是检验数据中是否有输入错误以及是否有不合理的数据。

异常值的存在对数据分析十分危险，如果数据分析所用的数据中有异常值，那么会对结果产生不良影响，从而导致分析结果产生偏差乃至错误。

通常，异常值的识别可以借助于图形法（如箱线图、正态分布图）和建模法（如线性回归、聚类算法、k 近邻算法等），本部分主要介绍 3σ原则和箱线图分析两种方法。

（1）3σ原则

3σ原则又称为拉依达准则。该原则先假设一组检测数据只含有随机误差，对原始数据进行计算处理得到标准差，然后按一定的概率确定一个区间，认为误差超过这个区间的数据就属于异常值。

这种判别处理方法仅适用于服从正态分布或近似正态分布的样本数据，该方法认为 99%以上的数据集中在均值加减 3 个标准差的范围内，超出这个范围的数据仅占不到 0.3%。如表 5-4 所示，其中σ代表标准差，μ代表均值，超过（$\mu-3\sigma,\mu+3\sigma$）这个范围的极大或极小值，就判断为异常值。

表 5-4　正态分布

数值分布	在数据中的概率
$(\mu-\sigma,\mu+\sigma)$	68.27%
$(\mu-2\sigma,\mu+2\sigma)$	95.45%
$(\mu-3\sigma,\mu+3\sigma)$	99.73%

（2）箱线图分析

箱线图（Box Plot）又称为盒须图、盒式图或箱形图，是一种用于显示一组数据分布情况的统计图，因形状如箱子而得名。

箱线图提供了识别异常值的一个标准，即异常值通常被定义为小于 QL−1.5IQR 或大于 QU+1.5IQR 的值。

- QL 称为下四分位数，表示全部观察值中有四分之一的数据取值比它小。
- QU 称为上四分位数，表示全部观察值中有四分之一的数据取值比它大。
- IQR 称为四分位数间距，是 QU 与 QL 之差，其间包含全部观察值的一半。

箱线图依据实际数据绘制，真实、直观地表现出了数据分布的本来面貌，且没有对数据做任何限制性要求，其判断异常值的标准以四分位数和四分位数间距为基础。

四分位数给出了数据分布的中心、散布和形状的某种指示，具有一定的鲁棒性，即 25%的数据可以变得任意远而不会很大地扰动四分位数，所以异常值通常不能对四分位数施加影响。鉴于此，箱线图识别异常值的结果比较客观，因此在识别异常值方面具有一定的优越性。

实际情况中，异常值处理没有固定的方法，要根据数据分析的目的来确定。实际上，异常数据的出现十分普遍，产生异常值的原因很多，例如业务运营操作、数据采集问题、数据同步问题等。对其进行处理前，需要先辨别出到底哪些是真正的异常值。数据的异常状态可分为两种。

一种是伪异常，这些异常值是由于业务特定运营操作产生的，其实是在正常反映业务状态，而不是数据本身出现了异常。

另一种是真异常，这些异常值并不是由于业务特定运营动作引起的，而是客观地反映了数据本身分布异常的个案。

在大多数数据挖掘或数据分析工作过程中，异常值都会在数据的预处理过程中被认为是噪声而剔除，以避免其对总体数据评估和分析挖掘造成影响。此类异常值若不删除可能影响结论。很多节目中计算选手最后得分时往往会去掉一个最高分，去掉一个最低分，也是这个原因。

但在以下几种情况下，无须对异常值做抛弃处理。

（1）异常值正常反映了业务运营结果

该情况是由业务特定运营动作导致的数据分布异常，如果抛弃异常值将导致无法正确反映业务运营结果。例如，某公司的商品正常情况下日销量为 1000 台左右，由于昨日举行优惠促销活动导致总销量达到 10000 台，因此后端库存不足导致今日销量下降到 100 台。在这种情况下，10000 台和 100 台都正确地反映了业务运营结果，而非数据异常案例。

（2）异常检测模型

异常检测模型是针对整体样本中的异常值进行分析和挖掘，以便找到其中的异常个案和规律，这种数据应用围绕异常值展开，因此异常值不能做抛弃处理。

异常检测模型常用于客户异常识别、信用卡欺诈识别、贷款审批识别、药物变异识别、恶劣气象预测、网络入侵检测、流量作弊检测等。在这种情况下，异常值本身是目标数据，如果被处理掉将损失关键信息。

（3）包容异常值的数据建模

如果数据算法和模型对异常值不敏感，那么即使不处理异常值也不会对模型本身造成负面影响。例如在决策树中，异常值本身就可以作为一种分裂结点。

除了抛弃和保留外，还有一种思路可对异常值进行处理，即将异常值视为缺失值进行填充。因为贸然删除数据可能会损失信息，而如果放任不管可能又影响模型，所以可以考虑用均值、临近值进行填充。

任务实现

任务 5.1 医药销售数据遗漏检查——缺失值处理

本任务的主要内容：

微课 21

缺失值处理

- 使用 pandas 提供的缺失值识别方法，判断数据中是否存在缺失值，检测数据中缺失值的分布以及数据中缺失值的数量；
- 使用 pandas 提供的删除法剔除数据中的缺失值。

关于本任务所使用的数据集说明如下。

采用朝阳医院 2018 年销售数据，内容包括：购药时间、社保卡号（脱敏）、商品编码、商品名称、销售数量、应收金额、实收金额等。原始数据共 6578 条。前 10 条销售数据截选如图 5-1 所示。

购药时间	社保卡号	商品编码	商品名称	销售数量	应收金额	实收金额
2018-01-01 星期五	001616528	236701	强力VC银翘片	6	82.8	69
2018-01-02 星期六	001616528	236701	清热解毒口服液	1	28	24.64
2018-01-06 星期三	0012602828	236701	感康	2	16.8	15
2018-01-11 星期一	0010070343428	236701	三九感冒灵	1	28	28
2018-01-15 星期五	00101554328	236701	三九感冒灵	8	224	208
2018-01-20 星期三	0013389528	236701	三九感冒灵	1	28	28
2018-01-31 星期日	00101464928	236701	三九感冒灵	2	56	56
2018-02-17 星期三	0011177328	236701	三九感冒灵	5	149	131.12
2018-02-22 星期一	0010065687828	236701	三九感冒灵	1	29.8	26.22
2018-02-24 星期三	0013389528	236701	三九感冒灵	4	119.2	104.89

图 5-1 朝阳医院 2018 年销售数据截选

读取数据集并查看基本信息，即读取当前路径下的 Excel 文件中的数据，展示前 5 条数据，如代码 5-1 所示。

代码 5-1

In[1]:

```
import pandas as pd
#读取 Excel 文件中的数据
fileNameStr='朝阳医院 2018 年销售数据.xlsx'
df = pd.read_excel(fileNameStr)
#head 返回头部数据，默认值为 5
df.head()
```

Out[1]:

	购药时间	社保卡号	商品编码	商品名称	销售数量	应收金额	实收金额
0	2018-01-01 星期五	1.616528e+06	236701.0	强力VC银翘片	6.0	82.8	69.00
1	2018-01-02 星期六	1.616528e+06	236701.0	清热解毒口服液	1.0	28.0	24.64
2	2018-01-06 星期三	1.260283e+07	236701.0	感康	2.0	16.8	15.00
3	2018-01-11 星期一	1.007034e+10	236701.0	三九感冒灵	1.0	28.0	28.00
4	2018-01-15 星期五	1.015543e+08	236701.0	三九感冒灵	8.0	224.0	208.00

5.1.1 发现缺失值

发现缺失值最直观的方法是直接查看整个数据集来检查是否存在缺失值。当然，如果在数据集较大的情况下，通过肉眼查看的方式是不符合实际的，此时就需要使用代码检查缺失值了。

pandas 提供了识别缺失值的 isnull 方法以及识别非缺失值的 notnull 方法，这两种方法在使用时返回的都是布尔值 True 或 False。使用其中任意一个都可以判断出数据中缺失值的位置，结合 any 方法使用可以判断行/列中缺失值的情况，常用的命令如下：

（1）元素位置处为缺失值，返回 True，该处不为缺失值，则返回 False。

```
df.isnull()
```

（2）判断列，某列存在缺失值，返回 True，某列不存在缺失值，则返回 False。

```
df.isnull().any()
```

（3）判断行，某行存在缺失值，返回 True，某行不存在缺失值，则返回 False。

```
df.isnull().any(1)
```

以本任务所使用的数据集为例，判断每列是否存在缺失值，如代码 5-2 所示。

代码 5-2

In[2]:

```
import pandas as pd
#读取 Excel 文件中的数据
fileNameStr='朝阳医院 2018 年销售数据.xlsx'
df = pd.read_excel(fileNameStr)
df.head()
```

Out[2]:

	购药时间	社保卡号	商品编码	商品名称	销售数量	应收金额	实收金额
0	2018-01-01 星期五	1.616528e+06	236701.0	强力VC银翘片	6.0	82.8	69.00
1	2018-01-02 星期六	1.616528e+06	236701.0	清热解毒口服液	1.0	28.0	24.64
2	2018-01-06 星期三	1.260283e+07	236701.0	感康	2.0	16.8	15.00
3	2018-01-11 星期一	1.007034e+10	236701.0	三九感冒灵	1.0	28.0	28.00
4	2018-01-15 星期五	1.015543e+08	236701.0	三九感冒灵	8.0	224.0	208.00

In[3]:

```
df.isnull().any()
```

Out[3]:

```
购药时间    True
社保卡号    True
商品编码    True
商品名称    True
销售数量    True
应收金额    True
实收金额    True
dtype: bool
```

通过以上代码，可以确认每列都存在缺失值。

查看缺失值情况：将 sum 方法与 isnull 方法、notnull 方法结合，可以检测数据中缺失值的分布以及数据中缺失值的数量等，常用的方法如下。

（1）直接查看文件简要信息。

```
df.info()
```

（2）每列有多少个缺失值。

```
df.isnull().sum()
```

（3）每行有多少个缺失值。

```
df.isna().sum(1)
```

（4）总共有多少个缺失值。

```
df.isna().sum().sum()
```

（5）统计列的非空值个数。

```
df.count()
```

（6）返回有缺失值的列。

```
df.loc[:,df.isnull().any()]
```

（7）返回有缺失值的行。

```
df.loc[df.isnull().any(1)]
```

（8）返回没有缺失值的行。

```
df.loc[~(df.isnull().any(1))]
```

以本任务所使用的数据集为例，判断每列存在缺失值的个数，如代码 5-3 所示。

代码 5-3

In[4]:	df.isnull().sum()
Out[4]:	购药时间　　2 社保卡号　　2 商品编码　　1 商品名称　　1 销售数量　　1 应收金额　　1 实收金额　　1 dtype: int64

5.1.2　处理缺失值

通过查看数据基本信息可以发现每列都存在缺失值。因为缺失数量不大，可以采用删除缺失值的方法进行处理。直接使用 dropna 方法。

```
df.dropna()
```

创建三行两列的数据集，将部分指定位置定义为缺失值后再进行删除操作，如代码 5-4 所示。

代码 5-4

In[5]:	import pandas as pd
	import numpy as np
	#随机产生三行两列的数据集
	df = pd.DataFrame(np.random.randn(3,2), index = list('abc'),
	columns=['1','2'])

	#将部分指定位置定义为缺失值 df.iloc[1:-1,1] = np.nan print(df)
Out[5]:	1 2 a -0.356302 1.099665 b -0.053887 NaN c 0.765107 0.623380

In[6]:	#利用 dropna 函数删除含有缺失值的行
	df.dropna()

Out[6]:	1 2 a -0.356302 1.099665 c 0.765107 0.623380

【课堂实践】

使用 isnull 方法检测表 5-5 内的缺失值，然后在缺失值位置处使用 fillna 方法将数值 0 填充进去。

表 5-5　销量数据

客户	7 月销量
A	6
B	30
A	8
C	
B	9

职业技能的相关要求

完成任务 5.1 的学习将达到数据应用开发与服务(Python)（初级）职业技能的相关要求，具体内容如下：

✧ 数据应用开发与服务(Python)（初级）职业技能的相关要求

- 能够使用 pandas 库函数识别数据中的缺失值；
- 能够使用删除法处理缺失值。

任务 5.2 医药销售数据去重校验——重复值处理

本任务的主要内容：

微课 22

重复值处理

- 使用 duplicated 方法判断和查看重复值；
- 确认判断依据，判断是否去重；
- 利用列表去重；
- 利用集合的元素是唯一的特性去重；

● 使用 drop_duplicates 去重方法。

5.2.1 判断和查看重复值

重复值判断可以依靠 pandas 库中的 duplicated 方法，语法格式如下：

```
df.duplicated(subset=None, keep='first')
```

上述方法可以对指定列数据做重复值判断。

其中第一项参数 subset=None 表示列标签或标签序列，可选，表示只考虑某些列来识别重复值；默认使用所有列。

第二项参数 keep 可选值有：'first'、'last'、False。'first'表示将第一次出现的重复值标记为 True；'last'表示将最后一次出现的重复值标记为 True；False 表示将所有重复值都标记为 True。常用的判断及查看重复值命令格式如下。

（1）默认判断所有列，只有第一次出现的数据不标记为 True，后面重复出现的数据都标记为 True。

```
df.duplicated()
```

（2）subset=['k1']中'k1'为列标签，表示只判断 k1 列是否存在重复项。

```
df.duplicated(subset=['k1'])
```

（3）keep='last'，表示仅最后一次出现的重复项不标记为 True，前面出现的重复项都标记为 True。

```
df.duplicated(keep='last')
```

（4）keep=False，所有重复值都标记为 True。

```
df.duplicated(keep=False)
```

（5）查看重复记录数量，不包括出现的首条记录。

```
df.duplicated().value_counts()
```

（6）统计重复元素个数。

```
df.duplicated(keep=False).value_counts()
```

（7）查看所有重复记录。

```
df[df.duplicated(keep=False)]
```

（8）查看除首条记录外的所有重复记录。

```
df[df.duplicated()]
```

5.2.2 处理记录重复

下面介绍两种常用的记录去重方法。

方法一是利用列表去重，自定义去重方法如下。

```
def delRep(list1):
    list2=[]
    for i in list1:
        if i not in list2:
            list2.append(i)
    return list2
```

方法二是利用集合的元素是唯一的特性去重，方法如下。

```
dish_set = set(dishes)
```

比较上述两种方法可以发现，方法一代码冗长，方法二代码简洁许多，但会导致数据的排列顺序发生改变。

pandas 提供了 drop_duplicates 去重方法。该方法只对 DataFrame 或者 Series 有效。使用该方法不会改变数据的排列顺序，并且兼具代码简洁和执行稳定的特点。该方法不仅支持对只有单一特征的数据去重，还能够依据 DataFrame 的其中一个或者几个特征进行去重。该方法的参数如表 5-6 所示。

表 5-6　drop_duplicates 方法参数

参数	说明
subset	接收 string 或 sequence，表示需要进行去重的列，默认为 None，表示全部列
keep	接收特定 string，表示去重时保留第几个数据。first：保留第一个。last：保留最后一个。False：只要有重复都不保留。默认为 first
inplace	接收布尔值，表示是否在原表上进行操作，默认为 False

以任务 5.1 中的任务数据集为例，只读取社保卡号、商品编码两列的前 100 条数据，如代码 5-5 所示。

代码 5-5

```
In[7]:
import pandas as pd
fileNameStr='朝阳医院 2018 年销售数据.xlsx'
df = pd.read_excel(fileNameStr)
#使用 loc 方法选择前 100 条数据
newdf=df.loc[0:100,'社保卡号':'商品编码']
newdf.head()
Out[7]:
```

	社保卡号	商品编码
0	1.616528e+06	236701.0
1	1.616528e+06	236701.0
2	1.260283e+07	236701.0
3	1.007034e+10	236701.0
4	1.015543e+08	236701.0

对读取的数据进行去重，如代码 5-6 所示。

代码 5-6

```
In[8]:
newdf.drop_duplicates(inplace=True)
newdf.shape
Out[8]:
(68, 2)
```

可以发现，去重后数据余下 68 条。

5.2.3　处理特征重复

结合相关的数学和统计学知识，处理连续的特征重复时可以利用特征间的相似度将两个相似度为 1 的特征去除一个。在 pandas 中相似度的计算方法为 corr，使用该方法计算相似度时，参数默认为'pearson',

目前还支持'spearman'和'kendall'。

创建简单的数据，用于展示几种相似度计算方法，如代码 5-7 所示。

代码 5-7

In[9]:
```
import pandas as pd
df = pd.DataFrame({'A':[5,91,3],'B':[90,15,66],'C':[93,27,3]})
print(df.corr())
print(df.corr('spearman'))
print(df.corr('kendall'))
```

Out[9]:
```
          A         B         C
A  1.000000 -0.943228 -0.240882
B -0.943228  1.000000  0.549571
C -0.240882  0.549571  1.000000
     A    B    C
A  1.0 -0.5  0.5
B -0.5  1.0  0.5
C  0.5  0.5  1.0
          A         B         C
A  1.000000 -0.333333  0.333333
B -0.333333  1.000000  0.333333
C  0.333333  0.333333  1.000000
```

但是通过相似度去重存在一个弊端，即该方法只能对数值型特征的重复进行去重，类别型特征（只在有限选项内取值的特征，如性别、班级等）之间无法通过计算相似度系数来衡量相似度。

除了使用相似度进行特征去重之外，还可以通过 DataFrame 的 equals 方法进行特征去重。其允许将两个 Series 或 DataFrame 相互比较，以查看它们是否具有相同的形状和元素。相同位置的 NaN 被认为是相等的。列索引不必具有相同的类型，但是列中的元素必须具有相同的类型。以代码 5-8 创建的数据为例。

代码 5-8

In[10]:
```
df = pd.DataFrame({1: [10], 2: [20]})
df
```

Out[10]:
```
    1   2
0  10  20
```

如代码 5-9 所示，其中 df 和 different_column_type 的元素具有相同的数据类型和值，但列索引具有不同的数据类型，equals 方法将返回 True。

代码 5-9

In[11]:
```
different_column_type = pd.DataFrame({1.0: [10], 2.0: [20]})
print(different_column_type)
df.equals(different_column_type)
```

Out[11]:
```
   1.0  2.0
0   10   20
True
```

如代码 5-10 所示，其中 df 和 different_data_type 的元素数据大小相同但数据类型不同，即使它们的列标签具有相同的值和数据类型，也将返回 False。

代码 5-10

```
In[12]:   different_data_type = pd.DataFrame({1: [10.0], 2: [20.0]})
          print(different_data_type)
          df.equals(different_data_type)
Out[12]:      1     2
          0   10.0  20.0
          False
```

【课堂实践】

寻找表 5-7 内完全重复（整条记录重复）的数据，保证原表格无变化，若存在重复值则只保留第一个数据，将其余重复项数据删除后存入一张新表。

表 5-7　销售数据

客户	7 月销量	8 月销量
A	6	12
B	9	15
A	8	3
C	7	8
B	9	15

职业技能的相关要求

完成任务 5.2 的学习将达到数据应用开发与服务(Python)（初级）职业技能的相关要求，具体内容如下：

✧ 数据应用开发与服务(Python)（初级）职业技能的相关要求

- 能够使用 pandas 库函数识别和处理数据中的重复值。

任务 5.3 医药销售数据异常值排除——异常值处理

微课 23

异常值处理

本任务的主要内容：

- 简单识别异常值；
- 对异常值做出处理。

关于本任务所使用的数据集说明如下。

与任务 5.1 使用的数据集一致，采用朝阳医院 2018 年销售数据，内容包括：购药时间、社保卡号（脱敏)、商品编码、商品名称、销售数量、应收金额、实收金额等。原始数据共 6578 条。前 10 条数据节选参考图 5-1 所示。

使用任务 5.1 介绍的方法，读取数据集并展示前 5 条数据，如代码 5-11 所示。

代码 5-11

In[13]:

```
import pandas as pd
#读取 Excel 文件中的数据
fileNameStr='朝阳医院 2018 年销售数据.xlsx'
df = pd.read_excel(fileNameStr)
df.head()
```

Out[13]:

	购药时间	社保卡号	商品编码	商品名称	销售数量	应收金额	实收金额
0	2018-01-01 星期五	1.616528e+06	236701.0	强力VC银翘片	6.0	82.8	69.00
1	2018-01-02 星期六	1.616528e+06	236701.0	清热解毒口服液	1.0	28.0	24.64
2	2018-01-06 星期三	1.260283e+07	236701.0	感康	2.0	16.8	15.00
3	2018-01-11 星期一	1.007034e+10	236701.0	三九感冒灵	1.0	28.0	28.00
4	2018-01-15 星期五	1.015543e+08	236701.0	三九感冒灵	8.0	224.0	208.00

5.3.1 识别异常值

在进行异常值识别前，首先用 describe 方法查看数据中每列的描述性统计信息，如代码 5-12 所示。

代码 5-12

In[14]:

```
df.describe()
```

Out[14]:

	社保卡号	商品编码	销售数量	应收金额	实收金额
count	6.576000e+03	6.577000e+03	6577.000000	6577.000000	6577.000000
mean	6.091254e+09	1.015869e+06	2.386194	50.473803	46.317510
std	4.889284e+09	5.131153e+05	2.375202	87.595925	80.976702
min	1.616528e+06	2.367010e+05	-10.000000	-374.000000	-374.000000
25%	1.014234e+08	8.614560e+05	1.000000	14.000000	12.320000
50%	1.001650e+10	8.615070e+05	2.000000	28.000000	26.600000
75%	1.004882e+10	8.690690e+05	2.000000	59.600000	53.000000
max	1.283612e+10	2.367012e+06	50.000000	2950.000000	2650.000000

输出结果中各项指标分别为：

count（总数）、mean（平均数）、std（标准差）、min（最小值）、25%（下四分位数）、50%（中位数）、75%（上四分位数）、max（最大值）。

其中“社保卡号”和“商品编码”两列的数值计算无意义，不做分析。从余下 3 列的结果可以发现 describe 方法主要用于生成描述性统计数据，通过它可以观察数值型数据的范围、分布、波动和趋势。

最小值出现了小于 0 的情况，经分析，应该是记录过程中出现错误所致。

5.3.2 处理异常值

着手删除异常值，通过查询条件筛选出销售数量大于 0 的数据，异常值处理如代码 5-13 所示。

代码 5-13

```
In[15]:   #设置查询条件
          querySer=df.loc[:,'销售数量']>0
          #应用查询条件
          print('删除异常值前：',df.shape)
          df=df.loc[querySer,:]
          print('删除异常值后：',df.shape)
Out[15]:  删除异常值前： (6578, 7)
          删除异常值后： (6534, 7)
```

通过查看删除异常值前后的数据条数可以确定删除操作生效。

同样，可以再次调用 describe 方法查看描述性统计信息，如代码 5-14 所示。

代码 5-14

```
In[16]:   df.describe()
Out[16]:
```

	社保卡号	商品编码	销售数量	应收金额	实收金额
count	6.533000e+03	6.534000e+03	6534.000000	6534.000000	6534.000000
mean	6.085070e+09	1.016559e+06	2.407254	50.950735	46.759111
std	4.890514e+09	5.135015e+05	2.364571	87.549159	80.915486
min	1.616528e+06	2.367010e+05	1.000000	1.200000	0.030000
25%	1.014234e+08	8.614562e+05	1.000000	14.000000	12.600000
50%	1.001650e+10	8.615070e+05	2.000000	28.000000	27.000000
75%	1.004859e+10	8.690690e+05	2.000000	59.600000	53.000000
max	1.283612e+10	2.367012e+06	50.000000	2950.000000	2650.000000

确认最小值中已经不存在小于 0 的情况。

【课堂实践】

找出表 5-8 内所有可能的异常值，并选择适合的异常值处理方法进行处理。

表 5-8　销量数据

客户	7 月销量	8 月销量
A	6	12
B	-7	10
A	8	3
C	7	6
13	9	15

素养拓展

只有新鲜的食材，才能做出美味的食物

只有像新鲜食材一般的优质数据，才能“烹饪”出像美食一般有价值的结果。

“GIGO:garbage in,garbage out.”是一句 IT 界的格言，即“垃圾进，垃圾出”，意思是再好的处理和计算过程也无法将垃圾输入数据转化为好的输出结果。这如同，再好的厨师也无法使用不新鲜的食材做出美味的食物。因此，大数据分析处理过程中数据清洗环节至关重要，它的作用是为后面的数据分析环节提供优质的数据，就像是为烹饪美食准备优质食材一样。因此，大数据分析行业的每一个从业人员都应该重视数据分析流程中的数据清洗环节，这样才能获得优质数据，进而得到期待的数据分析结果。

单元小结

本单元前面部分介绍了数据质量管理，包括数据质量的定义、常用的数据质量检测手段以及数据质量管理的必要性等；后面部分重点介绍了数据清洗中对缺失值、重复值和异常值的处理。其中缺失值处理方法分为删除法、替换法和插值法；重复值处理方法分为记录去重和特征去重；异常值的处理包括异常值识别方法 3σ 原则和箱线图分析，异常值处理方法删除法。以上内容贯穿前后单元，是数据分析全链路中的重要组成部分。

课后习题

一、单选题

1. 低质量数据带来的影响不包括以下哪个？（　　）

   A. 企业收入损失　　B. 企业人员流失　　C. 客户投诉　　D. 财务计划的偏差

2. 以下哪个不是缺失值处理方法？（　　）

   A. 删除法　　B. 替换法　　C. 更新法　　D. 插值法

3. pandas 提供了一个去重方法，名为（　　）。

   A. drop_repeat　　B. detect_duplicates　　C. drop_duplicates　　D. drop_duplicate

4. 异常值有时也被称为（　　）。

   A. 离群点　　B. 奇异值　　C. 离散点　　D. 特殊值

二、填空题

1. DataFrame 对象用于判断是否存在重复值的方法是__________。
2. pandas 库提供的识别缺失值的方法是__________。
3. 常用的异常值检测方法主要有两种，分别是__________和__________。
4. 3 σ 原则又称为__________。
5. 插值法常用库是__________。

三、简答题

1. drop_duplicates 方法中的参数分别表示什么？
2. 常用的插值法有哪些，分别有什么特点？

单元 ❻ 数据合并与数据转换

在进行数据分析和处理的过程中，经常需要将多个数据集堆叠成一个数据集、将多个数据集连接成需要的数据集、将数据值映射转换或者离散化。使用 pandas 可以很便捷地实现数据的堆叠、连接、映射转换和离散化等操作。

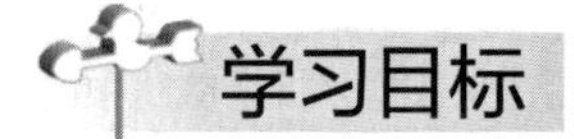

学习目标

【知识目标】

- 掌握数据堆叠的方法
- 掌握数据连接的方法
- 掌握数据映射转换的方法
- 了解数据离散化的方法

【能力目标】

- 能使用 concat 函数、append 方法进行数据堆叠
- 能使用 merge 函数、join 方法、combine_first 方法进行数据连接
- 能使用 map 方法进行数据映射转换
- 能使用 cut 函数、qcut 函数进行数据离散化

【素养目标】

- 培养学生变通的思维方式，提高学生克服困难、解决问题的能力

相关知识

1. concat 函数

pandas 库以及它的 Series 和 DataFrame 等数据结构实现了带编号的轴，这可以进一步扩展数组堆叠功能。pandas 的 concat 函数实现了按轴堆叠的功能，语法格式如下：

```
pandas.concat(objs,axis=0,join='outer',join_axes=None,ignore_index=False,keys=None,levels=None,names=None,verify_integrity=False,copy=True)
```

concat 函数的常用参数如表 6-1 所示。

表 6-1 concat 函数的常用参数

参数	说明
objs	接收 Series、DataFrame、Panel 等对象，表示需要堆叠的数据对象，无默认值
axis	接收 0 或 1，表示数据堆叠轴方向，0 表示纵向堆叠，1 表示横向堆叠，默认为 0
join	接收'outer'或'inner'，表示堆叠的方式，'outer'表示堆叠轴方向上的索引按照并集连接，'inner'表示堆叠轴方向上的索引按照交集连接，默认为'outer'
ignore_index	指定是否忽略非堆叠轴方向上的索引，为 bool 类型的参数，默认为 False，如果为 True，非堆叠轴方向的索引为 0,⋯,n−1
keys	表示多级索引，默认为 None
verify_integrity	接收 boolean，表示当堆叠轴方向上的索引中有重复项时，是否会发生异常，默认为 False

使用 concat 函数完成堆叠时，若执行代码：

```
pd.concat([df1,df2],axis=1,join='outer')
```

会对数据集 df1 和 df2 使用横向堆叠且将行索引按照并集的方式进行合并，数据缺失的地方使用 NaN 补齐，堆叠的效果如图 6-1 所示。

df1

	A	B
0	A0	B0
1	A1	B1
2	A2	B2

df2

	C	D
0	C0	D0
1	C1	D1
2	C2	D2
3	C3	D3

横向堆叠 outer

	A	B	C	D
0	A0	B0	C0	D0
1	A1	B1	C1	D1
2	A2	B2	C2	D2
3	NaN	NaN	C3	D3

图 6-1 横向堆叠 outer 方式的效果

若执行代码：

```
pd.concat([df1,df2],axis=1,join='inner')
```

会对数据集 df1 和 df2 使用横向堆叠且将行索引按照交集的方式进行合并，堆叠的效果如图 6-2 所示。

df1

	A	B
0	A0	B0
1	A1	B1
2	A2	B2

df2

	C	D
0	C0	D0
1	C1	D1
2	C2	D2
3	C3	D3

横向堆叠 inner

	A	B	C	D
0	A0	B0	C0	D0
1	A1	B1	C1	D1
2	A2	B2	C2	D2

图 6-2 横向堆叠 inner 方式的效果

若执行代码：

```
pd.concat([df1,df2],axis=0,join='outer')
```

会对数据集 df1 和 df2 使用纵向堆叠且将列索引按照并集的方式进行合并，数据缺失的地方使用 NaN 补齐，堆叠的效果如图 6-3 所示。

若执行代码：

```
pd.concat([df1,df2],axis=0,join='inner')
```

会对数据集 df1 和 df2 使用纵向堆叠且将列索引按照交集的方式进行合并，堆叠的效果如图 6-4 所示。

df1

	A	B	C
0	A0	B0	C0
1	A1	B1	C1
2	A2	B2	C2

df2

	B	C	D
0	B0	C0	D0
1	B1	C1	D1
2	B2	C2	D2

纵向堆叠 outer

	A	B	C	D
0	A0	B0	C0	NaN
1	A1	B1	C1	NaN
2	A2	B2	C2	NaN
0	NaN	B0	C0	D0
1	NaN	B1	C1	D1
2	NaN	B2	C2	D2

图 6-3　纵向堆叠 outer 方式的效果

df1

	A	B	C
0	A0	B0	C0
1	A1	B1	C1
2	A2	B2	C2

df2

	B	C	D
0	B0	C0	D0
1	B1	C1	D1
2	B2	C2	D2

纵向堆叠 inner

	B	C
0	B0	C0
1	B1	C1
2	B2	C2
0	B0	C0
1	B1	C1
2	B2	C2

图 6-4　纵向堆叠 inner 方式的效果

2. append 方法

pandas 除了使用 concat 函数完成数据堆叠外，对于 Series 和 DataFrame 对象，还可以使用 DataFrame 实例的 append 方法进行数据堆叠，只不过它只能实现两个数据集的纵向堆叠。使用 append 方法将数据集 df2 纵向堆叠到数据集 df1 后面，语法格式如下：

```
df1.append(df2,ignore_index=False,verify_integrity=False)
```

其中 ignore_index 参数和 verify_integrity 参数的含义与 concat 函数中的参数含义相同。

3. merge 函数

pandas 的 merge 函数可以实现类似关系数据库的主键连接功能，即可以根据一个或多个键将两个数据集进行连接，语法格式如下：

```
pandas.merge(left,right,how='inner',on=None,left_on=None,right_on=None,left_index=Fal
se,right_index=False,sort=False,suffixes=('_x','_y'),copy=True,indicator=False)
```

merge 函数的常用参数如表 6-2 所示。

表 6-2　merge 函数的常用参数

参数	说明
left、right	指定需要连接的两个数据集，可以是 DataFrame 或者 Series 对象
how	指定连接的方式，默认为'inner' 值为'left'，表示以 left 和 right 两个数据集指定的列为连接键，以 left 中的行为基准连接数据 值为'right'，表示以 left 和 right 两个数据集指定的列为连接键，以 right 中的行为基准连接数据 值为'outer'，表示以 left 和 right 两个数据集指定的列为连接键，取连接键的值的并集所在行连接数据 值为'inner'，表示以 left 和 right 两个数据集指定的列为连接键，取连接键的值的交集所在行连接数据

续表

参数	说明
on	指定连接的键，该键必须是两个需要连接的数据集的列索引，默认为 None。若该参数为 None，则以两个数据集列索引的交集为连接的键
left_on、right_on	指定从 left、right 数据集中选择的列索引作为连接的键，默认为 None
left_index、right_index	指定是否以 left、right 数据集的行索引为键连接数据，默认为 False
suffixes	指定 left、right 数据集中相同列名称的结尾，默认为_x 和_y

使用 merge 函数进行连接时，可以只指定参数 left 和 right 的取值，其余参数都不指定。若执行代码：

```
pd.merge(left,right)
```

此时 how 参数默认为'inner'，on 参数默认为 None，说明连接数据集 left 和 right 时会使用列索引的交集作为连接键；并采用内连接的方式合并数据，取连接键的值的交集所在行连接数据。left 和 right 数据集中均有列索引“key”和“A”，并且 key 列和 A 列有重叠的数据，两个数据集以“key”和“A”为键进行内连接，得到结果 result，如图 6-5 所示。

left

	key	A	B
0	K0	A0	B0
1	K1	A1	B1
2	K2	A2	B2

right

	key	A	C	D
0	K0	A0	C0	D0
1	K1	A1	C1	D1
2	K4	A2	C2	D2
3	K5	A3	C3	D3

result

	key	A	B	C	D
0	K0	A0	B0	C0	D0
1	K1	A1	B1	C1	D1

图 6-5　merge 函数内连接

若执行代码：

```
pd.merge(left,right,on='key')
```

此时 left 和 right 数据集以“key”为键进行内连接，得到结果 result，如图 6-6 所示。

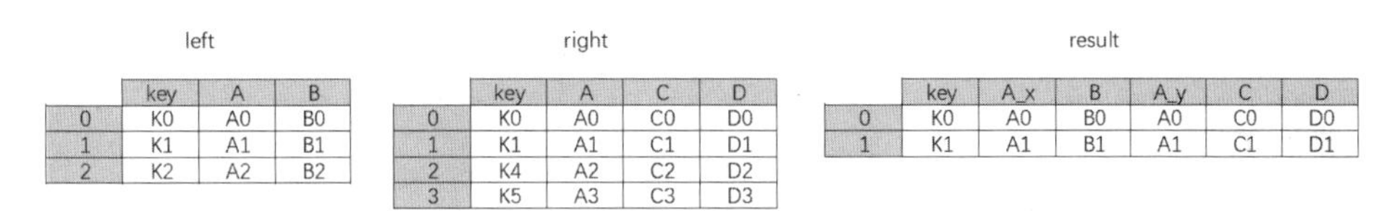

left

	key	A	B
0	K0	A0	B0
1	K1	A1	B1
2	K2	A2	B2

right

	key	A	C	D
0	K0	A0	C0	D0
1	K1	A1	C1	D1
2	K4	A2	C2	D2
3	K5	A3	C3	D3

result

	key	A_x	B	A_y	C	D
0	K0	A0	B0	A0	C0	D0
1	K1	A1	B1	A1	C1	D1

图 6-6　merge 函数指定键内连接

从图 6-6 可知，由于 on 参数指定了连接的键为“key”，left 和 right 数据集中另外一个相同的列索引“A”在连接结果 result 中的名称变为“A_x”和“A_y”，这是由参数 suffixes 的默认取值决定的，用来区别结果 result 中“A”列索引分别来自哪个数据集。

merge 函数支持 inner（内连接）、outer（外连接）、left（左连接）、right（右连接）这 4 种连接方式。

若执行代码：

```
pd.merge(left,right,how='outer')
```

此时 left 和 right 数据集以“key”和“A”为键进行外连接，取连接键的值的并集所在行连接数据，没有数据的位置使用 NaN 进行填充，得到结果 result，如图 6-7 所示。

left

	key	A	B
0	K0	A0	B0
1	K1	A1	B1
2	K2	A2	B2

right

	key	A	C	D
0	K0	A0	C0	D0
1	K1	A1	C1	D1
2	K4	A2	C2	D2
3	K5	A3	C3	D3

result

	key	A	B	C	D
0	K0	A0	B0	C0	D0
1	K1	A1	B1	C1	D1
2	K2	A2	B2	NaN	NaN
3	K4	A2	NaN	C2	D2
4	K5	A3	NaN	C3	D3

图 6-7　merge 函数外连接

若执行代码：

```
pd.merge(left,right,how='left')
```

此时 left 和 right 数据集以“key”和“A”为键进行左连接，连接时以 left 数据集为基准，left 数据集中的数据会全部显示，right 数据集只会显示与 left 数据集行索引值相同的数据，连接后没有数据的位置使用 NaN 进行填充，得到结果 result，如图 6-8 所示。

left

	key	A	B
0	K0	A0	B0
1	K1	A1	B1
2	K2	A2	B2

right

	key	A	C	D
0	K0	A0	C0	D0
1	K1	A1	C1	D1
2	K4	A2	C2	D2
3	K5	A3	C3	D3

result

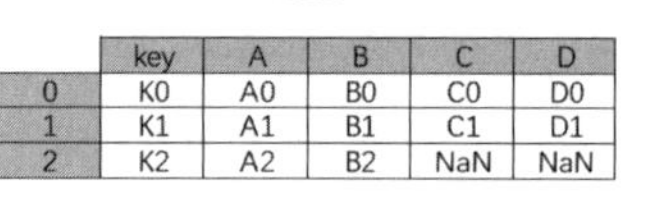

	key	A	B	C	D
0	K0	A0	B0	C0	D0
1	K1	A1	B1	C1	D1
2	K2	A2	B2	NaN	NaN

图 6-8　merge 函数左连接

若执行代码：

```
pd.merge(left,right,how='right')
```

此时 left 和 right 数据集以“key”和“A”为键进行右连接，连接时以 right 数据集为基准，right 数据集中的数据会全部显示，left 数据集只会显示与 right 数据集行索引值相同的数据，连接后没有数据的位置使用 NaN 进行填充，得到结果 result，如图 6-9 所示。

left

	key	A	B
0	K0	A0	B0
1	K1	A1	B1
2	K2	A2	B2

right

	key	A	C	D
0	K0	A0	C0	D0
1	K1	A1	C1	D1
2	K4	A2	C2	D2
3	K5	A3	C3	D3

result

	key	A	B	C	D
0	K0	A0	B0	C0	D0
1	K1	A1	B1	C1	D1
2	K4	A2	NaN	C2	D2
3	K5	A3	NaN	C3	D3

图 6-9　merge 函数右连接

4. join 方法

pandas 除了使用 merge 函数完成数据连接外，对于 Series 对象和 DataFrame 对象而言，还可以使用 DataFrame 实例的 join 方法进行数据连接。join 方法更适合进行以行索引为键的连接操作。使用 join 方法将数据集 df1 和数据集 df2 进行连接，语法格式如下：

```
df1.join(df2,on=None,how='left',lsuffix='',rsuffix='',sort=False)
```

join 方法的参数如表 6-3 所示。

表 6-3　join 方法的参数

参数	说明
on	指定连接的列索引，默认为 None
how	指定数据连接的方式，inner 代表内连接，outer 代表外连接，left 和 right 分别代表左连接和右连接，默认为 left

续表

参数	说明
lsuffix	指定在左侧数据集中重叠的列名后添加的结尾
rsuffix	指定在右侧数据集中重叠的列名后添加的结尾
sort	指定是否根据键对连接后的数据进行排序，默认为 False

如果参数 on 省略，则默认以行索引为键进行连接，也可以通过参数 on 来指定以 DataFrame 实例的列索引为键来进行数据的连接。

5. combine_first 方法

在处理数据的过程中，当两个待重叠合并的 DataFrame 实例中出现了部分数据缺失，可以使用 DataFrame 实例的 combine_first 方法在重叠合并数据的同时对数据的缺失值进行填充。使用 combine_first 方法将数据集 df1 和数据集 df2 重叠合并，语法格式如下：

```
df1.combine_first(df2)
```

例如图 6-10 中两个数据集中有重叠的列索引和行索引，left 数据集中存在 3 个缺失值，但是这 3 个缺失值的索引位置在 right 数据集中是数据完整的；同时 right 数据集中存在 1 个缺失值，但是这个缺失值的索引位置在 left 数据集中是数据完整的。此时两个数据集用索引重叠位置的数据相互填充，同时让两个数据集以相同的列索引为键，以外连接的方式进行数据的合并，没有数据的位置使用 NaN 进行填充，得到结果 result，如图 6-10 所示。

left

	A	B	key
0	NaN	NaN	K0
1	A1	B1	K1
2	A2	NaN	K2
3	A3	B3	K3

right

	A	B	C
1	NaN	B1	C1
0	A0	B0	C0
2	A2	B2	C2

result

	A	B	key	C
0	A0	B0	K0	C0
1	A1	B1	K1	C1
2	A2	B2	K2	C2
3	A3	B3	K3	NaN

图 6-10　combine_first 方法重叠合并数据

从图 6-10 可知，尽管 right 数据集的行索引与 left 数据集的行索引顺序不同，但是当用 right 数据集中的数据替换 left 数据集中的缺失值时，替换数据与缺失值数据的索引位置是相同的。例如 left 数据集中位于第 0 行 A 列的 NaN 需要使用 right 数据集中相同索引位置的数据 A0 来替换。

需要注意的是，使用 combine_first 方法重叠合并两个 DataFrame 实例时，一般两个 DataFrame 实例有重叠的行索引和列索引。如果两个 DataFrame 实例没有重叠的列索引，则使用 combine_first 方法进行重叠合并的结果是横向并且以外连接的方式进行数据的合并连接，如图 6-11 所示。

left

	A	B	key
0	NaN	NaN	K0
1	A1	B1	K1
2	A2	NaN	K2
3	A3	B3	K3

right

	C	D
2	C2	D2
3	C3	D3
4	C4	D4

result

	A	B	key	C	D
0	NaN	NaN	K0	NaN	NaN
1	A1	B1	K1	NaN	NaN
2	A2	NaN	K2	C2	D2
3	A3	B3	K3	C3	D3
4	NaN	NaN	NaN	C4	D4

图 6-11　combine_first 方法横向连接数据

6. map 方法

在 pandas 中可以使用 Series 的 map 方法对数据进行映射转换。例如学生的考试成绩是 0 ~ 100 的整数，可以将成绩映射转换成 3 个等级。成绩小于 60 分为等级“C”，60 分 ~ 79 分为等级“B”，80 分 ~ 100 分为等级“A”。映射转换的对应关系可以使用 function、dict 或者 Series 来指定。map 方法的语法格式如下：

```
pandas.Series.map(arg,na_action=None)
```

map 方法的参数如表 6-4 所示。

表 6-4　map 方法的参数

参数	说明
arg	指定映射转换的对应关系，可以为 function、dict、Series
na_action	指定遇到缺失值时的处理方式，该参数接受两个值，None 和 ignore。它的默认值是 None。如果它的值是 ignore，那么它就不会将派生值映射到 NaN 值

7. cut 函数

在数据的处理过程中，某些数据分析算法要求数据是离散的，此时就需要将连续型特征（数值型）的数据转换成离散型特征（类别型）的数据，即进行分箱。例如把数据的取值范围划分为一个个区间，将数据按照区间进行分箱，从而统计每个区间元素的数量或者其他统计量。该过程称为数据的连续属性离散化。

例如学生的考试成绩是 0 ~ 100 的整数，可以将成绩划分为 3 个区间（即 3 类）。第一个区间包含 0 ~ 59 的值，第二个区间包含 60 ~ 79 的值，第三个区间包含 80 ~ 100 的值。

离散化的方法主要有两种：等宽法和等频法。

pandas 的 cut 函数能够实现等宽离散化操作。离散化数据时可以指定等宽法的区间个数，此时每个区间默认等宽；也可以根据数据本身的特点来自行划分每个区间的宽度。需要注意的是，cut 函数的返回值是一个 Categories 对象。

cut 函数的语法格式如下:

```
pandas.cut(x,bins,right=True,labels=None,retbins=False,precision=3,include_lowest=False)
```

cut 函数的常用参数如表 6-5 所示。

表 6-5　cut 函数的常用参数

参数	说明
x	指定需要离散化的数据，必须是一维的
bins	如果接收的值是 int，则表示划分区间的个数，等宽划分； 如果接收的值是序列，则表示按照序列划分区间
right	指定是否包含区间的右端点，默认是 True
labels	指定区间的标签，默认是 None
retbins	指定是否返回区间，若为 True 则返回区间，默认是 False

8. qcut 函数

pandas 的 qcut 函数能够实现等频离散化操作。离散化数据时可以指定等频法的区间个数，此时每个区间的划分原则是每个区间的数据个数相同；也可以通过分位数序列来设定每个区间的数据个数。qcut 函数的返回值是也是一个 Categorical 对象。

qcut 函数的语法格式如下：

```
pandas.qcut(x,q,labels=None,retbins=False,precision=3,duplicates='raise')
```

qcut 函数的常用参数如表 6-6 所示。

表 6-6　qcut 函数的常用参数

参数	说明
x	指定需要离散化的数据，必须是一维的
q	如果接收的值是 int，则表示划分区间的个数，自动划分后每个区间数据个数相同； 如果接收的值是序列，则表示分位数序列，按照分位数划分区间
labels	指定区间的标签，默认是 None
retbins	指定是否返回区间，默认是 False

任务实现

任务 6.1　堆叠学生信息和考试成绩数据——实现数据堆叠

本任务的主要内容：

- 使用 pandas 的 concat 函数实现数据集的横向堆叠；
- 使用 pandas 的 concat 函数实现数据集的纵向堆叠；
- 使用 DataFrame 实例的 append 方法实现数据集的纵向堆叠。

微课 24

Pandas 数据堆叠

6.1.1　实现数据横向堆叠

使用 concat 函数进行数据堆叠时，如果将 axis 参数设为 1，则说明使用横向堆叠。如果再将 join 参数设为'outer'，则行索引按照并集的方式进行连接，数据不足的地方使用 NaN 补齐。现在将学生信息的数据集 df1 和学生成绩的数据集 df2 进行横向堆叠，连接的方式为“outer”，如代码 6-1 所示。

代码 6-1

```
In[1]:	import pandas as pd
	#创建学生信息数据集
	df1 = pd.DataFrame({'性别':['男','女'],'年龄':[18,17]},index=['小李','小张'])
	#创建学生成绩数据集
	df2 = pd.DataFrame({'语文':[96,85,88],'数学':[87,86,98]},index=['小李','小王','小张'])
	print('学生信息为：\n',df1)
	print('学生成绩为：\n',df2)
```

Out[1]:	学生信息为: 　　年龄 性别 小李　18　男 小张　17　女 学生成绩为: 　　数学　语文 小李　87　96 小王　86　85 小张　98　88

In[2]:	#横向堆叠数据，outer 方式
	pd.concat([df1,df2],axis=1,join='outer')

Out[2]:	年龄 性别 数学 语文 小张 17.0 女　98　88 小李 18.0 男　87　96 小王 NaN NaN 86　85

如果将 join 参数设为'inner'，则行索引按照交集的方式进行连接，如代码 6-2 所示。

代码 6-2

In[3]:	#横向堆叠数据，inner 方式
	pd.concat([df1,df2],axis=1,join='inner')

Out3]:	年龄 性别 数学 语文 小张 17.0 女　98　88 小李 18.0 男　87　96

ignore_index 参数用来指定是否忽略非堆叠轴方向上的索引，值为 bool 类型，默认为 False。在横向堆叠中，如果值为 False，则不修改堆叠后的列索引；如果值为 True，则堆叠后的列索引被 0，…，n-1 位置新索引取代，n 为列索引的个数，如代码 6-3 所示。

代码 6-3

In[4]:	#横向堆叠时列索引设置为位置索引
	pd.concat([df1,df2],axis=1,ignore_index=True)

Out[4]:	0　1　2　3 小李　男　18.0　96　87 小张　女　17.0　88　98 小王　NaN　NaN　85　86

6.1.2　实现数据纵向堆叠

使用 concat 函数进行数据堆叠时，如果将 axis 参数设为 0，则说明使用纵向堆叠。现在将 2 个班的学生成绩数据集 df1 和 df2 进行纵向堆叠，如代码 6-4 所示。

代码 6-4

In[5]:	import pandas as pd
	#创建数据 1 班学生成绩
	df1 = pd.DataFrame({'性别':['男','女'],'年龄':[18,17],'语文':[96,85]},
	index=['小李','小张'])
	#创建数据 2 班学生成绩

	df2 = pd.DataFrame({'性别':['男','女','男'],'年龄':[18,17,16],'语文':[94,86,88]},index=['小王','小何','小刘']) print('数据 1 班学生成绩为：\n',df1) print('数据 2 班学生成绩为：\n',df2)
Out[5]:	数据 1 班学生成绩为： 年龄 性别 语文 小李 18 男 96 小张 17 女 85 数据 2 班学生成绩为： 年龄 性别 语文 小王 18 男 94 小何 17 女 86 小刘 16 男 88

In[6]:	#纵向堆叠 2 个班学生的成绩
	pd.concat([df1,df2],axis=0)

Out[6]:	年龄 性别 语文 小李 18 男 96 小张 17 女 85 小王 18 男 94 小何 17 女 86 小刘 16 男 88

在堆叠数据时，还可以设置多级索引。例如在堆叠后的数据集中可以标明哪些学生是属于数据 1 班的，哪些学生是属于数据 2 班的，如代码 6-5 所示。

代码 6-5

In[7]:	#设置多级索引
	pd.concat([df1,df2],axis=0,keys=['数据 1 班','数据 2 班'])

Out[7]:	年龄 性别 语文 数据 1 班 小李 18 男 96 小张 17 女 85 数据 2 班 小王 18 男 94 小何 17 女 86 小刘 16 男 88

实现数据的纵向堆叠还可以使用 DataFrame 实例的 append 方法，如代码 6-6 所示。

代码 6-6

In[8]:	#使用 DataFrame 实例的 append 方法进行纵向堆叠
	df1.append(df2)

Out[8]:	年龄 性别 语文 小李 18 男 96 小张 17 女 85 小王 18 男 94 小何 17 女 86 小刘 16 男 88

【课堂实践】

请创建两个 DataFrame 实例，然后使用 pandas 的 concat 函数实现对两个 DataFrame 实例的横向堆叠和纵向堆叠。

职业技能的相关要求

完成任务 6.1 的学习将达到数据应用开发与服务(Python)（初级）职业技能的相关要求，具体内容如下：

> ✧ 数据应用开发与服务(Python)（初级）职业技能的相关要求
>
> ▪ 能够对 DataFrame 进行合并操作以产生需要的新数据集。

任务 6.2 连接学生信息和考试成绩数据——实现数据连接

本任务的主要内容：

微课 25

Pandas 数据连接

- 使用 pandas 的 merge 函数实现数据连接；
- 使用 DataFrame 实例的 join 方法实现数据集的连接；
- 使用 DataFrame 实例的 combine_first 方法重叠合并数据。

6.2.1 使用 merge 函数实现数据连接

使用 pandas 的 merge 函数进行数据连接时，how 参数决定连接的方式，连接方式有 inner、outer、left、right 等；on 参数决定连接时的键，该键必须是两个需要连接的数据集的列索引，不使用该参数时默认以两个数据集的列索引的交集作为连接时的键。现在将学生信息的数据集 df1 和学生成绩的数据集 df2 以“姓名”为键进行连接，如代码 6-7 所示。

代码 6-7

In[9]:
```
import pandas as pd
#创建学生信息
df1 = pd.DataFrame({'姓名':['小李','小王','小张','小刘'],'性别':['男','女
','女','女'],'年龄':[18,17,16,17]})
#创建学生成绩
df2 = pd.DataFrame({'姓名':['小李','小王','小张'],'语文':[96,85,88],'数
学':[87,86,98]})
print('学生信息为: \n',df1)
print('学生成绩为: \n',df2)
```

Out[9]:
```
学生信息为:
    姓名  年龄  性别
0  小李  18   男
1  小王  17   女
2  小张  16   女
3  小刘  17   女
学生成绩为:
    姓名  数学  语文
0  小李  87   96
1  小王  86   85
2  小张  98   88
```

In[10]:	#使用 merger 函数进行内连接，不使用 on 参数时默认以两个数据集的列索引的交集作为连接时的键
	pd.merge(df1,df2,how='inner')

Out[10]:	姓名 年龄 性别 数学 语文 0 小李 18 男 87 96 1 小王 17 女 86 85 2 小张 16 女 98 88

In[11]:	#使用 merger 函数进行外连接
	pd.merge(df1,df2,how='outer')

Out[11]:	姓名 年龄 性别 数学 语文 0 小李 18 男 87.0 96.0 1 小王 17 女 86.0 85.0 2 小张 16 女 98.0 88.0 3 小刘 17 女 NaN NaN

In[12]:	#使用 merger 函数进行左连接
	pd.merge(df1,df2,how='left')

Out[12]:	姓名 年龄 性别 数学 语文 0 小李 18 男 87.0 96.0 1 小王 17 女 86.0 85.0 2 小张 16 女 98.0 88.0 3 小刘 17 女 NaN NaN

In[13]:	#使用 merger 函数进行右连接
	pd.merge(df1,df2,how='right')

Out[13]:	姓名 年龄 性别 数学 语文 0 小李 18 男 87 96 1 小王 17 女 86 85 2 小张 16 女 98 88

6.2.2 使用 join 方法实现数据连接

使用 DataFrame 实例的 join 方法进行数据连接时，on 参数决定连接的索列名，how 参数决定连接的方式。现在将学生信息的数据集 df1 和学生成绩的数据集 df2 以"姓名"为连接的列名用 join 方法进行连接，由于两个数据集中都含有"姓名"列，因此需要使用 lsuffix 和 rsuffix 参数来指定结果数据集中重叠的列名后所加的结尾，如代码 6-8 所示。

代码 6-8

In[14]:	df1.join(df2,on='姓名',how='outer',lsuffix='_x',rsuffix='_y')
Out[14]:	姓名 姓名_x 年龄 性别 姓名_y 数学 语文 0 小李 小李 18.0 男 NaN NaN NaN 1 小王 小王 17.0 女 NaN NaN NaN 2 小张 小张 16.0 女 NaN NaN NaN 3 小刘 小刘 17.0 女 NaN NaN NaN 3 0 NaN NaN NaN 小李 87.0 96.0 3 1 NaN NaN NaN 小王 86.0 85.0 3 2 NaN NaN NaN 小张 98.0 88.0

可以看出，这并不是想要的结果。这是由于 join 方法更适合根据行索引进行连接，可以用它合并多个行索引相同且列索引可以不同的 DataFrame 实例。为了避免出现上面的情况，可以将数据集 df2 的"姓名"

列作为数据集 df2 的行索引，然后通过 on 参数设置“姓名”列，结果如代码 6-9 所示。

代码 6-9

```
In[15]:   #使用 join 方法连接时，将 df2 中连接的列作为行索引
          df1.join(df2.set_index('姓名'),on='姓名',how='outer')
Out[15]:  姓名 年龄 性别 数学 语文
          0    小李 18   男   87.0 96.0
          1    小王 17   女   86.0 85.0
          2    小张 16   女   98.0 88.0
          3    小刘 17   女   NaN  NaN
```

6.2.3 使用 combine_first 方法重叠合并数据

DataFrame 实例的 combine_first 方法也可以将两个 DataFrame 实例进行连接合并，合并的同时索引重叠部分的数据还可以相互进行填充。现在对学生信息的数据集 df1 和学生成绩的数据集 df2 使用 combine_first 方法进行填充和数据合并，如代码 6-10 所示。

代码 6-10

```
In[16]:   import pandas as pd
          import numpy as np
          #创建学生信息
          df1 = pd.DataFrame({'姓名':['小李','小王',np.nan],'性别':['男','女','男
          '],'年龄':[18,17,16]})
          #创建学生成绩
          df2 = pd.DataFrame({'姓名':['小李','小王','小张'],'性别':['男',np.nan,'
          男'],'语文':[96,85,88],'数学':[87,86,98]})
          print('学生信息为：\n',df1)
          print('学生成绩为：\n',df2)
Out[16]:  学生信息为：
             姓名  年龄 性别
          0   小李  18  男
          1   小王  17  女
          2    NaN  16  男
          学生成绩为：
             姓名  性别 数学 语文
          0  小李    男  87  96
          1  小王   NaN  86  85
          2  小张    男  98  88
In[17]:   df1.combine_first(df2)
Out[17]:      姓名 年龄 性别 数学 语文
          0   小李 18   男   87.0 96.0
          1   小王 17   女   86.0 85.0
          2   小张 16   男   98.0 88.0
```

【课堂实践】

请将下面两个 DataFrame 实例 df1 和 df2，以“key”为键并且以左连接的方式进行数据集的连接。

```
df1=pd.DataFrame({'key':np.arange(5),'a':np.linspace(11,15,5)})
df2=pd.DataFrame({'key':np.arange(2,7,1),'b':np.linspace(3,7,5)})
```

职业技能的相关要求

完成任务 6.2 的学习将达到数据应用开发与服务(Python)（初级）职业技能的相关要求，具体内容如下：

✧ 数据应用开发与服务(Python)（初级）职业技能的相关要求

- 能够对 DataFrame 进行合并操作以产生需要的新数据集。

任务 6.3 对学生考试成绩进行等级转换——实现数据映射转换

本任务的主要内容：

- 使用 Series 的 map 方法实现数据映射转换。

微课 26

数据映射转换

6.3.1 使用自定义函数映射转换数据

使用 Series 的 map 方法进行映射转换时，映射转换的规则可以使用自定义函数来指定。例如学生的考试成绩是 0～100 的整数，可以将成绩映射为 3 个等级，规则为成绩小于 60 分为等级“C”，60 分～79 分为等级“B”，80 分～100 分为等级“A”，转换规则的自定义函数如代码 6-11 所示。

代码 6-11

```
In[18]:  #使用自定义函数指定映射转换的规则
         def map_func(x):
             if x < 60:
                 return 'C'
             elif x < 80:
                 return 'B'
             else:
                 return 'A'
```

对学生的考试成绩使用 map 方法实现数据映射转换，如代码 6-12 所示。

代码 6-12

```
In[19]:  import pandas as pd
         import numpy as np
         #生成学生考试成绩后转换为 Series 对象
         score =pd.Series(np.random.randint(0,100,size=10),name='数学')
         #创建一个 DataFrame 对象，存放考试成绩和映射转换的结果
         df = pd.DataFrame()
         df['数学'] = score
         #将成绩映射转换成等级
         df['等级'] = score.map(map_func)
         print(df)
```

Out[19]:	数学 等级 0 43 C 1 92 A 2 49 C 3 54 C 4 59 C 5 94 A 6 96 A 7 73 B 8 82 A 9 62 B

6.3.2 使用字典映射转换数据

使用 Series 的 map 方法进行映射转换时，映射转换的规则可以使用字典来指定。例如将等级为“A”和“B”的学生显示为“合格”，等级为“C”的学生显示为“不合格”，如代码 6-13 所示。

代码 6-13

In[20]:
```
#使用自定义字典指定映射转换的规则
map_dic = { 'A': '合格', 'B': '合格', 'C': '不合格'}
#使用字典对成绩进行映射转换
df['是否合格'] = df['等级'].map(map_dic)
print(df)
```

Out[20]:
```
  数学 等级 是否合格
0  43  C  不合格
1  92  A   合格
2  49  C  不合格
3  54  C  不合格
4  59  C  不合格
5  94  A   合格
6  96  A   合格
7  73  B   合格
8  82  A   合格
9  62  B   合格
```

6.3.3 使用 lambda 表达式映射转换数据

使用 Series 的 map 方法进行映射转换时，映射转换的规则可以使用 lambda 表达式来指定。例如在学生的总评成绩中数学成绩占 30%，所以需要将数学成绩转换成总评成绩中的具体的分数，即需要将数学成绩乘 0.3，如代码 6-14 所示。

代码 6-14

In[21]:
```
#使用lambda表达式将数学成绩乘0.3
df['总评成绩中数学成绩'] = df['数学'].map(lambda x:x*0.3)
print(df)
```

Out[21]:
```
  数学 等级 是否合格  总评成绩中数学成绩
0  43  C  不合格      12.9
1  92  A   合格      27.6
```

```
2  49  C  不合格     14.7
3  54  C  不合格     16.2
4  59  C  不合格     17.7
5  94  A   合格      28.2
6  96  A   合格      28.8
7  73  B   合格      21.9
8  82  A   合格      24.6
9  62  B   合格      18.6
```

【课堂实践】

创建1个一维的学生成绩数据集，使用Series的map方法实现成绩的等级转换。要求将学生成绩划分为5个等级，小于60为“不及格”，60分~69分为“及格”，70分~79分为“中等”，80分~89分为“良好”，90分~100分为“优秀”。

任务6.4 对学生考试成绩进行离散化——实现数据离散化

本任务的主要内容：

- 使用cut函数实现数据的等宽离散化；
- 使用qcut函数实现数据的等频离散化。

微课27

数据离散化

6.4.1 实现数据等宽离散化

使用pandas的cut函数实现数据的等宽离散化操作时，首先需要指定参数bins，即按照序列划分的区间。bins的取值可以是一个整数，也可以是一个序列，如果是一个整数n，则表示划分成n个等宽的区间；如果是一个序列，则根据序列的取值来划分区间。

例如学生成绩可划分为3个区间。第一个区间包含0~59的值，第二个区间包含60~79的值，第三个区间包含80~100的值，则bins的取值可以为序列[0,60,80,100.1]，如代码6-15所示。

代码6-15

```
In[22]:   import pandas as pd
          import numpy as np
          #学生成绩
          grades = [20, 60, 44, 76, 85, 99]
          #确定区间
          bins = [0, 60, 80, 100.1]
          #划分区间时左闭右开
          cats = pd.cut(grades, bins, right=False,retbins=True)
          print("学生成绩等宽离散化后结果为：\n",cats)
Out[22]:  学生成绩等宽离散化后结果为：
           [[0.0, 60.0), [60.0, 80.0), [0.0, 60.0), [60.0, 80.0), [80.0,
          100.1), [80.0, 100.1)]
          Categories (3, interval[float64]): [[0.0, 60.0) < [60.0, 80.0) <
          [80.0, 100.1)]
In[23]:   #将学生成绩按照区间划分等级，[0, 60)为C，[60, 80)为B，[80, 100.1)为A
          cats = pd.cut(grades, bins, right=False,labels=['C','B','A'])
          print("学生成绩的等级为：\n",cats)
```

Out[23]:	学生成绩的等级为： [C, B, C, B, A, A] Categories (3, object): [C < B < A]

从执行结果可以看到，cut 函数处理的数据是一维的，同时返回值是一个 Categories 对象。

6.4.2 实现数据等频离散化

还可以使用 qcut 函数实现数据的等频离散化。例如对学生成绩使用 qcut 函数进行等频离散化，若指定区间个数为 3，则每个区间的数据个数相同，如代码 6-16 所示。

代码 6-16

```
In[24]:   #学生成绩
          grades = [20, 60, 44, 76, 85, 99, 22, 62, 46, 52, 87, 95]
          #指定区间的个数
          cats = pd.qcut(grades, 3)
          print("学生成绩等频离散化后结果为：\n",cats)
Out[24]:  学生成绩等频离散化后结果为：
          [(19.999, 50.0], (50.0, 79.0], (19.999, 50.0], (50.0, 79.0],
          (79.0, 99.0], ..., (50.0, 79.0], (19.999, 50.0], (50.0, 79.0],
          (79.0, 99.0], (79.0, 99.0]]
          Length: 12
          Categories (3, interval[float64]): [(19.999, 50.0] < (50.0, 79.0] <
          (79.0, 99.0]]
In[25]:   #验证每个区间的数据个数是否相同
          count_num = cats.value_counts()
          print("每个区间的数据个数为：\n",count_num)
Out[25]:  每个区间的数据个数为：
          (19.999, 50.0]    4
          (50.0, 79.0]      4
          (79.0, 99.0]      4
          dtype: int64
```

如果使用分位数序列将学生成绩划分成 3 个区间，则每个区间的数据个数由分位数序列决定。分位数序列的区间越大，区间内的数据个数越多；反之，区间内的数据个数越少，如代码 6-17 所示。

代码 6-17

```
In[26]:   #学生成绩
          grades = [20, 60, 44, 76, 85 , 99, 22, 62, 46, 52]
          #使用指定的分位数序列将学生成绩划分成 3 个区间
          cats = pd.qcut(grades, [0,0.2,0.5,1])
          #验证每个区间的数据个数是否对应指定的分位数
          count_num = cats.value_counts()
          print("每个区间的数据个数为：\n",count_num)
Out[26]:  每个区间的数据个数为：
          (19.999, 39.6]    2
          (39.6, 56.0]      3
          (56.0, 99.0]      5
          dtype: int64
```

【课堂实践】

创建 1 个一维的学生成绩数据集，使用 pandas 的 cut 函数实现成绩的等宽离散化。要求将学生成绩划分为 5 个等级，小于 60 分为“不及格”，60 分 ~ 69 分为“及格”，70 分 ~ 79 分为“中等”，80 分 ~ 89 分为“良好”，90 分 ~ 100 分为“优秀”，同时输出每个等级的学生的个数。

素养拓展

变通思维的奇妙作用

变通思维是 U 型思考的一种表现形式。变通思维是指在思考问题时出现一条路走不通或者付出的机会成本太大，改变思路，从原有的思维框架中跳出来，进入一个新的思维框架中去思考的一种方法。变通思维的主要特征是：新思维与原思维关联较少，是通过转换角度而形成新的思路。变通思维会起到一种“山重水复疑无路，柳暗花明又一村”的奇妙作用。

人的一生都在学习，在学习中会碰到各种各样的难题。当碰到难题时我们的想法不能“一根筋”。我们要跳出原有的思维，换一个角度去解决问题。

例如在任务 6.1 和任务 6.2 中我们使用多种方法来对数据进行连接合并，那么在进行数据的连接合并碰到困难时，可以尝试用多种方法去解决问题，不要执着于某一种方法。

单元小结

本单元重点介绍了使用 concat 函数、append 方法实现数据堆叠，使用 merge 函数、join 方法和 combine_first 方法实现数据连接，使用 map 方法实现数据映射转换，使用 cut 函数实现数据等宽离散化，使用 qcut 函数实现数据等频离散化等操作。

课后习题

一、单选题

1. 将两个表按轴堆叠在一起，可以使用 pandas 库中哪个函数或方法完成？（　　）

A. concat　　B. merge　　C. join　　D. append

2. 数据分析和处理过程中若出现两张内容几乎一致的表，但是某些特征的数据在其中一张表上是完整的，而在另外一张表上则是缺失的，可以用下列哪个函数或方法进行重叠数据合并，构建完整的表？（　　）

A. join　　B. merge　　C. concat　　D. combine_first

3. 下列哪个函数或方法可以用来实现数据映射转换？（　　）

A. join　　B. merge　　C. concat　　D. map

4. 使用pandas库中cut函数将连续型数值数据集ds离散化为区间，代码为pandas.cut(ds,2,right=False)，下列哪个说法是正确的？（   ）

A. 离散化后的区间不包含左边界，包含右边界。

B. 离散化后的区间既包含左边界，也包含右边界。

C. 离散化后的区间包含左边界，不包含右边界。

D. 离散化后的区间既不包含左边界，也不包含右边界。

5. 使用pandas库中qcut函数将一个连续型数值数据集ds按频率均衡划分为q等份的代码为pandas.qcut(ds,q)，则下列关于参数q的取值中哪项是正确的？（   ）

A. 2　　B. {0,0.6,1}　　C. (0,0.4,1)　　D. [0,1,2]

二、填空题

1. concat函数的__________参数可以用来指定两个DataFrame对象按照横向或纵向堆叠。

2. 使用map方法对数据集中的数据做映射转换时，用于处理数据集中缺失值的参数是__________。

3. 使用cut函数对数据进行离散化处理时，将离散化后的数据区间表示成类别名称，使用参数__________。

4. 使用pandas库中merge函数连接两个表，用于指定连接方式的参数是__________。

5. 函数merge的参数how的取值有__________、__________、__________和__________。

三、简答题

有哪些方法或函数可以用来实现数据连接？

单元 7 数据分组与数据聚合

在完成数据加载，进入数据处理的流程后，除了前期的数据清洗、数据合并、数据转换之外，还需要根据不同的分析需求对数据进行整合。在没有对数据整合前，同一类数据标签可能不同、同一类标签数据可能出现多次、同一类数据在不同系统里面出现的频次可能差异很大。只有当使用者将数据统一起来，呈现在系统工作台里面时，这些数据才会一目了然。为了满足统计某类数据出现的次数或按照不同的级别分别统计的需求，比较常用的方法是分组和聚合。十分幸运的是，pandas 库完全支持分组和聚合功能，掌握好这些功能，可以大大提高数据处理中分组与聚合操作的效率。

学习目标

【知识目标】

- 了解数据分组的概念
- 了解 agg 方法
- 了解 apply 方法
- 了解 transform 方法

【能力目标】

- 掌握利用 pandas 实现数据分组的方法
- 掌握 agg 方法
- 掌握 apply 方法
- 掌握 transform 方法

【素养目标】

- 培养学生科学的思维方式，使学生能够灵活地使用不同方法解决不同问题，提高学生的应变能力

微课 28

数据分组（上）

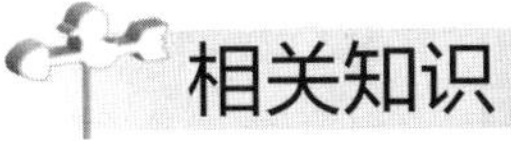

相关知识

1. 数据分组的概念

通俗来说，数据分组就是指根据数据的不同将数据分成几组，使同一组内差异尽可能小。

依照数据与数据之间明显的差异来进行分组，分组后数据集中大量无序和混乱的状态变得有序、层次分明，而且分组后的数据可以明显表现出总体的某部分特征。任何总体内的各部分之间既有共性也有差

异，数据分组是基于这些共性和差异的对立统一的排序方法。

2. groupby 方法

pandas 提供了灵活、高效的 groupby 方法，它使用户能以一种自然的方式对数据集进行切片、切块、摘要等操作。

实现分组与聚合的过程大致包括以下阶段。

第一个阶段，先将 pandas 对象（无论是 Series、DataFrame，还是其他的）中的数据根据键（一个或者多个）拆分（split）为多组。拆分操作是在对象的特定轴上执行的。例如，DataFrame 实例可以在其行（axis=0）或列（axis=1）上进行分组。

第二个阶段，将一个函数应用（apply）到各个分组并产生新值，即执行结果。

第三个阶段，所有的执行结果会被合并（combine）到最终的结果对象中。结果对象的形式一般取决于在数据上所执行的操作。

groupby 方法提供的是分组聚合步骤中的第一个阶段的功能，能根据索引或字段对数据进行分组。语法格式如下：

```
DataFrame.groupby(by=None, axis=0, level=None, as_index=True, sort=True,
group_keys=True, squeeze=False, **kwargs)
```

groupby 方法的参数说明如表 7-1 所示。

表 7-1　groupby 方法的参数说明

参数名称	说明
by	接收 list、string、mapping 或 generator。用于确定进行分组的依据。无默认值
axis	接收 0 或 1。表示操作的轴，默认为 0，对列进行操作
level	接收 int 类型或者索引名。代表标签所在级别。默认为 None
as_index	接收 bool 类型。表示聚合后的聚合标签是否以 DataFrame 索引形式输出。默认为 True
sort	接收 bool 类型。表示是否对分组依据分组标签进行排序。默认为 True
group_keys	接收 bool 类型。表示是否显示分组标签的名称。默认为 True
squeeze	接收 bool 类型。表示是否在允许的情况下对返回数据进行降维。默认为 False

3. 数据分组的原则和依据

数据分组的原则包括穷尽原则、互斥原则、标志原则。

（1）穷尽原则

总体中的每一个单位都应有组可归，或者说各分组的空间足以容纳所有的单位。

（2）互斥原则

在特定的分组标签下，总体中的任何一个单位只能归属于某一组，而不能同时归属于几个组。

（3）标志原则

标志是分组的标准和依据，是研究数据分组的核心。它不但直接影响数据分组的科学性和数据整理的准确性。任何总体都有很多标志，采用不同的标志分组，其结果会不同。

广义来说，数据分组的依据是结合数据本身和分析需求而得出的。分组时，数据分组依据的确定一般比较简单，如人按性别分组、企业按所有制分组等。但也会存在比较复杂的分组依据，例如，人按职业分组、产品按类型分组等。

4. 数据分组的方法

在不使用代码工具或者单独使用 Excel 进行数据分组时，应注意以下 3 个方面：首先要确定适当的组数；其次要确定合适的组距；最后要确定每个组的组限。

（1）确定组数

分组的组数没有严格的规定和要求，主要取决于研究数据的数量。如果有大量研究数据，那么分组的组数应该大一些。

另外，数据分布的形态也会影响到分组的组数。如果数据分布的集中程度较高，那么分组的组数可以小一些。

很多情况下组数是凭经验或者反复尝试调整分组来确定的。

（2）确定组距

组距为一个组的上限与下限之差。根据各组的组距是否都相等，组距数列又可分为等距数列和异距数列。一般情况下使用等距数列；而当数据的分布很不均匀或者为了把现象的类型更好地划分出来时，就需要选择异距数列。

使用等距数列分组时，组距可以由全距（全部数据中最大值与最小值之差）除以所确定的组数来获得，即组距=全距/组数。由于计算结果往往会出现小数，在实际分组时可将组距略微放大取整数，使其成为一个较为方便使用的数，例如 5 或者 10 的倍数。

（3）确定组限

对离散型数据分组时，最好用两个相邻的整数分别表示较小的一组的上限和比它大的那组的下限，如对考试成绩分组时，分成“70 分～79 分”“80 分～89 分”这样的形式。

对连续型数据分组时，就需要用“以下”“以上”等文字加以说明，如按居民的收入分组，可分成“1000 元～2000 元以下”“2000 元～3000 元以下”这样的形式；或者用同一个整数同时表示较小的一组的上限和比它大的那组的下限，如“1000 元～2000 元”“2000 元～3000 元”这样的形式，这种形式一般将每组的下限设置为闭区间、将每组的上限设置为开区间。

5. 数据聚合的概念

数据聚合是将数据按类别进行分组，然后进行统计分析的过程，常见的例子已经是让人非常熟悉的了，比如求平均值（mean）、计数（count）、求最小值（min）以及求和（sum）等。这些方法均操作一组数据，得到的结果只有一个数值。然而，对数据进行分组后再聚合的操作更为正式，对数据的控制力更强。使用聚合函数通常是数据处理的最后一步，数据分组在很多情况下也是为实现更好的聚合服务的。

6. agg 方法和 aggregate 方法

agg 方法和 aggregate 方法都支持对每个分组应用某函数，包括 Python 内置函数或自定义函数。同时这两个方法也能够直接对 DataFrame 进行函数应用操作。

在正常使用过程中，agg 方法和 aggregate 方法对 DataFrame 对象的操作几乎完全相同，因此只需要掌握其中一个方法即可。

agg 方法代码格式如下：

```
DataFrame.agg(func, axis=0, *args, **kwargs)
```

agg 方法的参数说明，如表 7-2 所示。

表 7-2　agg 方法的参数说明

参数名称	说明
func	接收用于聚合数据的函数名称或者函数字符串，例如：np.sum,'mean'
axis	接收 0 或 1。代表操作的轴。默认为 0

7. apply 方法

apply 方法类似于 agg 方法，能够将函数应用于每一列，但不同之处在于 apply 方法传入的函数只能够作用于整个 DataFrame 或者 Series，而无法像 agg 方法一样能够对不同字段应用不同函数。

apply 方法代码格式如下：

```
DataFrame.apply(func, axis=0, broadcast=False, raw=False, reduce=None, args=(),
**kwds)
```

apply 方法的参数说明，如表 7-3 所示。

表 7-3　apply 方法的参数说明

参数	说明
func	接收 function。表示应用于每行/列的函数。无默认值
axis	接收 0 或 1。代表操作的轴。默认为 0
broadcast	接收 bool 类型。表示是否进行广播。默认为 False
raw	接收 bool 类型。表示是否直接将 ndarray 对象传递给函数。默认为 False
reduce	接收 bool 类型或者 None。表示返回值的格式。默认为 None
args	接收 tuple 类型。除了数组和 Series 之外，要传递给 func 的位置参数

8. transform 方法

transform 方法能够对整个 DataFrame 的所有元素进行操作。transform 方法的参数 func，表示对 DataFrame 进行操作的函数。

同时 transform 方法还能够对 DataFrame 分组后得到的对象 GroupBy 进行操作，可以实现组内离差标准化等操作。

若离差标准化的结果中有 NaN，这是由于根据离差标准化公式，在最大值和最小值相同的情况下分母是 0，而分母为 0 在 Python 中表示为 NaN。

transform 方法代码格式如下：

```
DataFrame.transform(func, axis=0, *args, **kwargs)
```

transform 方法的参数说明，如表 7-4 所示。

表 7-4　transform 方法的参数说明

参数名称	说明
func	接收 function。表示对 DataFrame 的值执行的函数。无默认值
axis	接收 0 或 1。代表操作的轴。默认为 0
*args	表示带入函数的参数。非必填
**kwargs	表示需要带入函数的关键字参数。非必填

任务实现

任务 7.1　简单数据表处理——数据分组

微课 29

数据分组（下）

本任务的主要内容：

- 使用 groupby 方法拆分数据；
- 使用 pandas 实现数据分组。

7.1.1　实现数据分组的方法

在 pandas 中通过 groupby 方法将数据拆分成组时，常用的分组方式有 4 种。

（1）按列索引进行分组

（2）按 Series 对象进行分组

（3）按字典进行分组

（4）按函数进行分组

groupby 方法分组后的结果并不能直接查看，而是被存在内存中，如果对这个结果进行输出操作，看到的是存放这个结果的内存地址。实际上分组后的数据对象 GroupBy 类似于 Series 与 DataFrame，是 pandas 提供的一种对象，该对象实际上没有进行任何计算，只是包含一些关于分组键的中间数据而已。GroupBy 对象常用的描述性统计方法如表 7-5 所示。

表 7-5　GroupBy 对象常用的描述性统计方法

方法	说明	方法	说明
count	计算分组的数目，包括缺失值	cumcount	对每个分组中组员进行索引标记，0～n−1
head	返回每组的前 n 个值	size	返回每组的大小
max	返回每组的最大值	min	返回每组的最小值
mean	返回每组的均值	std	返回每组的标准差
median	返回每组的中位数	sum	返回每组的和

7.1.2　实现 pandas 数据分组

在导入 pandas 库的基础上，创建一组虚拟的数据，创建过程和数据内容如代码 7-1 所示。

代码 7-1

In[1]:
```
import pandas as pd
df = pd.DataFrame({"key":['张三','李四','王五','王五','李四','张三'],
                   "data":[2,4,6,8,10,13]})
print(df)
```

Out[1]:

	key	data
0	张三	2
1	李四	4
2	王五	6
3	王五	8
4	李四	10
5	张三	13

根据参数 by 所确定的分组依据，可将分组方式分为如下几种。

（1）按列索引进行分组

如果 DataFrame 对象的某一列数据符合划分成组的标准，则可将该列索引当作分组依据来拆分数据集，如代码 7-2 所示。

代码 7-2

In[2]:
```
#按照“key”列数据进行分组，使用列索引字段
group1 = df.groupby(by='key')

 #遍历查看
for item in group1:
    print(item)
```

Out[2]:
```
('张三',   key  data
0  张三     2
5  张三    13)
('李四',   key  data
1  李四     4
4  李四    10)
('王五',   key  data
2  王五     6
3  王五     8)
```

groupby 方法根据“key”列数据（张三、李四、王五）将所有的 data 进行分组。

（2）按 Series 对象进行分组

重新创建一组数据用于展示，如代码 7-3 所示。

代码 7-3

In[3]:
```
#按 Series 对象分组
df = pd.DataFrame({"key1":['张三','张三','李四','李四','张三'],
                   "key2":['one','two','one','two','one'],
                   "data1":[2,3,4,6,8],
                   "data2":[3,5,6,3,7]})
print(df)
```

```
Out[3]:
```

	key1	key2	data1	data2
0	张三	one	2	3
1	张三	two	3	5
2	李四	one	4	6
3	李四	two	6	3
4	张三	one	8	7

可以将自定义的 Series 对象作为分组键进行分组，如代码 7-4 所示。

代码 7-4

```
In[4]:
se = pd.Series(['a','b','a','c','b'])
group2 = df.groupby(by=se)
for item in group2:
    print(item)
```

```
Out[4]:
('a',   key1 key2  data1  data2
0    张三  one      2      3
2    李四  one      4      6)
('b',   key1 key2  data1  data2
1    张三  two      3      5
4    张三  one      8      7)
('c',   key1 key2  data1  data2
3    李四  two      6      3)
```

groupby 方法根据 Series 对象对 data1 和 data2 进行分组。

如果 Series 对象与 DataFrame 对象的索引长度不相同，则只会对具有相同索引的部分数据进行分组，如代码 7-5 所示。

代码 7-5

```
In[5]:
#Series 对象与 pandas 对象的索引长度不相同
se = pd.Series(['a','b','a'])
group2 = df.groupby(by=se)
for item in group2:
    print(item)
```

```
Out[5]:
('a',   key1 key2  data1  data2
0    张三  one      2      3
2    李四  one      4      6)
('b',   key1 key2  data1  data2
1    张三  two      3      5)
```

当 Series 对象的索引长度与 data1 和 data2 的索引长度不一致时，只对前 3 行进行分组。

（3）按字典进行分组

当使用字典对 DataFrame 中的数据进行分组时，则需要确定轴及字典中的映射关系，即以字典中的键为列名、字典中的值为自定义的分组名，如代码 7-6 所示。

代码 7-6

In[6]:	#按字典分组
	df = pd.DataFrame({"a":[1,3,5,7,9],
	"b":[2,3,4,6,8],
	"c":[5,4,3,2,1],
	"d":[3,5,6,3,7]})
	#定义映射关系
	mapping = {'a':'一组','b':'二组','c':'二组','d':'一组'}
	group3 = df.groupby(by=mapping, axis=1)
	for item in group3:
	print(item)

Out[6]:	('一组', a d 0 1 3 1 3 5 2 5 6 3 7 3 4 9 7) ('二组', b c 0 2 5 1 3 4 2 4 3 3 6 2 4 8 1)

groupby 方法根据字典 mapping 中的映射关系对 a、b、c、d 内的数据按 a 和 d 为一组，b 和 c 为二组进行分类。

（4）按函数进行分组

重新创建一组数据，如代码 7-7 所示。

代码 7-7

In[7]:	#按函数分组
	df = pd.DataFrame({"a":[1,3,5],
	"b":[2,3,4],
	"c":[5,4,3]},
	index=['张三','李四六','王五七'])
	print(df)

Out[7]:	

	a	b	c
张三	1	2	5
李四六	3	3	4
王五七	5	4	3

将函数作为分组键会更加灵活，任何一个被当作分组键的函数都会在各个索引上被调用一次，返回的值会被用作分组名称，可以直接对 groupby 方法传递函数名来进行分组，如代码 7-8 所示。

代码 7-8

In[8]:	#按照长度函数分组，传递长度函数 len
	group4 = df.groupby(len)
	for item in group4:
	print(item)

Out[8]:	(2, a b c 张三 1 2 5) (3, a b c 李四六 3 3 4 王五七 5 4 3)

groupby 方法根据 len 这个长度函数的结果，以 index 中'张三'、'李四六'、'王五七'的字符串长度为分组依据，对 a、b、c 中的数据进行分组。

本小节中的分组功能主要利用 pandas 的 groupby 方法实现。虽然分组功能用其他函数也可以实现，但 groupby 方法相对来说是比较方便的。这个函数有很多神奇的、十分强大的功能。groupby 方法其他参数的具体说明可以参考 pandas 的官方说明文档。

【课堂实践】

请使用 groupby 方法，根据不同的 by 参数（客户、区域）对表 7-6 中的数据进行分组。

表 7-6 客户数据

客户	区域
A	一线城市
B	三线城市
A	二线城市
C	一线城市
B	二线城市

职业技能的相关要求

完成任务 7.1 的学习将达到数据应用开发与服务(Python)（初级）职业技能的相关要求，具体内容如下：

> ✧ 数据应用开发与服务(Python)（初级）职业技能的相关要求
>
> ▪ 能够对 array 和 DataFrame 进行拆分操作以产生需要的新数据集。

任务 7.2 人员得分表处理——数据聚合

本任务的主要内容：

- 实现 agg 聚合；
- 实现 apply 聚合；
- 实现 transform 聚合。

微课 30

agg 聚合

7.2.1 实现 agg 聚合

在 agg 方法中可传入使用者自定义的函数。使用自定义函数时需要注意的是：numpy 库中的函数 mean、

median、prod、sum、std、var 能够在 agg 方法中直接使用。使用 agg 方法能够实现对每行/每列使用相同的函数。当然，对不同行/列应用不同的函数也是可以实现的。

在导入 pandas 库的基础上，读取一份 CSV 文件，如代码 7-9 所示，将文件中的数据作为此次处理的基础数据。

代码 7-9

In[9]:
```
import numpy as np
data = pd.read_csv('./student.csv')
print(data)
```

Out[9]:
```
      a   b   c
0  bill  12  45
1  mike  15  23
2  bill  34  88
3  bill  98  23
```

以上 3 项数据分别在 a 列、b 列和 c 列，实现以 a 列分组后获取 b 列的最大值，如代码 7-10 所示。

代码 7-10

In[10]:
```
data.groupby(by='a').agg({'b':'max'})
```

Out[10]:

a	b
bill	98
mike	15

获取按 a 列分组后 b 列的最大值和最小值，如代码 7-11 所示。

代码 7-11

In[11]:
```
data.groupby(by='a').agg({'b':['max','min']})
```

Out[11]:

	b	
a	max	min
bill	98	12
mike	15	15

获取按 a 列分组后 b 列的最大值和最小值以及 c 列的最小值，如代码 7-12 所示。

代码 7-12

In[12]:
```
data.groupby(by='a').agg({'b':['max','min'], 'c':'min'})
```

Out[12]:

	b		c
a	max	min	min
bill	98	12	23
mike	15	15	23

上述的几个例子中，列名默认是以函数名称命名的，也可以重命名，如代码 7-13 所示。

代码 7-13

In[13]:	`data.groupby(by='a').agg(b_min=pd.NamedAgg(column='b', aggfunc='min'), b_max=pd.NamedAgg(column='b', aggfunc='max'))` #按 a 列分组后获取 b 列的最大值和最小值，并重命名列名
Out[13]:	

	b_min	b_max
a		
bill	12	98
mike	15	15

以上就是使用 pandas 库实现 agg 聚合的简单例子。

微课 31

apply 聚合

7.2.2 实现 apply 聚合

apply 方法中函数需要自己实现，函数的传入参数根据 axis 来决定，比如 axis = 1，就会把一行数据作为 Series 数据结构传入自己实现的函数中，在函数中实现对 Series 不同属性之间的计算，返回一个结果，则 apply 方法会自动遍历每一行结果，最后将所有结果组合成一个 Series 数据结构进行返回。

	a	b	c
0	1	12	45
1	1	15	23
2	1	34	88
3	1	98	23

图 7-1

为了方便展示，替换 agg 方法聚合时使用数据的 a 列，数据如图 7-1 所示。

尝试对每一列求平均值，如代码 7-14 所示。

代码 7-14

In[14]:
```
import numpy as np
data=pd.DataFrame({'a':[1,1,1,1],'b':[12,15,34,98],'c':[45,23,88,23]})
data.apply(np.mean)
```

Out[14]:
```
a     1.00
b    39.75
c    44.75
dtype: float64
```

当指定 axis=1 时，将会对每行求平均值，如代码 7-15 所示。

代码 7-15

In[15]:
```
data.apply(np.mean, axis=1)
```

Out[15]:
```
0    19.333333
1    13.000000
2    41.000000
3    40.666667
dtype: float64
```

尝试接收自定义的匿名函数，如代码 7-16 所示。

代码 7-16

In[16]:
```
data.apply(lambda x : x.max() - x.mean())
```

Out[16]:
```
a     0.00
b    58.25
c    43.25
dtype: float64
```

代码 7-16 自定义的匿名函数的功能为接收最大值减去平均值的结果。

如果没有使用描述性统计方法，将会对 data 的每个元素值进行运算，如代码 7-17 所示。

代码 7-17

In[17]:
```
data.apply(lambda x : x + 1)
```

Out[17]:

	a	b	c
0	2	13	46
1	2	16	24
2	2	35	89
3	2	99	24

代码执行后。data 的每个元素值均加 1。

自定义函数并将其作为 apply 方法的参数，如代码 7-18 所示。

代码 7-18

In[18]:
```
def subtract_and_divide(x, sub, divide=1):
    return (x - sub) / divide
data.apply(subtract_and_divide, args=(5,), divide=3)
```

Out[18]:

	a	b	c
0	-1.333333	2.333333	13.333333
1	-1.333333	3.333333	6.000000
2	-1.333333	9.666667	27.666667
3	-1.333333	31.000000	6.000000

apply 方法还支持仅对部分列进行操作，如代码 7-19 所示。

代码 7-19

In[19]:
```
def subtract_and_divide(x, sub, divide=1):
    return (x - sub) / divide
data.loc[:,['a', 'b']].apply(subtract_and_divide, args=(5,),
divide=3)
```

Out[19]:

	a	b
0	-1.333333	2.333333
1	-1.333333	3.333333
2	-1.333333	9.666667
3	-1.333333	31.000000

上述代码只对 a、b 两列进行处理。

以上就是使用 pandas 库实现 apply 聚合的部分举例。

7.2.3 实现 transform 聚合

继续使用 7.2.1 节中的数据，再次载入数据，如代码 7-20 所示。

微课 32

transform 聚合

代码 7-20

In[20]:
```
import numpy as np
data = pd.read_csv('./student.csv')
print(data)
```

Out[20]:

	a	b	c
0	bill	12	45
1	mike	15	23
2	bill	34	88
3	bill	98	23

尝试按 a 列分组后，对 b 列和 c 列调用 tranform 方法，其中参数为 numpy 中的求平均值函数 mean，如代码 7-21 所示。

代码 7-21

In[21]:
```
data.groupby('a').transform(np.mean)
```

Out[21]:

	b	c
0	48	52
1	15	23
2	48	52
3	48	52

通过以上结果可以发现，调用 groupby 方法按 a 列分组后，代码 7-20 中序号 0、2、3 的数据都属于 bill，序号 1 的数据属于 mike；紧接着计算分组后的平均值，由于 mike 的数据只有一行，均值仍为自己本身，而 bill 的 3 行数据单独进行均值计算；调用 transform 方法，发现原数据位置、行列都不改变，只是将各自的均值重新填充在原数据的位置。

接下来，尝试构建一个函数用于计算原数据与原数据平均值的差值，这样的数据处理函数往往就是平时工作生产中用于规范化数据的操作，如代码 7-22 所示。

代码 7-22

In[22]:
```
def demean(arr):
    return arr - arr.mean()
data.groupby('a').transform(demean)
```

Out[22]:

	b	c
0	-36.0	-7.0
1	0.0	0.0
2	-14.0	36.0
3	50.0	-29.0

此处原数据数值大小差距较大，则与均值相减后呈现的差异也较大。

在实际应用中，当记录的数据大小相近甚至相等时，理论上与均值相减的结果是 0，但受计算机浮点值限制，事实上该结果是无限趋近于 0 的极小值。后续在自定义函数中可以加上升序或降序的功能。

【课堂实践】

首先使用 groupby 方法对表 7-7 中的数据按照客户进行分组，然后依次使用 agg、apply、transform 这 3 种方法进行聚合，方法中参数均为平均值函数。

表 7-7　销量数据

客户	7 月销量	8 月销量
A	6	12
B	30	27
A	8	3
C	7	8
B	9	15

素养拓展

大班授课、小组讨论

大学中的大班授课往往使得学生参与课题的积极性降低。大班人数一般有 100 ~ 150 人，授课教室通常为能容纳近两百人的大教室。这种情况下，学生通常会选择坐在教室的中后排，而教师更像一位演讲者，在讲台上单向输出大量信息，很少走到学生群体中与学生互动。

因此，为消除大班授课的弊端，小组讨论模式逐渐兴起。小组讨论最需要关注的就是分组，为了确保小组成员讨论的充分性，小组人数不宜过多，一般以 10 ~ 15 名学生为宜，每一组选出一位学生负责主持与总结小组讨论内容，选出另一位学生负责监督及记录讨论的过程。每一位学生都有机会在组内发言，最后，两位选出的学生代表小组在大班发言，由教师进行点评。

有效分组可提升学生的学习热情，也可加强学生的人际沟通能力。

单元小结

本单元重点介绍了用于数据分组的 groupby 方法和 3 种聚合方法。数据分组方法 groupby 可以自然地对数据集进行切片、切块和摘要等操作，主要有 4 种分组方式，包括按列索引分组、按 Series 对象分组、按字典分组、按函数分组；3 种聚合方法分别是 agg 方法、apply 方法、transform 方法，具体选择哪种方法进行处理，根据实际情况确定。在面对复杂计算时，将 transform 方法与 apply 方法结合使用往往会有意想不到的效果。本单元介绍的内容在整个数据分析处理过程中是非常重要的，处理结果的优劣与分组、聚合密切相关，熟练地使用分组、聚合方法和经验积累后选择的正确方法都能帮助使用者提高工作效率，节省处理时间。

课后习题

一、单选题

1. pandas 中用于分组的方法是（　　）。

A. groupby　　B. agg　　C. apply　　D. transform

2. groupby 方法中哪个参数代表了分组依据？（　　）

A. axis　　B. sort　　C. by　　D. level

3. 在完成简单的聚合时，通常选用哪种方法？（　　）

A. agg　　B. apply　　C. transform　　D. combine

4. 如果传入 apply 方法的函数本身就实现了聚合操作并返回一个标量的话，那么调用 apply 方法后返回的是（　　）。

A. 列表　　B. 元组　　C. 集合　　D. 具体的值

5. 传入 groupby 的参数不可以是（　　）。

A. Series　　B. list　　C. dict　　D. string

二、填空题

1. groupby 方法中将函数作为分组键时，任何一个被当作分组键的函数都会在各个__________上被调用一次。

2. 调用 groupby 方法的过程中，自定义函数会对一个__________进行操作。

3. 写出以下代码的运行结果：

```
import pandas as pd
import numpy as np
series = pd.Series([1, 2])
result = series.apply(lambda x: x ** 2)
print(list(result))
```

运行结果：__________。

4. 可以在 apply 方法中传入自定义__________。

5. transform 是针对__________（即每一列特征操作）进行计算的。

三、简答题

1. groupby 方法的分组键可以是哪些？

2. 简述 3 种聚合方法（agg 方法、apply 方法、transform 方法）的区别。

单元 ⑧ scikit-learn 机器学习

近年来，Python 语言成为非常受欢迎的编程语言，在机器学习领域有很好的表现。scikit-learn（简称 sklearn）是一个用 Python 语言编写的机器学习算法库，可以实现常用的机器学习算法。

sklearn 可以实现数据预处理、分类、回归、降维、模型选择等常用的机器学习算法。sklearn 是基于 numpy、matplotlib、scipy 开发而成的。sklearn 的强大主要体现在它提供了很多算法以及数据处理的方式。学习 sklearn 可以了解机器学习的实现、训练、预测过程。

学习目标

【知识目标】

- 了解机器学习的相关概念
- 熟悉 sklearn 库的函数调用方法

【能力目标】

- 理解训练集和测试集的意义
- 利用 sklearn 构建和训练回归模型
- 利用 sklearn 构建和训练模型实现回归、分类和聚类

【素养目标】

- 培养学生终身学习的意识，使学生深刻体会学习的重要性，并能够学以致用

相关知识

微课 33

使用 sklearn 处理数据（上）

1. 机器学习的概念

机器学习是这样一门学科：通过计算的手段，学习经验（也可以说是利用经验）来改善系统的性能。Tom M.Mitchell（汤姆・米切尔）给出了一个更形式化的定义：假设用性能度量 P 来评估计算机程序在某类任务上的性能，若一个程序利用经验 E 在任务 T 中改善其性能，就可以认为关于性能度量 P 和任务 T，程序对经验 E 进行了学习。

在该定义中，除了核心词程序和学习，还有关键词经验 E、性能度量 P 和任务 T。在计算机系统中，通常经验是以数据形式存在的，而机器学习就是给定不同的任务从数据中产生模型的算法，即“学习算法”。学习算法通过学习产生数学模型，进而改进计算机程序性能。

2. 机器学习的分类

监督学习：对有标签的数据进行学习，目的是能够正确判断无标签的数据。监督学习通过训练数据构建模型，以便对未知或未来的数据做出预测，“监督”一词指的是已经知道样本所需要的输出信号或标签。监督学习主要应用于文字识别、声音处理、图像处理、邮件分类、网页检索、基因诊断、股票预测等。

以邮件分类为例，可以采用有监督学习算法，基于带有标签的电子邮件语料库来训练模型，然后用模型来预测新邮件是否属于垃圾邮件。带有离散分类标签的监督学习的应用也被称为分类任务。监督学习的另一个应用被称为回归，其输出信号是连续的数值。

无监督学习：对无标签或结构未知的数据进行学习，目的是不仅能够解决有明确答案的问题，也能对没有明确答案的问题进行预测。通俗地讲，学生通过自学知识，既可以正确回答有答案的问题，也可以对无答案的问题进行预测。无监督学习常用于聚类、异常检测等。无监督学习主要应用于人造卫星故障诊断、视频分析、社交网络解析、声音信号解析等。使用无监督学习技术，可以在没有已知结果或评价指标的指导下，探索数据结构以提取有意义的信息。

强化学习：类似于学生学习知识时，没有老师对其测验进行对与错的判定，需要学生根据所拥有的信息自己判定对错，可以通过一些方法知道离正确答案越来越近还是越来越远，通过不断试错提升学习的效果。如果能够判定对错，则为监督学习；如果判定不出对错，则为无监督学习。

3. 假设空间

机器学习要利用某些经验，这些经验蕴含在数据中，以数据的形式存在，这些数据的集合称为数据集，数据集中的每个数据称为记录。例如，通过一个人的性别、年龄预测他是否高中毕业，有以下数据：

（性别：男；年龄：18；是否高中毕业：否）

（性别：女；年龄：17；是否高中毕业：是）

（性别：男；年龄：20；是否高中毕业：是）

（性别：女；年龄：16；是否高中毕业：是）

……

这一组数据可以被称为一个数据集，其中每个人的数据称为记录。在记录中，关于该对象的描述型数据称为属性，属性往往有很多个，如上述数据集中的年龄、性别等，可以构成属性向量，这些属性向量构成的空间称为属性空间。算法需要预测的那个量被称为标记（Label），在这个数据集中是否高中毕业就是标记。有的数据集中存在标记，有的数据集中不存在标记。标记构成的空间称为标记空间，也称为输出空间。

由于模型训练的效率原因，往往只能使用总体数据中提取的一部分样本数据进行训练，程序得到的模型却不能只适用于样本数据，它必须对总体数据都有比较好的预测效果。这就是说，模型必须具有泛化的能力。

训练得到的模型称为一个假设，所有的模型构成了假设空间。显然，可能有多种假设空间和训练数据一致，就好比对于一节课学习的知识内容进行测验，由于知识点很少，有不少人能得到很高的分数，但是对整个学期总体知识点进行测验，分数的差别会很大。

4. 归纳偏好

学习算法必然有其归纳偏好。通俗地说，如果模型遇到了训练集中没有见过的情况，或者模棱两可的情况，会更偏向于选择哪种。归纳偏好是模型具有泛化的能力基础。

归纳偏好的作用在图 8-1 这个回归学习图示中更直观。这里的每个训练样本是图中的一个点(x,y)，要学得一个与训练集一致的模型，相当于要找到一条穿过所有训练样本点的曲线。显然，对有限个训练样本点组成的训练集来说，存在着很多个模型与其一致。学习算法必须有某种偏好，才能产出它认为正确的模型。若认为相似的样本应有相似的输出（例如，在各种属性上都很相像的西瓜，成熟程度应该比较接近），则对应的机器学习算法可能偏好图 8-1 中比较平滑的曲线 A 而不是比较崎岖的曲线 B。

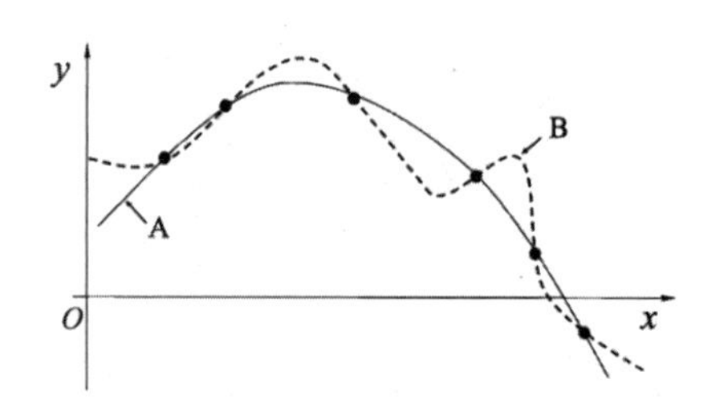

图 8-1　同时存在两条曲线 A、B 与有限样本训练集一致

归纳偏好可看作机器学习算法自身在一个可能很庞大的假设空间中对假设进行选择的启发式或“价值观”。那么，有没有一般性的原则来引导算法确立正确的偏好呢？奥卡姆剃刀（Occam's Razor）是自然科学研究中常用的、最基本的原则，即若有多个假设与观察一致，则选择最简单的那个。如果采用这个原则，并且假设“更平滑”意味着“更简单”（例如曲线 A 更易于描述，其方程式是 $y=-0.5x^2+3x+1$，而曲线 B 的方程式则要复杂很多），则在图 8-1 中应该自然地偏好“平滑”的曲线 A。

事实上，归纳偏好对应了学习算法本身所做出的关于“什么样的模型更好”的假设。在具体的现实问题中，这个假设是否成立，即算法的归纳偏好是否与问题本身匹配，大多数时候直接决定了算法能否取得好的性能。

5. sklearn

scikit-learn（简称 sklearn）是用 Python 语言编写的机器学习算法库，是目前机器学习项目中常用的工具。sklearn 自带了大量的数据集，可供使用者练习各种机器学习算法。sklearn 非常全面地集成了数据预处理、数据特征选择、数据特征降维、分类/回归/聚类模型、模型评估等算法。在使用之前，必须安装这个库，可以通过 pip install scikit-learn 进行安装。

6. 划分数据集函数

sklearn 的 model_selection 模块提供了 train_test_split 函数，能够对数据集进行拆分，其使用格式为：

```
train_test_split(*arrays,test_size, train_size, random_state=None, shuffle=True,
stratify=None)
```

train_test_split 函数的参数如表 8-1 所示。

表 8-1　train_test_split 函数的参数

参数	说明
arrays	接收 array、list、DataFrame 等类型，表示特征数据和标签数据，要求所有数据长度相同
test_size/train_size	接收 float 或 int 类型，表示测试集/训练集的大小，若输入小数则表示测试集/训练集的比例，若输入整数则表示数据个数
random_state	接收 int 类型，表示随机数种子（一个整数），其实就是一个划分标记，对于同一个数据集，如果 random_state 相同，则划分结果也相同，默认为 None

续表

参数	说明
shuffle	接收 bool，表示是否打乱数据的顺序再划分，默认为 True
stratify	接收 None 或者 array/Series 类型的数据，表示按这列进行分层采样，默认为 None

7. preprocessing 模块

机器学习算法的性能提升受益于数据集的标准化。Python 中用于数据预处理的工具有很多，常用的主要有两种：pandas 和 sklearn 中的 preprocessing 数据预处理模块。pandas 数据预处理主要是根据原数据集的实际情况进行数据清洗、合并转换、分组聚合等操作，已经在单元 5 ~ 单元 7 中介绍。但是在数据分析过程中，各类与特征处理相关的操作都需要对训练集和测试集分开进行，使用 pandas 的过程相对烦琐。preprocessing 模块提供了几个常用的实用函数和转换器，能将原始特征向量转换为更适合机器学习算法的形式，降低了使用难度。

sklearn 的 preprocessing 模块提供了多种用于数据预处理的转换器，它们可以完成数据的标准化、正则化、缺失数据的填补、类别特征的编码以及自定义数据转换等，如表 8-2 所示。

表 8-2 sklearn 部分预处理转换器及其作用

预处理转换器	说明
MinMaxScaler	最大最小归一化（离差归一化）处理
StandardScaler	标准差标准化处理
Normalizer	正则化处理
Binarizer	二值化处理
OneHotEncoder	OneHot（独热）编码处理
FunctionTransformer	自定义函数变换处理

这些预处理转换器为训练集数据的预处理提供了接口，包括 fit、transform、fit_transform 方法，这 3 种方法及其说明如表 8-3 所示。

表 8-3 sklearn 部分预处理转换器提供的 3 种方法

方法名称	说明
fit	通过分析特征和目标值提取有价值的信息填充数据，并保存到数据集
transform	将 fit 保存的信息应用到其他数据集上，对其他数据集进行转换
fit_transform	先调用 fit，然后调用 transform 方法

8. 标准化和归一化

标准化：在机器学习中要处理不同种类的资料，例如，音视频和图片，这些资料可能是高维的，标准化就是将原数据转换为符合均值为 0、标准差为 1 的标准正态分布的新数据。这个方法被广泛应用在支持向量机、逻辑斯谛回归和类神经网络等机器学习算法中。

归一化：将数据样本的特征值映射到[0,1]或者[-1,1]内，主要是为了方便数据处理，便于不同单位或量级的指标进行比较和加权。归一化是一种简化计算的方式，可以将有量纲的表达式变换为无量纲的表达式，成为纯量。

归一化、标准化的实质是线性变换。线性变换有很多良好的性质，这些性质决定了数据转换映射后不会失效，也不会改变原始数据的数值排序，这样的转换可以提高数据的表现，可以提高模型的收敛速度和精度，简化计算。

9. 降维

机器学习领域中的降维就是采用某种数学映射方法，将原高维空间中的数据点映射到低维度的空间中。降维的本质是学习映射函数 $y=f(x)$，其中 x 是原始数据点的表达，使用向量表达形式；y 是数据点映射后的低维向量表达，通常 y 的维度小于 x 的维度（当然提高数据点的维度也是可以的）；f 可能是显式的或隐式的、线性的或非线性的。

目前大部分降维算法用来处理向量表达的数据，也有一些降维算法用来处理高阶张量表达的数据。之所以使用降维后的数据表示，是因为在原始的高维空间中，包含冗余信息以及噪声信息，在实际应用（如图像识别）中会造成误差、降低准确率；而通过降维，可以减少冗余信息以及噪声信息所造成的误差，提高处理、识别和预测等场景的精度，也可以通过降维算法来寻找数据内部的本质结构特征。在很多算法中，降维算法是数据预处理的一部分，如 PCA。事实上，有一些算法如果没有进行降维预处理，很难实现很好的效果。

主成分分析（Principal Component Analysis，PCA）是最常用的线性降维算法。它的思想是将 n 维特征映射到 k 维上（$k<n$），这 k 维特征是全新的正交特征。这 k 维特征称为主成分，是重新构造出来的 k 维特征，而不是简单地从 n 维特征中去除其余 n-k 维特征。

之所以要采用 PCA 降维算法，是因为数据在低维下更容易处理、更容易使用；相关特征容易在数据中明确地显示出来。例如二维、三维数据，这些低维数据不仅便于进行可视化展示，还能去除数据噪声、降低算法开销。

10. 线性回归模型

回归分析是一种预测性的建模技术，它研究的是因变量和自变量之间的关系。这种技术通常用于预测分析、时间序列模型以及发现变量之间的因果关系。通常使用直线或曲线来展示回归模型，目标是使直线或曲线到数据点的距离差异最小，如图 8-2 所示。

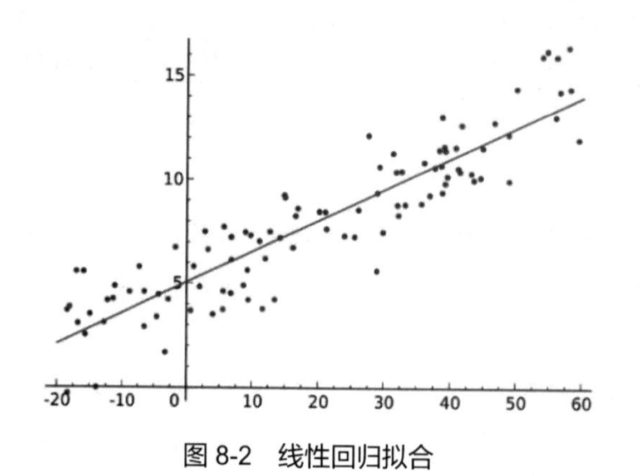

图 8-2 线性回归拟合

微课 34

线性回归预测

线性回归是回归分析中的一种，线性回归假设目标与特征之间线性相关（即满足一个多元一次方程），构建损失函数，然后解损失函数的参数 w 和 b，通常可以表达成如下公式：

$$y = wx + b \tag{8.1}$$

公式（8.1）中，自变量 x 和因变量 y 是已知的，而想实现的目标是预测新增一个 x，其对应的 y 是多少。要想实现这个目标，需要通过已知数据点，求解线性模型中 w 和 b 两个参数。求解方式有两种，分别是最小二乘法和梯度下降。

给定由 d 个属性描述的示例 $\boldsymbol{x} = (x_1, x_2, \cdots, x_d)$，其中 x_i 是 $\boldsymbol{x}$ 在第 i 个属性上的取值，线性模型是试图通过学习一个线性函数组合来进行预测的，即

$$f(\boldsymbol{x}) = w_1x_1 + w_2x_2 + \cdots + w_dx_d + b \tag{8.2}$$

一般用向量形式写成

$$f(\boldsymbol{x}) = \boldsymbol{w}^{\mathrm{T}}\boldsymbol{x} + b \tag{8.3}$$

其中 $\boldsymbol{w} = (w_1, w_2, \cdots, w_d)$，学得 $\boldsymbol{w}$ 和 b 后，线性模型就得以确定。

线性模型形式简单、易于建模，但却蕴含着机器学习中一些重要的基本思想。许多功能更为强大的非线性模型可在线性模型的基础上通过引入层级结构或高维映射而得。此外，由于参数 $\boldsymbol{w}$ 直观表达了各属性在预测中的重要性，因而线性模型具有很好的可解释性。

11. 逻辑斯谛回归模型

逻辑斯谛回归模型（Logistic Regression Model）虽然名字中有回归，但最初是用来解决二分类问题的。线性回归模型用最简单的线性方程实现了对数据的拟合，但只实现了回归而无法进行分类。逻辑斯谛回归模型是在线性回归的基础上，构造的一种分类模型。其实，逻辑斯谛回归模型就是用拟合直线的方法，使得这条直线尽可能地将原始数据中的两个类别正确地划分开。

线性回归模型用于回归学习，如果能够找到一个函数，将分类任务的真实标记 y 与线性回归模型的预测值 $z = \boldsymbol{w}^{\mathrm{T}}\boldsymbol{x} + b$ 联系起来，就可以实现分类任务。Sigmoid 函数就可以实现这个任务。利用 Sigmoid 函数可以对事件发生的概率进行预测，也就是说，在线性回归中可以得到一个预测值，然后将该值通过 Sigmoid 函数进行转换，将预测值转为概率值，再根据概率值实现分类。Sigmoid 函数定义如下：

$$y = \frac{1}{1 + \mathrm{e}^{-z}} \tag{8.4}$$

公式（8.4）中，符号 e 为自然常数，是数学中的一个常数，是一个无限不循环小数。

逻辑斯谛回归属于概率型非线性回归，在实际应用中，经常用于训练二分类的回归模型。对于二分类的分类任务，因变量 y 只有“是、否”两个取值，记为 1 和 0。Sigmoid 函数中的线性回归模型的预测值 z 与因变量 y 之间的关系如图 8-3 所示。

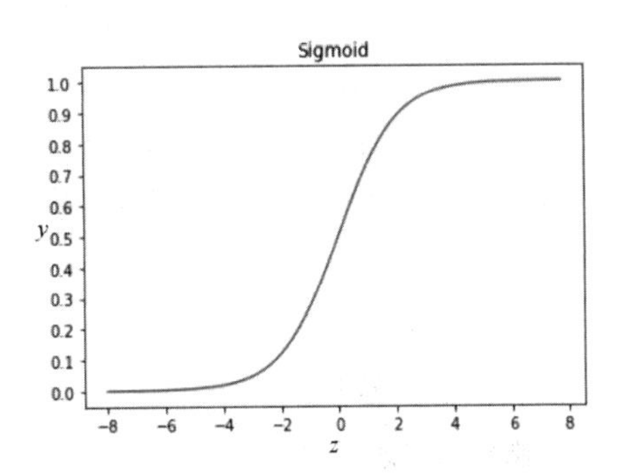

图 8-3 Sigmoid 函数中 z 与 y 的关系

从图 8-3 可以看出，Sigmoid 函数将线性回归模型的预测值 z 映射到[0,1]之间的，也就是说它可以把任何连续

的值映射到[0,1]之间。z 的值越大，y 的值越趋近于 1；z 的值越小，y 的值越趋近于 0。Sigmoid 函数将 y=0.5 作为概率的判定边界，边界两侧分别对应 y>0.5 和 y<0.5，根据 y 与 0.5 的大小关系来实现分类。将 $z=\boldsymbol{w}^{\mathrm{T}}\boldsymbol{x}+b$ 代入公式（8.4），得到：

$$y=\frac{1}{1+\mathrm{e}^{-(\boldsymbol{w}^{\mathrm{T}}\boldsymbol{x}+b)}} \tag{8.5}$$

公式（8.5）可以变化为：

$$\ln\frac{y}{1-y}=\boldsymbol{w}^{\mathrm{T}}\boldsymbol{x}+b \tag{8.6}$$

如果将 y 视为观测样本 x 作为正例的可能性，则 $1-y$ 是样本 x 作为反例的可能性，二者的比值称为概率（odds）。概率反映了 x 作为正例的相对可能性。对概率取对数则得到对数概率（log odds，亦称 logit）：

$$\mathrm{logit}(p)=\ln\frac{y}{1-y} \tag{8.7}$$

公式（8.7）实际上就是在用线性回归模型的预测结果去逼近真实标记的对数概率，因此逻辑斯谛回归又称为“对数概率回归”。

如果将分类标记 y 视为在观测样本 x 条件下的类后验概率估计 $p(y=1|x)$，则逻辑斯谛回归模型的公式可以重写为：

$$\ln\frac{p(y=1|x)}{p(y=0|x)}=\boldsymbol{w}^{\mathrm{T}}\boldsymbol{x}+b \tag{8.8}$$

这就是说，在逻辑斯谛回归模型中，输出 y=1 的对数概率是输入 x 的线性函数，或者说输出 y=1 的对数概率是由输入 x 的线性函数表示的模型。

逻辑斯谛回归模型有许多优点，它无须假设数据分布，可以直接对分类可能性进行建模，避免了假设分布不准确的问题，而且它不仅可以预测出类别，还可以得到近似概率预测。

12. K-means 算法

K-means（K 均值）算法是一种聚类算法，它是一种无监督学习算法。K-means 聚类的目的是把 n 个点（可以是样本的一次观察或一个实例）划分到 k 个聚类簇中，使得每个点都属于离它最近的均值（即聚类中心）对应的聚类，通过这样的方法将相似的对象归到同一个簇中。簇内的对象越相似，聚类的效果就越好。聚类和分类最大的不同在于，分类的目标事先已知，而聚类的目标则是未知的，其产生的结果和分类的相似，只是类别没有预先定义。K-means 算法容易实现，但是有可能收敛到局部最小值，在大规模数据上收敛较慢，因此比较适合处理数值型数据。K-means 算法使用了迭代优化的技术思想，算法流程如图 8-4 所示。

已知数据集 $(\boldsymbol{x}_1,\boldsymbol{x}_2,\cdots,\boldsymbol{x}_n)$，其中每个数据都是一个 d 维向量，K-means 聚类把这 n 个数据划分到 k 个集合中（$k\leqslant n$），使得组内平方和最小。换句话说，它的目标是找到在一系列聚类 $S=(S_1,S_2,\cdots,S_n)$使得公式（8.9）满足的聚类 S_i，其中 $\boldsymbol{\mu}_i$ 是 S_i 中所有点的均值。

$$E = \arg\min_{S} \sum_{i=1}^{k} \sum_{x \in S_i} \| \boldsymbol{x} - \boldsymbol{\mu}_i \|^2 \tag{8.9}$$

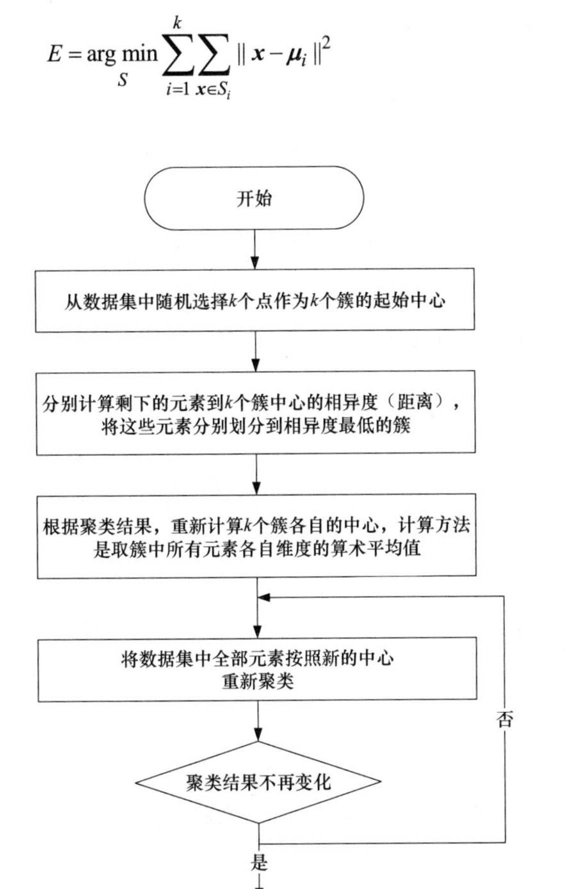

图 8-4 K-means 聚类算法流程

13. 朴素贝叶斯分类

贝叶斯分类是一类分类算法的总称，这类算法均以贝叶斯定理为基础，故统称为贝叶斯分类。而朴素贝叶斯分类是贝叶斯分类中简单且常见的一种分类方法。

从数学角度来说，对分类问题可做如下定义。

已知集合 $C=(y_1,y_2,\cdots,y_n)$ 和 $I=(x_1,x_2,\cdots,x_n)$，确定映射规则 $y=f(x)$，使得任意 $x_i \in I$ 有且仅有一个 $y_i \in C$，即 $y_i=f(x_i)$ 成立。C 叫作类别集合，其中每一个元素是一个类别；I 叫作项集合，其中每一个元素是一个待分类项；f 叫作分类器。分类算法的任务就是构造分类器 f。

在解决分类问题时，往往采用经验性方法构造映射规则，即一般情况下的分类问题缺少足够的信息来构造 100%正确的映射规则，只能通过对经验数据的学习实现一定概率意义上正确的分类，因此所训练出的分类器并不是一定能将每个待分类项准确映射到其正确的类别，分类器的质量与分类器的构造方法、待分类数据的特性以及训练样本数量等诸多因素有关。

如果已知事件 A 发生的概率 $P(A)$、事件 B 发生的概率 $P(B)$以及条件概率 $P(A|B)$，如何得到两个事

件交换后的概率？也就是在已知 $P(A|B)$ 的情况下如何求得 $P(B|A)$。这里先解释什么是条件概率。$P(A|B)$ 表示事件 B 已经发生的前提下，事件 A 发生的概率，叫作事件 B 发生的情况下事件 A 的条件概率，其基本求解公式为：

$$P(A|B)=\frac{P(AB)}{P(B)} \tag{8.10}$$

贝叶斯定理之所以有用，是因为在生活中经常遇到这种情况：可以很容易直接得出 $P(A|B)$，$P(B|A)$ 则很难直接得出。对于统计学而言，往往更关心 $P(B|A)$，贝叶斯定理打通了从 $P(A|B)$ 获得 $P(B|A)$ 的道路。

下面不加证明地直接给出贝叶斯定理：

$$P(B\mid A)=\frac{P(A|B)P(B)}{P(A)} \tag{8.11}$$

朴素贝叶斯分类的思想是：对于给出的待分类项，求解在此待分类项出现的条件下各个类别出现的概率，哪个最大，就认为此待分类项属于哪个类别。

朴素贝叶斯分类的正式定义如下。

（1）设 $x=(a_1,a_2,\cdots,a_n)$ 为一个待分类项，而每一项为 x 的一个特征属性。

（2）有类别集合 $C=(y_1,y_2,\cdots,y_n)$。

（3）计算 $P(y_1\mid x)$、$P(y_2\mid x)$、$\cdots$、$P(y_n\mid x)$。

（4）如果 $P(y_k\mid x)=\max\{P(y_1\mid x),P(y_2\mid x),\cdots,P(y_n\mid x)\}$，则 $x\in y_k$。

那么现在的关键就是如何计算第（3）步中的各个条件概率，方法如下。

（1）找到一个已知分类的待分类项集合，这个集合叫作训练样本集。

（2）统计得到在各类别下各个特征属性的条件概率估计，即

$$P(a_1\mid y_1),\cdots,P(a_n\mid y_1);P(a_1\mid y_2),\cdots,P(a_n\mid y_2);\cdots P(a_1\mid y_n),\cdots,P(a_n\mid y_n)$$

（3）如果各个特征属性是条件独立的，则根据贝叶斯定理有如下推导：

$$P(y_i\mid x)=\frac{P(x|y_i)P(y_i)}{P(x)} \tag{8.12}$$

分母对于所有类别而言为常数，因此只需要将分子最大化。又因为各特征属性是条件独立的，所以有：

$$P(x\mid y_i)P(y_i)=P(a_1|y_i)P(a_2|y_i)\cdots P(a_n|y_i)=P(y_i)\prod_{j=1}^{m}P(a_j|y_i) \tag{8.13}$$

根据上述分析，朴素贝叶斯分类的流程如图 8-5 所示。

可以看到，整个朴素贝叶斯分类分为 3 个阶段。

（1）准备工作阶段，这个阶段的任务是为朴素贝叶斯分类做必要的准备，主要工作是根据具体情况确定特征属性，并对每个特征属性进行适当划分，然后由人工对一部分待分类项进行分类，形成训练样本。这一阶段的输入是所有待分类数据，输出是特征属性和训练样本。这一阶段是整个朴素贝叶斯分类中唯一

需要人工完成的阶段，该阶段的质量对整个过程有重要影响。分类器的质量在很大程度上由特征属性、特征属性划分及训练样本质量决定。

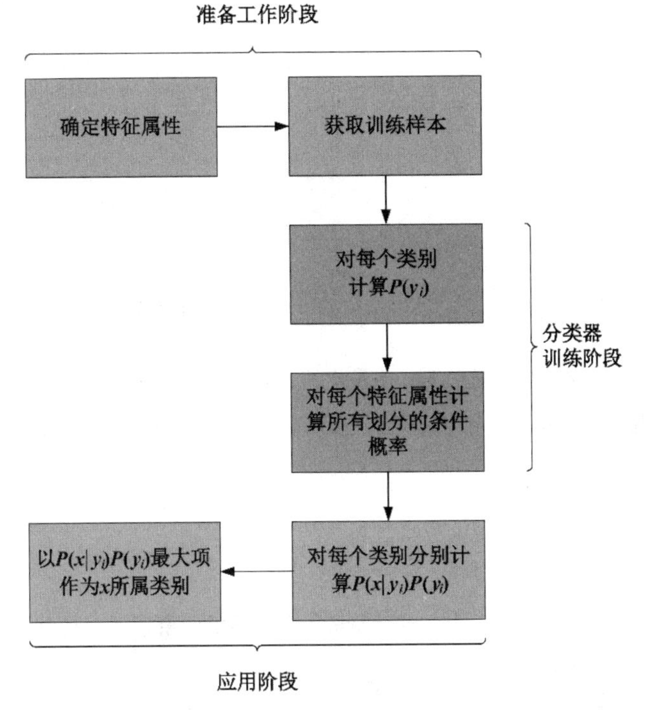

图 8-5 朴素贝叶斯分类的流程

（2）分类器训练阶段，这个阶段的任务就是生成分类器，主要工作是计算每个类别在训练样本中的出现频率及每个特征属性划分对每个类别的条件概率估计，并记录结果。这一阶段的输入是特征属性和训练样本，输出是分类器。这一阶段是机械性阶段，可以根据前面讨论的公式由程序自动计算完成。

（3）应用阶段，这个阶段的任务是使用分类器对待分类项进行分类，其输入是分类器和待分类项，输出是待分类项与类别的映射关系。这一阶段也是机械性阶段，由程序完成。

14. 支持向量机算法

支持向量机（Support Vector Machine，SVM）是一种监督学习的方法，可广泛地应用于分类以及回归分析。通常使用支持向量分类（Support Vector Classification，SVC）解决分类问题，使用支持向量回归（Support Vector Regression，SVR）解决回归问题。

支持向量分类（SVC）的主要目标是找到最佳超平面，以便在不同类的样本点之间进行正确分类。与最佳超平面距离最近的样本点的实例称为“支持向量”，“机”是指找到最佳超平面的算法。在样本空间中，最佳超平面可通过的线性方程：$\boldsymbol{w}\cdot\boldsymbol{x}+b=0$，其中 $\boldsymbol{w}=(w_1;w_2;\cdots;w_d)$ 最佳超平面由 $\boldsymbol{w}$ 和 b 两个参数确定。“支持向量”分别在边界面 $\boldsymbol{w}\cdot\boldsymbol{x}+b=1$ 和 $\boldsymbol{w}\cdot\boldsymbol{x}+b=-1$ 上面。两个边界面是平行的，两者之间形成一条长带，长带的宽度 $\frac{2}{\|\boldsymbol{w}\|}$ 称为间隔，如图 8-6 所示。

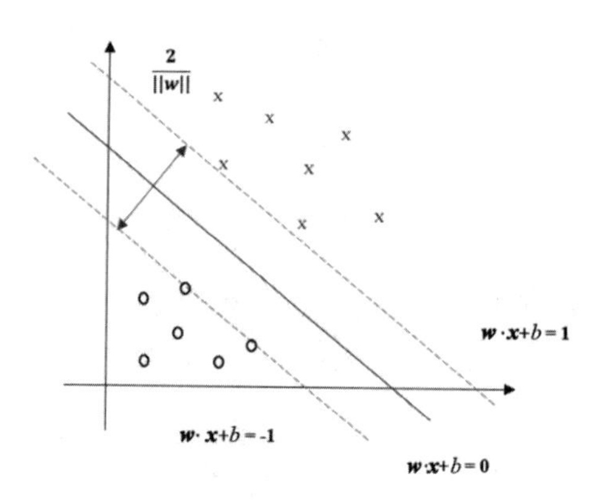

图 8-6　支持向量分类（SVC）最佳超平面

支持向量分类（SVC）的目的就是找到一个最优的分类器，或者说，找到一个最佳超平面，使得分类间隔最大。通过调整超平面的位置，使得间隔最大，从而实现优化目标。要成为最优的分类器，首先要正确分类，需满足如下条件：

$$\begin{cases} \boldsymbol{w}^{\mathrm{T}}\boldsymbol{x}_i + b \geqslant 1, & y_i = +1 \\ \boldsymbol{w}^{\mathrm{T}}\boldsymbol{x}_i + b \leqslant -1, & y_i = -1 \end{cases} \tag{8.14}$$

将式（8.14）统一为：$y_i(\boldsymbol{w}^{\mathrm{T}}\boldsymbol{x}_i+b)\geqslant 1$，这就是最优分类器的约束条件。其中 $i=(1,2,\cdots,m)$，$\{(\boldsymbol{x}_1,y_1),(\boldsymbol{x}_2,y_2),\cdots,(\boldsymbol{x}_m,y_m)\}$为给定的训练样本集。

于是，支持向量分类的目标是找到具有最大间隔的最佳超平面，也就是要找到能满足约束条件的参数 w 和 b，使得 $\frac{2}{\|\boldsymbol{w}\|}$ 最大化，公式如下：

$$\max_{(w,b)} \frac{2}{\|\boldsymbol{w}\|}, \quad \text{s.t. } y_i(\boldsymbol{w}^{\mathrm{T}}\boldsymbol{x}_i + b) \geqslant 1, i = 1,2,\cdots,m \tag{8.15}$$

式（8.15）可以转换为：

$$\min_{(w,b)} \frac{\|\boldsymbol{w}\|^2}{2}, \text{s.t. } y_i(\boldsymbol{w}^{\mathrm{T}}\boldsymbol{x}_i + b) \geqslant 1, \ i = 1,2,\cdots,m \tag{8.16}$$

经过转换，支持向量分类的目标就转变为：在满足约束条件的情况下，求参数 $\boldsymbol{w}$ 和 $\boldsymbol{b}$，使得 $\frac{\|\boldsymbol{w}\|^2}{2}$ 最小化。

如果说支持向量分类的目标是找一个最佳超平面，使得离超平面最近的样本点到超平面的距离最大化；那么，支持向量回归的目标则是找一个最佳超平面，使得离超平面最远的样本点到超平面的距离最小化。

支持向量回归（SVR）要解决的问题是，对于给定的训练样本集$\{(\boldsymbol{x}_1,y_1),(\boldsymbol{x}_2,y_2),\cdots,(\boldsymbol{x}_m,y_m)\}$，找到一个最佳超平面，线性方程为 $f(x)=\boldsymbol{wx}+b$，使得样本 $\boldsymbol{x}$ 的预测值 $f(x)$与 y 之间的距离尽可能小。偏差 ε 是支持向量回归中一个非常重要的概念，它表示 SVR 对样本 x 的预测值 $f(x)$与 y 之间的偏差的容忍度。当两者时间的偏差小于 ε 时，损失为 0；当两者之间的偏差不小于 ε 时，损失不为 0。支持向量回归（SVR）的目标就是找到一个最佳超平面 $f(x)=\boldsymbol{wx}+b$，以最佳超平面为中心，构建一个宽度为 2ε 的间隔带，使得此间隔带尽可能多地把所有样本点都包含进去，如图 8-7 所示。

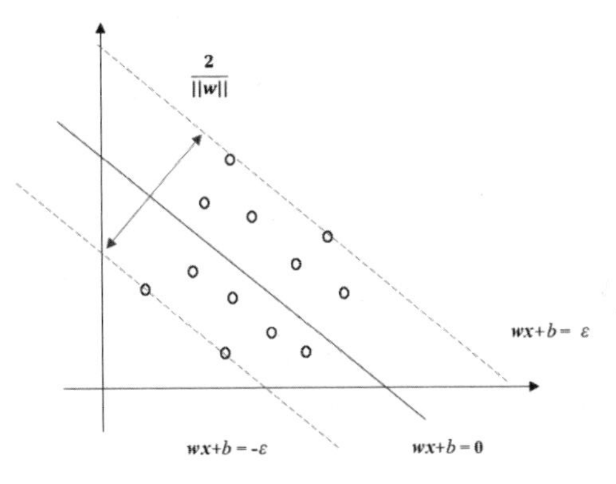

图 8-7 支持向量回归（SVR）最佳超平面

于是，支持向量回归的目标是在满足约束条件的情况下，求参数 $\boldsymbol{w}$ 和 $\boldsymbol{b}$，使得 ε 尽可能小的情况下间隔带尽量包含样本点，公式如下：

$$\min_{(\boldsymbol{w},\boldsymbol{b})}\varepsilon,\ \ \boldsymbol{s.t.}-\varepsilon\leqslant y_i-f(x_i)\leqslant\varepsilon, f(x_i)=\boldsymbol{w}\boldsymbol{x}_i+\boldsymbol{b},\ \ i=1,2,\cdots,m \tag{8.17}$$

任务实现

任务 8.1 使用 sklearn 处理 iris 数据集——使用 sklearn 处理数据

本任务的主要内容：

- 使用 sklearn 提供的函数加载自带的数据集，查看数据集中的数据、标签、特征名称和描述信息；
- 使用 sklearn 中的 train_test_split 函数分别将传入的数据集划分为训练集和测试集，查看划分后数据集的大小变化。

微课 35

使用 sklearn 处理数据（下）

8.1.1 导入数据集

单元 4 中已经介绍过利用 pandas 从文本文件、Excel 文件和数据库文件中加载数据。sklearn 库的 datasets 模块集成了部分数据分析的常用数据集，可以使用这些数据集进行数据预处理、建模等操作，以熟悉 sklearn 的数据预处理流程和建模流程。datasets 模块常用数据集的加载函数如表 8-4 所示。

表 8-4 datasets 模块常用数据集的加载函数

加载函数	说明	任务类型
load_boston	加载波士顿房价数据	回归
load_digits	加载手写数字数据	分类
load_iris	加载鸢尾花数据	分类、聚类
load_wine	加载红酒数据	分类

如果需要加载某个数据集，可以将对应的加载函数赋值给某个变量，使用 load_iris 加载 iris 数据集如

代码 8-1 所示。

代码 8-1

In[1]:	from sklearn.datasets import load_iris
	iris = load_iris()#请用加载函数，并将返回值赋值给变量
	print('iris 数据集的长度为:',len(iris))
	print('iris 数据集的类型为:',type(iris))

Out[1]:	iris 数据集的长度为: 7 iris 数据集的类型为: <class 'sklearn.utils.Bunch'>

加载的数据集可以视为一个字典，几乎所有的 sklearn 数据集均可以使用 data、target、feature_names、DESCR 分别获取数据、标签、特征名称和描述信息等，如代码 8-2 所示。

代码 8-2

In[2]:	iris_data = iris['data'] print('iris 数据集的数据为:',iris_data)
Out[2]:	iris 数据集的数据为: [[5.1 3.5 1.4 0.2] [4.9 3.1.4 0.2] [4.7 3.2 1.3 0.2] [4.6 3.1 1.5 0.2] …… [6.5 3.5.2 2.] [6.2 3.4 5.4 2.3] [5.9 3.5.1 1.8]]

In[3]:	iris_target = iris['target'] #取出数据集的标签
	print('iris 数据集的标签为:',iris_target)

Out[3]:	iris 数据集的标签为: [0 0 0 0 0 0 0 0 0 0 0 0 0 0 0 0 0 0 0 0 0 0 0 0 0 0 0 0 0 0 0 0 0 0 0 0 0 0 0 0 0 0 0 0 0 0 0 0 0 0 1 1 1 1 1 1 1 1 1 1 1 1 1 1 1 1 1 1 1 1 1 1 1 1 1 1 1 1 1 1 1 1 1 1 1 1 1 1 1 1 1 1 1 1 1 1 1 1 1 1 2 2 2 2 2 2 2 2 2 2 2 2 2 2 2 2 2 2 2 2 2 2 2 2 2 2 2 2 2 2 2 2 2 2 2 2 2 2 2 2 2 2 2 2 2 2 2 2 2 2 2 2]

In[4]:	iris_names = iris['feature_names'] #取出数据集的特征名称
	print('iris 数据集的特征名称为:',iris_names)

Out[4]:	iris 数据集的特征名称为: ['sepal length (cm)', 'sepal width (cm)', 'petal length (cm)', 'petal width (cm)']

In[5]:	iris_desc = iris['DESCR'] #取出数据集的描述信息
	print('iris 数据集的描述信息为:',iris_desc)

Out[5]:	iris 数据集的描述信息为: .. _iris_dataset:
	
	Iris plants dataset
	-------------------- 	
	
	Data Set Characteristics:
	
	    :Number of Instances: 150 (50 in each of three classes)
	    :Number of Attributes: 4 numeric, predictive attributes and the
	class
	    :Attribute Information:
	        - sepal length in cm

	- sepal width in cm - petal length in cm - petal width in cm ......

8.1.2 划分训练集和测试集

在数据分析过程中，为了保证模型在实际系统中能够起到预期作用，一般需要将样本分成独立的 3 部分：训练集（Training Set）、验证集（Validation Set）和测试集（Testing Set）。其中训练集用于估计模型，验证集用于确定网络结构或者控制模型复杂程度的参数，而测试集则用于检验最优模型的性能。典型的划分方式是训练集占总样本的 50%，而验证集和测试集各占 25%。

而当数据总量较少的时候，使用上面的方法将数据划分为 3 部分就不合适了。常用的方法是留少部分做测试集，然后对其余 N 个样本采用 K 折交叉验证法。其基本步骤是将样本打乱，然后均匀分成 K 份，轮流选择 K-1 份做训练，剩余的一份做验证，计算预测误差平方和，最后把 K 次的预测误差平方和的均值作为选择最优模型结构的依据。

train_test_split 函数可以将传入的数据划分为训练集和测试集，如果传入的是一组数据，那么生成的就是这一组数据随机划分后的测试集和训练集，总共两组。如果传入的是两组数据，则生成的训练集和测试集分别有两组，总共 4 组。

将 iris 数据集划分为训练集和测试集，如代码 8-3 所示。

代码 8-3

In[6]:	print('iris 数据集数据的形状为:',iris_data.shape) print('iris 数据集标签的形状为:',iris_target.shape)
Out[6]:	iris 数据集数据的形状为: (150, 4) iris 数据集标签的形状为: (150,)
In[7]:	from sklearn.model_selection import train_test_split iris_data_train, iris_data_test, \\ iris_target_train, iris_target_test = \\ train_test_split(iris_data,iris_target,test_size=0.2,random_state=42) print('训练集数据的形状为:',iris_data_train.shape) print('训练集标签的形状为:',iris_target_train.shape) print('测试集数据的形状为:',iris_data_test.shape) print('测试集标签的形状为:',iris_target_test.shape)
Out[7]:	训练集数据的形状为: (120, 4) 训练集标签的形状为: (120,) 测试集数据的形状为: (30, 4) 测试集标签的形状为: (30,)

上述代码使用 train_test_split 函数把 iris 数据集划分为训练集和测试集，并分别查看了训练集和测试集的数据形状和标签形状，从执行结果可以看出，训练集和测试集的大小比例为 4:1。

【课堂实践】

加载 boston 数据集并使用 train_test_split 函数把 boston 数据集划分为训练集和测试集。

职业技能的相关要求

完成任务 8.1 的学习将达到数据应用开发与服务(Python)（初级）职业技能的相关要求，具体内容如下：

> ✧ 数据应用开发与服务(Python)（初级）职业技能的相关要求
> - 理解训练集和测试集的意义，并能够使用sklearn库函数，从原始数据集中随机划分子集。

任务 8.2 boston 数据集预处理和降维——数据预处理

本任务的主要内容：

- 使用 sklearn 提供的函数对划分后的数据集分别进行标准化和归一化处理；
- 使用 sklearn 提供的函数对数据集进行 PCA 降维处理。

微课 36

数据集预处理

8.2.1 实现数据标准化

标准化会将特征值的分布调整成标准正态分布，也叫高斯分布，也就是使得数据的均值为 0，方差为 1。

标准化的原因在于如果有些特征值的方差过大，则会导致目标函数无法正确地学习其他特征。标准化的过程为两步：去均值的中心化（均值变为 0）和方差的规模化（方差变为 1）。sklearn 实现标准化的步骤如代码 8-4 所示。

代码 8-4

```
In[8]:
from sklearn.datasets import load_boston
boston = load_boston()#将数据集赋值给 boston 变量
boston_data = boston['data']
boston_target = boston['target']
boston_names = boston['feature_names']
print('boston 数据集数据的形状为:',boston_data.shape)
print('boston 数据集标签的形状为:',boston_target.shape)

Out[8]:
boston 数据集数据的形状为: (506, 13)
boston 数据集标签的形状为: (506,)

In[9]:
from sklearn.model_selection import train_test_split
boston_data_train, boston_data_test, \
boston_target_train, boston_target_test = \
train_test_split(boston_data,boston_target,test_size=0.2,random_state=42)
print('训练集数据的形状为:',boston_data_train.shape)
print('训练集标签的形状为:',boston_target_train.shape)
print('测试集数据的形状为:',boston_data_test.shape)
print('测试集标签的形状为:',boston_target_test.shape)

Out[9]:
训练集数据的形状为: (404, 13)
训练集标签的形状为: (404,)
测试集数据的形状为: (102, 13)
测试集标签的形状为: (102,)
```

In[10]:	from sklearn.preprocessing import StandardScaler
	import numpy as np
	stdScale = StandardScaler().fit(boston_data_train) #生成规则
	#将规则应用于训练集
	boston_trainScaler = stdScale.transform(boston_data_train)
	#将规则应用于测试集
	boston_testScaler = stdScale.transform(boston_data_test)
	print('标准差标准化后训练集的方差为:',np.var(boston_trainScaler))
	print('标准差标准化后训练集的均值为:',np.mean(boston_trainScaler))
	print('标准差标准化后测试集的方差为:',np.var(boston_testScaler))
	print('标准差标准化后测试集的均值为:',np.mean(boston_testScaler))

Out[10]:	标准差标准化后训练集的方差为: 1.0 标准差标准化后训练集的均值为: 1.3637225393110834e-15 标准差标准化后测试集的方差为: 0.9474773930196593 标准差标准化后测试集的均值为: 0.030537934487192598

使用 sklearn 获取自带的 boston 数据集，划分训练集和测试集；使用 StandardScaler，调用 fit 和 transform 方法分别对训练集和测试集进行标准化处理。从执行结果可以看到，经过处理，训练集和测试集近似服从正态分布，方差近似为 1，均值近似为 0。

8.2.2 实现数据归一化

归一化是一种对数据的数值范围进行特定缩放，但不改变其数据分布的线性特征变换。归一化应用于不涉及距离度量、协方差计算、数据不符合正态分布的场景。此外，由于归一化中最大值和最小值的取值本身可能不合理（例如异常值等），很容易使得归一化效果差。实际使用中可以用经验常量来替代最大值和最小值。对 boston 数据集进行归一化，如代码 8-5 所示。

代码 8-5

In[11]:	from sklearn.preprocessing import MinMaxScaler
	import numpy as np
	minmaxScale = MinMaxScaler().fit(boston_data_train) #生成规则
	#将规则应用于训练集
	boston_trainScaler = minmaxScale.transform(boston_data_train)
	#将规则应用于测试集
	boston_testScaler = minmaxScale.transform(boston_data_test)
	print('归一化前训练集的最小值为:',np.min(boston_data_train))
	print('归一化后训练集的最小值为:',np.min(boston_trainScaler))
	print('归一化前训练集的最大值为:',np.max(boston_data_train))
	print('归一化后训练集的最大值为:',np.max(boston_trainScaler))
	print('归一化前测试集的最小值为:',np.min(boston_data_test))
	print('归一化后测试集的最小值为:',np.min(boston_testScaler))
	print('归一化前测试集的最大值为:',np.max(boston_data_test))
	print('归一化后测试集的最大值为:',np.max(boston_testScaler))

Out[11]:	归一化前训练集的最小值为: 0.0 归一化后训练集的最小值为: 0.0 归一化前训练集的最大值为: 711.0 归一化后训练集的最大值为: 1.0000000000000002

```
归一化前测试集的最小值为: 0.0
归一化后测试集的最小值为: -0.06141956477526944
归一化前测试集的最大值为: 711.0
归一化后测试集的最大值为: 1.0
```

代码 8-5 使用 MinMaxScaler 对 8.2.1 小节处理后的训练集和测试集进行归一化。从执行结果可以看到，经过归一化处理，训练集数据的最小值、最大值限定在[0,1]，同时测试集应用了训练集的归一化规则，数据超出了[0,1]，这也从侧面证明此处应用了训练集的规则。若两个数据集单独做归一化或两个数据集合并做归一化，取值范围会限定在[0,1]。

8.2.3 实现 PCA 降维

使用 PCA 降维算法处理 boston 数据集的过程如代码 8-6 所示，此处选择主成分特征维度为 3。

代码 8-6

```
In[12]:
from sklearn.decomposition import PCA
pca_model = PCA(n_components=3).fit(boston_trainScaler)  #生成规则
#将规则应用于归一化后训练集
boston_trainPca = pca_model.transform(boston_trainScaler)
#将规则应用于归一化后测试集
boston_testPca = pca_model.transform(boston_testScaler)
print('训练集 PCA 降维前的形状为:', boston_trainScaler.shape)
print('训练集 PCA 降维后的形状为:', boston_trainPca.shape)
print('测试集 PCA 降维前的形状为:', boston_testScaler.shape)
print('测试集 PCA 降维后的形状为:', boston_testPca.shape)
```

```
Out[12]:
训练集 PCA 降维前的形状为: (404, 13)
训练集 PCA 降维后的形状为: (404, 3)
测试集 PCA 降维前的形状为: (102, 13)
测试集 PCA 降维后的形状为: (102, 3)
```

代码 8-6 中 PCA 降维算法只传入了 n_components 参数，PCA 降维算法的主要参数和说明如表 8-5 所示。

表 8-5 PCA 降维算法的主要参数和说明

参数	说明
n_components	PCA 算法降维后要保留的主成分个数。 如果没有设置 n_components，则降维后保留所有成分； 如果 n_components 是整数 n，则降维后保留 n 个主成分； 如果 n_components 是字符串“mle”，则根据最大似然估计自动选取主成分个数； 如果 n_components 是在 0 ~ 1 的浮点数，且 svd_solver 的值为“full”，则降维后主成分按 n_components 指定比例保留，如 n_components=0.95，则降维后保留 95%的主成分
copy	接收 bool 类型，表示是否将原数据复制，默认为 True
whiten	接收 bool 类型，表示是否白化，白化的目的是降低输入数据的冗余性，使得经过白化处理的输入数据特征之间相关性较低且方差都为 1，默认为 False

续表

参数	说明
svd_solver	取值包括'auto'、'full'、'arpack'、'randomized'等，表示选择奇异值分解（Singular Value Decomposition，SVD）的方法，默认为'auto'。 svd_solver='auto'，自动权衡选择下述 3 种方法。 svd_solver='full'，传统意义上的 SVD，使用了 scipy 库对应的实现。 svd_solver='arpack'，直接使用 scipy 库的 sparse SVD 实现，和 randomized 的适用场景类似。 svd_solver='randomized'，适用于数据量大、数据维度多、主成分比例较低的 PCA 降维

【课堂实践】

根据表 8-4 加载 wine 数据集并分别进行标准化和归一化。

职业技能的相关要求

完成任务 8.2 的学习将达到数据应用开发与服务(Python)（中级）职业技能的相关要求，具体内容如下：

- ✧ 数据应用开发与服务(Python)（中级）职业技能的相关要求
  - 能够调用sklearn库函数对数据进行标准化和归一化处理。

任务 8.3 使用 boston 数据集构建回归模型——回归模型分析与预测

本任务的主要内容：

- 使用 sklearn 提供的函数构建线性回归模型，通过计算统计学指标评价回归模型性能；
- 基于 sklearn 创建支持向量机回归模型，训练拟合模型，进行预测和拟合优度计算。

8.3.1 实现线性回归模型

接下来，通过一些实例代码来演示一下线性回归的用法。以 boston 数据集为例构建线性回归模型，如代码 8-7 所示。

代码 8-7

```
In[13]:  #加载所需函数
         from sklearn.linear_model import LinearRegression
         from sklearn.datasets import load_boston
         from sklearn.model_selection import train_test_split
         #加载boston数据集
         boston = load_boston()
         X = boston['data']
         y = boston['target']
         names = boston['feature_names']
         #将数据集划分为训练集和测试集
```

	X_train,X_test,y_train,y_test = train_test_split(X,y,test_size = 0.2,random_state=125)
	#建立线性回归模型
	clf = LinearRegression().fit(X_train,y_train)
	#预测测试集结果
	y_pred = clf.predict(X_test)
	print('预测前 20 个结果为：','\n',y_pred[:20])

Out[13]:	预测前 20 个结果为： [21.16289134 19.67630366 22.02458756 24.61877465 14.44016461 23.32107187 16.64386997 14.97085403 33.58043891 17.49079058 25.50429987 36.60653092 25.95062329 28.49744469 19.35133847 20.17145783 25.97572083 18.26842082 16.52840639 17.08939063]

利用预测结果和真实结果画出折线图，能较为直观地看出线性回归结果。代码 8-8 所示的折线图说明大部分预测值和真实值比较接近，偏差较小，但是仍有部分偏差较大。

代码 8-8

In[14]:

```
import matplotlib.pyplot as plt
from matplotlib import rcParams
rcParams['font.sans-serif'] = 'SimHei'
fig = plt.figure(figsize=(10,6)) #设定空白画布，并设定大小
#用不同的颜色表示不同数据
plt.plot(range(y_test.shape[0]),y_test,color="blue", linewidth=1.5,
linestyle="-")
plt.plot(range(y_test.shape[0]),y_pred,color="red", linewidth=1.5,
linestyle="-.")
plt.legend(['真实值','预测值'])
plt.savefig('./预测结果.png')
plt.show() #显示图片
```

Out[14]:

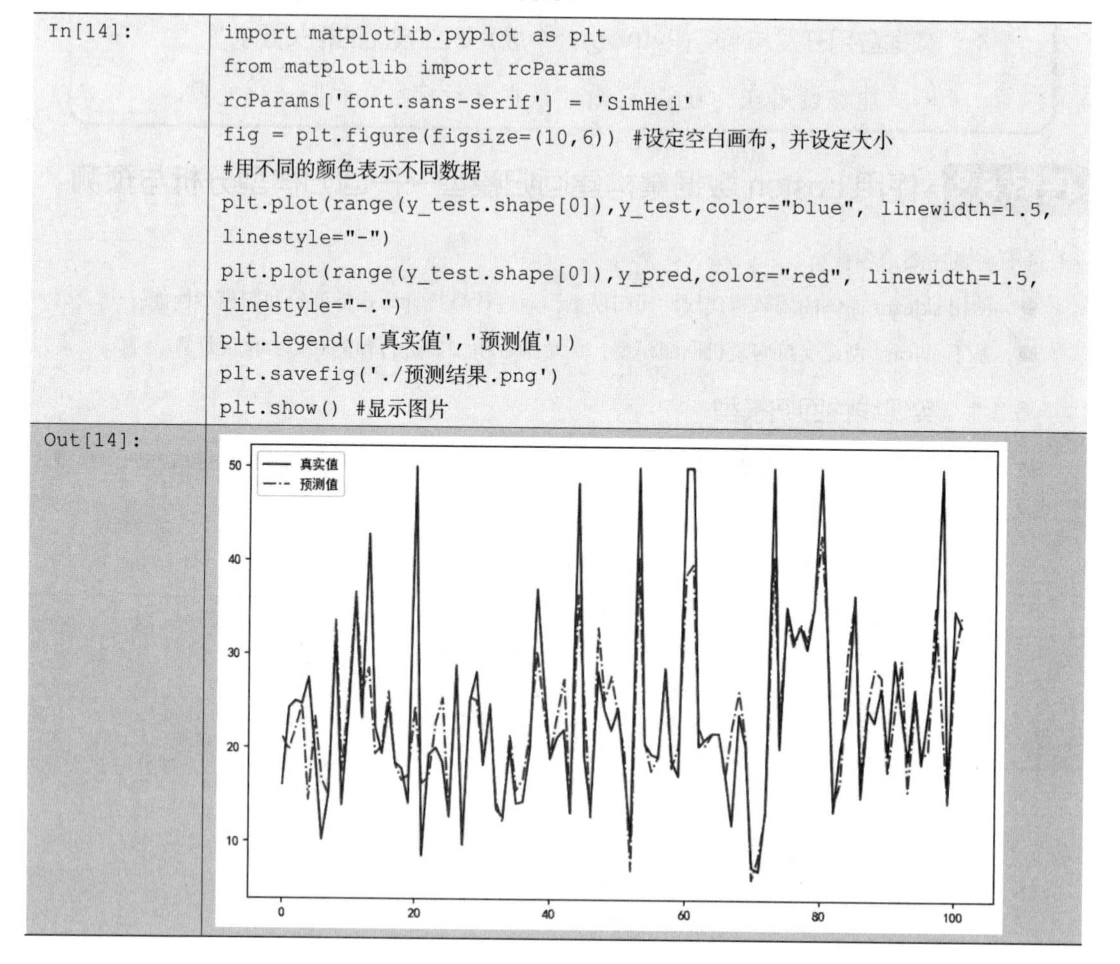

可以使用一些统计学指标评价回归模型性能，平均绝对误差、均方误差和中值绝对误差，它们的值越接近 0，模型性能越好；可解释方差值和拟合优度R^2越接近 1，模型性能越好。使用 sklearn 中的 metrics 模块评价本小节构建的线性回归模型，如代码 8-9 所示。

代码 8-9

In[15]:
```
from sklearn.metrics import explained_variance_score,\
mean_absolute_error,\
mean_squared_error,\
median_absolute_error,r2_score
print('boston 数据集线性回归模型的平均绝对误差为：',
    mean_absolute_error(y_test,y_pred))
print('boston 数据线性回归模型的均方误差为：',
    mean_squared_error(y_test,y_pred))
print('boston 数据线性回归模型的中值绝对误差为：',
    median_absolute_error(y_test,y_pred))
print('boston 数据线性回归模型的可解释方差值为：',
    explained_variance_score(y_test,y_pred))
print('boston 数据线性回归模型的拟合优度为：',
    r2_score(y_test,y_pred))
```

Out[15]:
```
boston 数据线性回归模型的平均绝对误差为： 3.37755173600821
boston 数据线性回归模型的均方误差为： 31.15051739031565
boston 数据线性回归模型的中值绝对误差为： 1.7788996425420152
boston 数据线性回归模型的可解释方差值为： 0.7105475650096655
boston 数据线性回归模型的拟合优度为： 0.7068961686076836
```

8.3.2 实现支持向量回归模型

本小节用支持向量机进行房价预测，首先载入 sklearn 自带的波士顿房价数据集 boston，如代码 8-10 所示。其中 x 就是要提供给机器进行学习的特征，如房间大小、位置、房间数等，y 就是要得到的预测结果（房价）。然后将数据集分割成训练集和测试集，进行数据标准化，创建支持向量回归模型，得到房价预测结果。

代码 8-10

In[16]:
```
#导入数据集
from sklearn.datasets import load_boston
boston = load_boston()
x = boston.data
y = boston.target
#将数据集分割成训练集和测试集
from sklearn.model_selection import train_test_split
#随机采样 33%的数据作为测试集，67%的数据作为训练集
train_x, test_x, train_y, test_y = train_test_split(x, y,
test_size=0.33, random_state=43)
#数据标准化
from sklearn.preprocessing import StandardScaler
ss_x = StandardScaler()
train_x = ss_x.fit_transform(train_x)
test_x = ss_x.transform(test_x)
```

	#创建 SVR 模型，获取房价预测结果
	from sklearn.svm import SVR #SVR 用于回归预测
	boston_svr = SVR()
	boston_svr.fit(train_x, train_y)
	#训练集 train_x 的预测结果
	boston_svr_train_y_predict = boston_svr.predict(train_x)
	print('训练集的预测结果:\n',boston_svr_train_y_predict)
	#训练集的准确率
	from sklearn.metrics import r2_score
	boston_train_acc = r2_score(train_y, boston_svr_train_y_predict)
	print('训练集的准确率{}'.format(boston_train_acc))

Out[16]:	训练集的预测结果： [19.88897601 19.34412466 19.05282951 15.44585465 24.10913603 29.90434363 20.58837195 26.11194226 16.18856738 14.88339553 20.10274314 25.09986989 33.8218769 17.42442973 17.48906291 33.27946096 …… 27.76920601 19.14234086 17.43385881 13.96551215 24.76009886 31.36905525 16.83716746 29.45920295 21.28165527 21.71859788 28.48495048 27.9407951 21.00019683 23.89997607 24.48665915] 训练集的准确率:0.6404213397110377

从代码 8-10 可以看到程序对训练集数据进行学习并产生的预测结果。分类预测准确率和回归预测准确率的计算方法是不一样的，分类预测准确率的计算用 accuracy_score 函数实现，此处的 r2_score 用于计算回归预测的准确率。代码 8-11 展示了模型训练好后使用 joblib 模块保存模型到本地并加载模型的方法，使用模型对测试集进行预测。

代码 8-11

In[17]:	#使用 sklearn 自带的文件格式保存模型
	import joblib
	joblib.dump(boston_svr, './boston_svr.pkl')
	#加载模型 boston_svr.pkl
	boston_svr_model = joblib.load('./boston_svr.pkl')
	boston_svr_test_y_predict = boston_svr_model.predict(test_x) #使用加载的模型对测试集进行预测
	print('对测试集进行预测结果:\n',boston_svr_test_y_predict)
	#测试集的准确率
	boston_test_acc = r2_score(test_y, boston_svr_test_y_predict)
	print('测试集的准确率:{}'.format(boston_test_acc))

Out[17]:	对测试集进行预测结果： [20.51160942 15.57638578 19.07610455 27.32930359 15.93418065 15.61717457 15.28284385 22.51855216 21.84201713 18.6260748 24.08948057 25.92057531 17.01609143 21.12463349 19.67497451 12.70245969 …… 32.96740335 25.67903347 16.36136107 13.93745763 12.82022975 19.8375465 15.88251479 23.41318156 25.24155874 18.58474873 14.73776989] 测试集的准确率:0.6648509700113412

从代码 8-11 的执行结果可以看到，支持向量机回归模型在测试集上的准确率高于在训练集上的，但是效果一般。代码 8-12 是对支持向量机回归模型的预测结果进行可视化展示。

代码 8-12

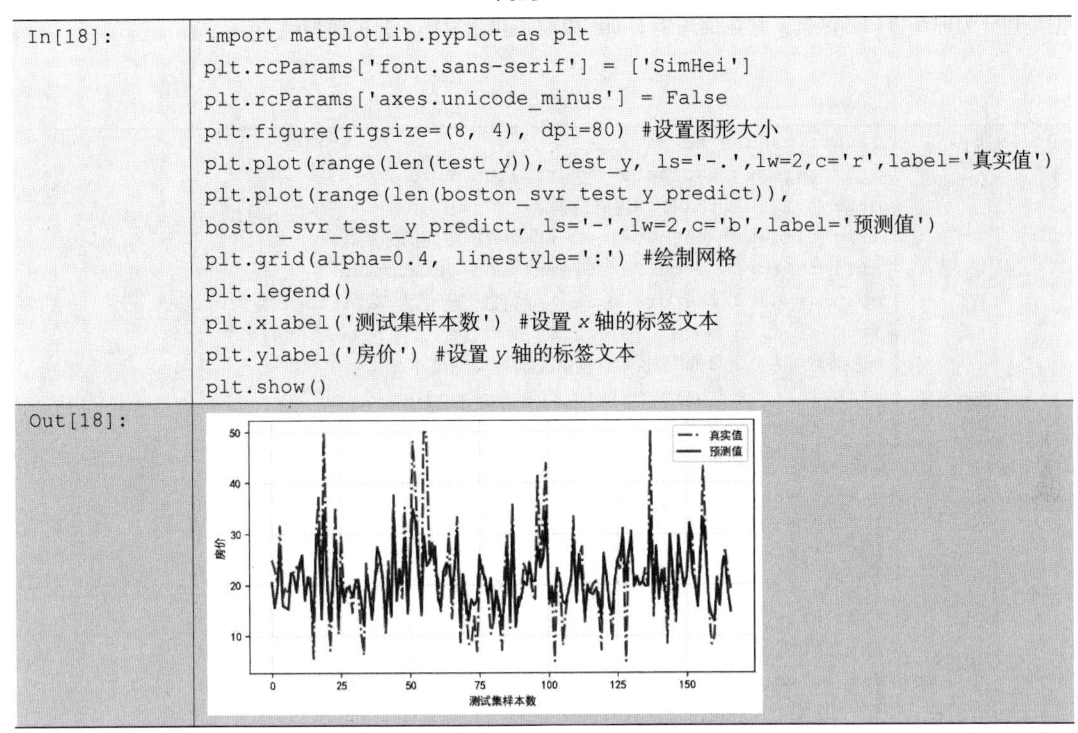

```
In[18]:   import matplotlib.pyplot as plt
          plt.rcParams['font.sans-serif'] = ['SimHei']
          plt.rcParams['axes.unicode_minus'] = False
          plt.figure(figsize=(8, 4), dpi=80) #设置图形大小
          plt.plot(range(len(test_y)), test_y, ls='-.',lw=2,c='r',label='真实值')
          plt.plot(range(len(boston_svr_test_y_predict)),
          boston_svr_test_y_predict, ls='-',lw=2,c='b',label='预测值')
          plt.grid(alpha=0.4, linestyle=':') #绘制网格
          plt.legend()
          plt.xlabel('测试集样本数') #设置 x 轴的标签文本
          plt.ylabel('房价') #设置 y 轴的标签文本
          plt.show()
Out[18]:
```


通过代码 8-12 的输出结果可以直观地看出，预测值和真实值有很大的差距。总体而言，真实值更加不稳定。

【课堂实践】

根据表 8-4，加载 sklearn 中的 wine 数据集，使用 sklearn 构建线性回归模型。

职业技能的相关要求

完成任务 8.3 的学习将达到数据应用开发与服务(Python)（中级）职业技能的相关要求，具体内容如下：

- ✧ 数据应用开发与服务(Python)（中级）职业技能的相关要求
  - ▪ 能够使用sklearn模块的算法包构建和训练线性回归模型。

任务 8.4 使用 iris 数据集构建分类模型——分类模型分析与预测

本任务的主要内容：

- 使用 sklearn 构建逻辑斯谛回归分类模型，进行模型训练拟合，预测并计算分类模型的准确度；

- 使用 sklearn 构建朴素贝叶斯分类模型，进行模型训练拟合，预测并计算分类模型的准确度。

8.4.1 实现逻辑斯谛回归分类

基于 iris 数据集进行逻辑斯谛回归分类模型构建，如代码 8-13 所示。为了正确评估模型性能，将数据集划分为训练集和测试集，并在训练集上训练模型，在测试集上验证模型性能。

代码 8-13

In[19]:

```
import pandas as pd
from sklearn.datasets import load_iris
data = load_iris() #得到数据
iris_target = data.target #得到数据对应的标签
iris_features = pd.DataFrame(data=data.data,
columns=data.feature_names) #将数据转化为 DataFrame 类型
from sklearn.model_selection import train_test_split
#选择类别为 0 和 1 的样本（不包括类别为 2 的样本）
iris_features_part = iris_features.iloc[:100]
iris_target_part = iris_target[:100]
#测试集的占比为 20%，训练集的占比为 80%
x_train, x_test, y_train, y_test =
train_test_split(iris_features_part, iris_target_part, test_size =
0.2, random_state = 2020)
#从 sklearn 中导入逻辑斯谛回归模型的相关库
from sklearn.linear_model import LogisticRegression
#定义逻辑斯谛回归模型
clf = LogisticRegression(random_state=0, solver='lbfgs')
#在训练集上训练逻辑斯谛回归模型
clf.fit(x_train, y_train)
#查看其对应的 w
print('逻辑斯谛回归模型对应的 w 为:\n',clf.coef_)
#查看其对应的 w0
print('逻辑斯谛回归模型对应的 w0 为:\n',clf.intercept_)
```

Out[19]:

```
逻辑斯谛回归模型对应的 w 为:
 [[ 0.45181973 -0.81743611  2.14470304  0.89838607]]
逻辑斯谛回归模型对应的 w0 为:
 [-6.53367714]
```

创建 LogisticRegression 对象，用于训练逻辑斯谛回归模型。对象的 coef_属性存储了模型的特征系数，对象的 intercept_属性存储了模型的截距。

然后在训练集和测试集上分别利用训练好的模型进行预测，使用训练集计算模型的准确度（预测正确的样本数目占总预测样本数目的比例）来评估模型性能，并查看混淆矩阵（预测值和真实值的各类情况统计矩阵），如代码 8-14 所示。

代码 8-14

In[20]:

```
#在训练集和测试集上分别利用训练好的模型进行预测
train_predict = clf.predict(x_train)
test_predict = clf.predict(x_test)
from sklearn import metrics
```

	#计算准确度
	print('训练集准确度为:',metrics.accuracy_score(y_train,train_predict))
	#查看混淆矩阵
	confusion_matrix_result =
	metrics.confusion_matrix(test_predict,y_test)
	print('混淆矩阵为:\n',confusion_matrix_result)

Out[20]:	训练集准确度为: 1.0 混淆矩阵为: [[9 0] [0 11]]

In[21]:	import matplotlib as mpl
	import matplotlib.pyplot as plt
	import seaborn as sns
	#利用热力图对结果进行可视化
	plt.figure(figsize=(8, 6))
	mpl.rcParams['font.sans-serif'] = [u'simHei'] #正常显示中文
	mpl.rcParams['axes.unicode_minus'] = False
	sns.heatmap(confusion_matrix_result, annot=True, cmap='Blues')
	plt.xlabel(u'预测值')
	plt.ylabel(u'真实值')
	plt.show()

Out[21]:	

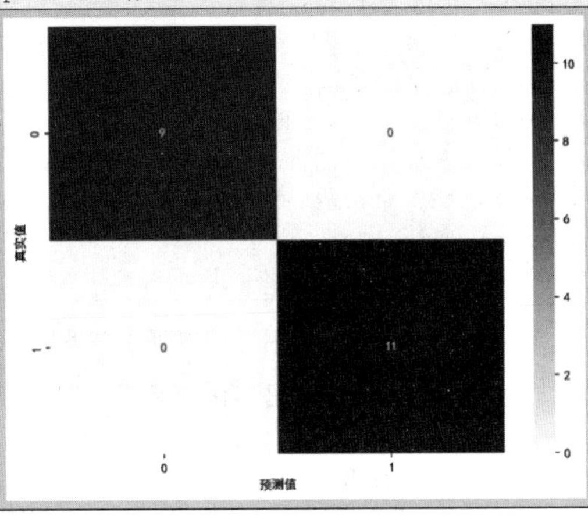

代码 8-14 对混淆矩阵进行可视化，可以看到实际标签为 0 的 9 个样本和实际标签为 1 的 11 个样本全部与模型得到的预测标签相吻合。

8.4.2 实现朴素贝叶斯算法

下面基于 iris 数据集实现朴素贝叶斯分类预测。为了方便可视化，取前两个特征维度，然后划分训练集和测试集，使用朴素贝叶斯算法建模，接着进行模型训练拟合，最后进行预测和计算准确度，如代码 8-15 所示。

代码 8-15

In[22]:	import numpy as np from sklearn import datasets from sklearn.model_selection import train_test_split from sklearn.naive_bayes import MultinomialNB, GaussianNB

	from sklearn.preprocessing import StandardScaler
	from sklearn.pipeline import Pipeline
	iris = datasets.load_iris() #加载 iris 数据集
	iris_x = iris.data #获取数据
	iris_x = iris_x[:, :2] #取前两个特征维度
	iris_y = iris.target
	#对数据集进行分割，一部分作为训练集，一部分作为测试集
	x_train, x_test, y_train, y_test \\
	= train_test_split(iris_x, iris_y, test_size=0.75, random_state=1)
	clf=GaussianNB() #使用高斯朴素贝叶斯算法建模
	ir = clf.fit(x_train, y_train.ravel()) #利用训练集数据进行拟合
	y_hat1 = ir.predict(x_test)
	result = y_hat1 == y_test
	print(result)
	acc = np.mean(result)
	print('准确度:%.2f%%' % (100 * acc))

Out[22]:	[False True False True False True True True True True True True True False False True True True True True True True False True True True True True False False False True True True False True True True False False True True False True False True False True True True True True False True True True True True True True True False True True True True True True True False True True True True True False True True False True True True True True True True True True True True True True True False True True True False False True False True False True False True False True True False False True True] 准确度:74.34%

由代码 8-15 的输出可以看出，使用 GaussianNB（高斯朴素贝叶斯）分类算法建模的准确度达到 74.34%。下面使用 matplotlib 库对分类结果进行可视化，如代码 8-16 所示。

代码 8-16

In[23]:	import matplotlib.pyplot as plt
	import matplotlib as mpl
	#画图
	x1_max, x1_min = max(x_test[:, 0]), min(x_test[:, 0]) #取 0 列特征的最大、最小值
	x2_max, x2_min = max(x_test[:, 1]), min(x_test[:, 1]) #取 1 列特征的最大、最小值
	t1 = np.linspace(x1_min, x1_max, 500) #生成 500 个测试点
	t2 = np.linspace(x2_min, x2_max, 500)
	x1, x2 = np.meshgrid(t1, t2) #生成网格采样点
	x_test1 = np.stack((x1.flat, x2.flat), axis=1)
	y_hat = ir.predict(x_test1) #预测
	mpl.rcParams['font.sans-serif'] = [u'simHei'] #正常中文
	mpl.rcParams['axes.unicode_minus'] = False
	cm_light = mpl.colors.ListedColormap(['#77E0A0', '#FF8080', '#A0A0FF']) #测试分类的颜色

```
cm_dark = mpl.colors.ListedColormap(['g', 'r', 'b'])    #样本点的颜色
plt.figure(facecolor='w')
plt.pcolormesh(x1, x2, y_hat.reshape(x1.shape),
shading='auto',cmap=cm_light)  #创建不规则网格的彩色图
plt.scatter(x_test[:, 0], x_test[:, 1], edgecolors='k', s=50,
c=y_test, cmap=cm_dark)   #测试数据的真实的样本点（散点）参数自行通过百度网
获取
plt.xlabel(u'花萼长度', fontsize=14)
plt.ylabel(u'花萼宽度', fontsize=14)
plt.title(u'GaussianNB 对 iris 数据集的分类结果', fontsize=18)
plt.grid(True)
plt.xlim(x1_min, x1_max)
plt.ylim(x2_min, x2_max)
plt.show()
```

Out[23]:

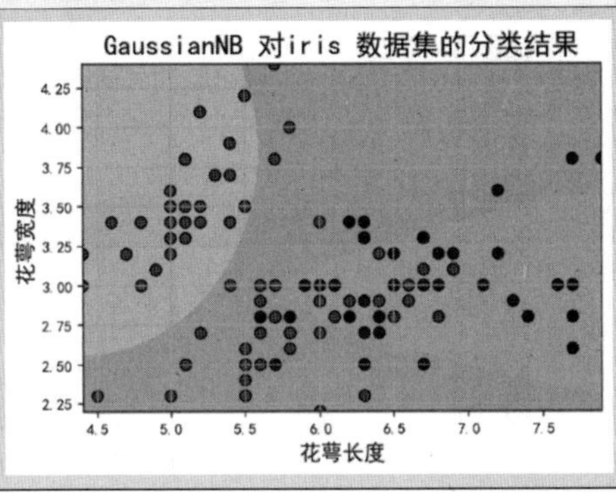

从代码 8-16 的执行结果可以看到，本次分类效果良好，分类界限比较明显，除个别点分类出错外，不同分类数目的差别不大。

【课堂实践】

根据表 8-4，加载 sklearn 中的 wine 数据集，使用 sklearn 构建逻辑斯谛回归分类模型。

职业技能的相关要求

完成任务 8.4 的学习将达到数据应用开发与服务(Python)（中级）职业技能的相关要求，具体内容如下：

✧ 数据应用开发与服务(Python)（中级）职业技能的相关要求

- 能够调用sklearn库函数构建和训练逻辑斯谛回归模型实现分类；
- 能够调用sklearn库函数构建和训练朴素贝叶斯模型实现分类。

任务 8.5 使用 iris 数据集构建聚类模型——聚类模型分析与评价

本任务的主要内容：

- 使用 sklearn 构建 K-means 聚类模型，通过可视化的方式查看聚类效果。

8.5.1 实现 K-means 算法

以 iris 数据集为例，使用 sklearn 构建 K-means 聚类模型，如代码 8-17 所示。

代码 8-17

```
In[24]:  from sklearn.datasets import load_iris
         from sklearn.preprocessing import MinMaxScaler
         from sklearn.cluster import KMeans
         iris = load_iris()
         iris_data = iris['data'] #提取数据集中的数据
         iris_target = iris['target'] #提取数据集中的标签
         iris_names = iris['feature_names'] #提取特征名称
         scale = MinMaxScaler().fit(iris_data)#训练规则
         iris_dataScale = scale.transform(iris_data) #应用规则
         kmeans = KMeans(n_clusters = 3,
            random_state=123).fit(iris_dataScale) #构建并训练模型
         result = kmeans.predict([[1.5,1.5,1.5,1.5]])
         print('花瓣花萼长度、宽度全为 1.5cm 的鸢尾花预测类别为：', result[0])
Out[24]: 花瓣花萼长度、宽度全为 1.5cm 的鸢尾花预测类别为： 0
```

8.5.2 评价 K-means 算法

聚类模型构建完成后需要通过可视化的方式查看聚类效果，通过调用 sklearn 的 manifold 模块中的 TSNE 函数可以进行多维数据的可视化。使用 TSNE 函数进行 K-means 聚类数据可视化如代码 8-18 所示。

代码 8-18

```
In[25]:  import pandas as pd
         from sklearn.manifold import TSNE
         import matplotlib.pyplot as plt
         #使用 TSNE 进行数据降维，降成二维
         tsne = TSNE(n_components=2,init='random',
            random_state=177).fit(iris_data)
         df=pd.DataFrame(tsne.embedding_) #将原始数据转换为 DataFrame
         df['labels'] = kmeans.labels_ #将聚类结果存储进 df
         #提取不同标签的数据
         df1 = df[df['labels']==0]
         df2 = df[df['labels']==1]
         df3 = df[df['labels']==2]
         #绘制图形
         fig = plt.figure(figsize=(9,6)) #设定空白画布，并指定大小
         #用不同颜色表示不同数据
         plt.plot(df1[0],df1[1],'bo',df2[0],df2[1],'r+',
            df3[0],df3[1],'gx')
         plt.savefig('./聚类结果.png')
         plt.show() #显示图片
```

Out[25]:

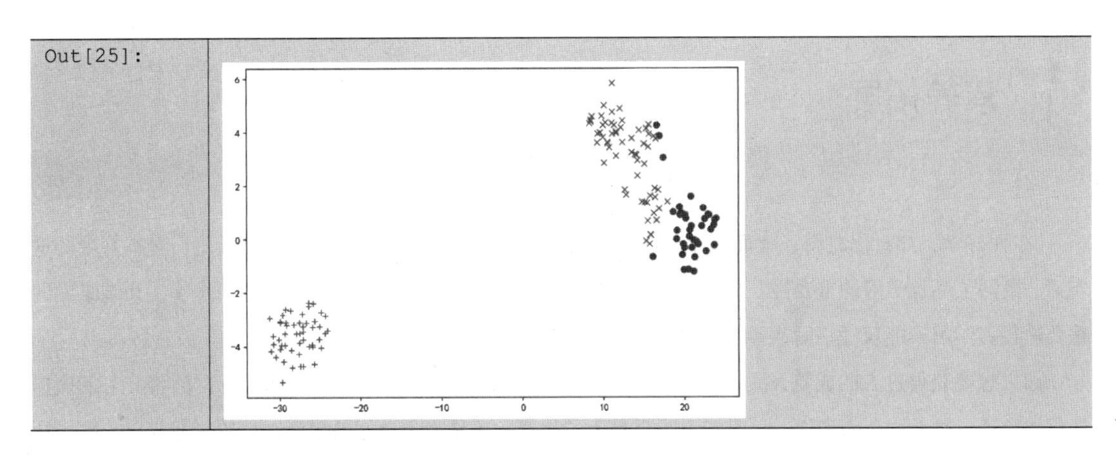

通过代码 8-18 的结果可以发现本次聚类结果中除个别点以外，簇与簇的界限比较明显，不同簇中数据点的数目差别不大，聚类效果良好。

下面选取 FMI（Fowlkes-Mallows Index，FM 指数）评价建立的 K-means 聚类模型，如代码 8-19 所示。

代码 8-19

In[26]:
```
from sklearn.metrics import fowlkes_mallows_score
for i in range(2,7):
    #构建并训练模型
    kmeans = KMeans(n_clusters = i,random_state=123).fit(iris_data)
    score = fowlkes_mallows_score(iris_target,kmeans.labels_)
    print('iris 数据聚%d 类 FMI 评价分值为：%f' %(i,score))
```

Out[26]:
```
iris 数据聚 2 类 FMI 评价分值为：0.750473
iris 数据聚 3 类 FMI 评价分值为：0.820808
iris 数据聚 4 类 FMI 评价分值为：0.753970
iris 数据聚 5 类 FMI 评价分值为：0.725483
iris 数据聚 6 类 FMI 评价分值为：0.614345
```

代码 8-19 的结果显示数据聚 3 类的时候 FMI 评价分值最高，因此聚类为 3 时 K-means 聚类模型效果最好。

【课堂实践】

使用 sklearn 基于 wine 数据集进行 K-means 聚类，聚集为 3 个簇。

职业技能的相关要求

完成任务 8.5 的学习将达到数据应用开发与服务(Python)（中级）职业技能的相关要求，具体内容如下：

✧ 数据应用开发与服务(Python)（中级）职业技能的相关要求

- 理解非监督学习与监督学习的区别，能够调用sklearn库函数构建和训练K-means模型对数据进行聚类。

素养拓展

学习是持续发展的重要途径

“少而好学，如日出之阳；壮而好学，如日中之光；老而好学，如炳烛之明。”《说苑·建本》中的这句话，概括了终身学习的重要性。步入“终身学习”时代，学习已经成为人们提高知识水平、开阔眼界的重要途径。学习不能仅凭一时兴趣，需要持之以恒，并将其变为一种习惯。

如果想要获得过人的成就，注定离不开终身学习。其实，终身学习的本质，就是让自己踏上一条认知迭代的轨道。对于一个人来说，学习知识不只是为了生存，还是为了更好地生活。学校只是起点，进入社会后的不断精进才是最重要的，它能决定你最终可以走多远。

单元小结

本单元重点介绍了基本的机器学习算法以及基于 Python 的 sklearn 库，根据数据分析的应用分类介绍了对应的数据建模方法和实现过程。通过对本章的学习，读者能够掌握常用的模型构建与评价方法，可以在以后的数据分析过程中采用适当的算法并实现综合应用，具备从事机器学习相关研究的基本技能。

课后习题

一、单选题

1. 机器学习是一门关于人工智能的学科，其主要研究对象是什么？（　　）

   A. 人工智能　　B. 人　　C. 机器　　D. 代码

2. 导入 PCA 的方式是(　　)。

   A. from sklearn.datasets import load_iris

   B. from sklearn.decomposition import PCA

   C. from sklearn.preprocessing import MinMaxScaler

   D. from sklearn.model_selection import train_test_split

3. 下列算法中，sklearn 没有涉及的是（　　）。

   A. K-means　　B. 逻辑斯谛回归　　C. 支持向量机　　D. Apriori 关联算法

4. 下列关于 train_test_split 函数的说法正确的是（　　）。

   A. train_test_split 能够将数据集划分为训练集、验证集和测试集

   B. train_test_split 每次划分的结果不同，无法解决

   C. train_test_split 可以自行决定训练集和测试集的占比

   D. 生成的训练集和测试集在赋值的时候可以调换位置

5. 将数据缩放到 0 和 1 之间，应该使用 sklearn 的哪种预处理转换器？（　　）

A. StandardScaler　　B. MinMaxScaler　　C. Normalizer　　D. Binarizer

6. 线性回归模型中用于拟合线性模型的方法是（　　）。

A. load()　　B. plot()　　C. fit()　　D. predict()

7. K-means 聚类在 sklearn 的哪个模块中？（　　）

A. cluster　　B. base　　C. model_selection　　D. liner_model

二、填空题

1. sklearn 的全称是__________。
2. 可以通过 sklearn 中的__________进行数据标准化。
3. sklearn 中自带数据集的模块是__________。
4. 可以通过 sklearn 中的 Binarizer 进行__________处理。
5. PCA 是一种__________方法。

三、简答题

1. 为什么要把数据集分成训练集和测试集？
2. 什么是 PCA 算法？它的作用是什么？
3. K-means 算法的基本流程是什么？

单元 9 使用统计图表展示数据

数字是枯燥的、抽象的，而图形、图像是丰富的、生动的。统计图表为大数据分析提供了一种直观的展示手段，它以图形化的方式将数据展示给人们，人们通过视觉感知图形，从而认识数据以及数据和数据之间的关系。

Python 程序设计语言提供了一个用二维图表来展示数据的库——matplotlib，这个库提供了一套绘图API，用户只要调用相应的模块，就可以快速绘制图表。

学习目标

【知识目标】

- 了解数据可视化的概念
- 了解基本图表类型
- 了解 matplotlib 的 pyplot 模块
- 了解子图的概念
- 了解 seaborn

【能力目标】

- 掌握 matplotlib 的基础语法
- 能够绘制常见图表
- 掌握创建子图的方法
- 掌握 seaborn 的基本用法

【素养目标】

- 使学生了解数据的多种展示方式，能够根据需求，选择正确的方式来展示数据，传递信息，以达到最佳效果

微课 37

数据可视化概述

相关知识

1. 数据可视化的概念

数据可视化是指利用计算机图形学和图像处理技术，将数据转换为图形或者图像在屏幕上显示出来进行交互处理的理论方法和技术。数据可视化旨在借助图形化手段，清晰、有效地传达与沟通信息。

数据可视化随着平台的拓展、应用领域的增加，展示形式不断变化，从原始的BI统计图表，到实时的动态效果，从地理信息，到用户交互，数据可视化的概念边界在不断扩大。

2. 数据可视化的设计过程

数据可视化设计的过程通常包括3个步骤：数据筛选、数据到可视化的直观映射、视图选择与交互设计。

（1）数据筛选

数据筛选是指根据具体的展示需求，筛选合适的数据，展示相关的信息。例如，在某公司的数据仓库系统中，加工、汇总了一份较粗粒度的房产数据，相关字段包括月份、省份名称、收房量、收房金额、装修维护量、租房量、租房金额、售房量、售房金额、二手房交易量、新房交易量、总金额等，如图9-1所示。

月份
省份名称
收房量
收房金额
装修维护量
租房量
租房金额
售房量
售房金额
二手房交易量
新房交易量
总金额

图 9-1　房产数据

针对不同的需求，可筛选合适的字段进行汇总展示。例如：

查看某月某省的数据，需要根据月份、省份名称筛选；

查看某月的收房量和租房量，需要筛选出该月的数据，提取出收房量和租房量这两个字段下的数据，再进行汇总；

查看某省的二手房交易量和新房交易量，需要筛选出这个省份的数据，提取出二手房交易量和新房交易量这两项数据，再进行汇总。

（2）数据到可视化的一般映射

常见的数据类型包括数值型、序列型、类别型。

数值型数据的可视化一般映射为能够量化的视觉表示，如长度、角度、斜度、面积等。

序列型数据的可视化一般映射为区分度明显的视觉表示，如密度、饱和度、色调、纹理等。

类别型数据的可视化一般映射为易于分组的视觉表示，如颜色、形状等。

（3）视图选择与交互设计

可视化视图是数据的交互可视化表示形式。数据可视化视图有面积图、条形图、气泡地图、饼图、雷达图等。视图选择是指针对不同的需求，确定展示不同的视图。对于简单的数据，可使用基本的可视化视图。对于复杂的数据，可考虑使用较为复杂的可视化视图。

数据可视化系统除了视觉呈现部分，另一个核心要素就是用户交互。交互的目的是让用户来操作视图和数据，从而从系统中捕获更多的信息。常见的用户交互方式有跳转、提取、联动、拖曳、缩放、滚动、筛选、导航等。在设计交互式数据可视化界面时，需要遵循一些基本的设计原则，包括：界面设计简单、清晰、易于理解和使用；界面设计可扩展性好，能够适应不同的数据来源、数据格式和数据量；界面设计具有一致性，保持相同元素在不同界面中的位置、样式和功能一致，使得用户能够轻松地切换和操作；界面设计具有可定制性，允许用户自定义显示、过滤、排序等操作，以满足不同的分析需求。

微课 38

基本图表类型

3. 基本图表类型及使用场景

（1）基本图表类型

常用的基本图表有多种类型，包括线图、柱图、直方图、饼图、散点图、热力图、雷达图、漏斗图、树图、仪表盘、地图、词云图等。

线图：也叫折线图，是一种将值标注成点，并通过直线将这些点按照某种顺序连接起来形成的图。

柱图：又称柱状图，是一种以矩形的高度来表示数值的统计报告图。

直方图：是一种数值分布的图形表示，一般用来表现连续值的分布情况。

饼图：以饼状图形显示数据系列中各项的大小与各项占总体的比例，也被称作扇形统计图。

散点图：又称 XY 散点图，将数据以点的形式展现，以显示变量间的相互关系或者影响程度，点的位置由变量的数值决定。

热力图：用颜色变化来反映二维矩阵或表格中的数据信息，可以直观地将数据值的大小以定义的颜色深浅表示出来。

雷达图：又称蜘蛛网图，将多个维度的数据量映射到起始于同一个圆心的坐标轴上，结束于圆周边缘，然后将同一维度的点使用线连接起来。

漏斗图：一种形如漏斗状图形，通常呈现为一个从上到下逐渐变窄的形状，表示数据在不同阶段逐渐缩减或漏失的情况。漏斗图通过图形的形式展示一系列数据的流动、转化和过滤过程，以揭示数据集在各个阶段的变化和比例关系。

树图：通过树形结构来展现层级数据的组织关系，以父子层次结构来组织对象，是枚举法的一种表达方式。

仪表盘：像钟表或者刻度盘，有刻度和指针，其中刻度表示度量，指针表示维度，指针角度表示数值，指针指向当前数值。

地图：使用地图作为背景，通过图形的位置来表现数据的地理位置，将数据在不同地理位置上的分布通过颜色或者气泡映射在地图上。

词云图：又称文字云，是文本数据的视觉表示，由词汇组成类似云的彩色图形，用于展示大量文本数据。每个词的重要性以字体大小或颜色来体现。

（2）基本图表的使用场景

前面介绍了基本图表，下面简单介绍基本图表的使用场景。

线图反映数据在一个有序的因变量上的变化趋势，可以清晰展现数据的增减趋势、增减的速率、增减的规律、峰谷值等特征。

柱图适合用于展示二维数据集，其中一个轴表示需要对比的分类，另一个轴代表相应的数值，例如，x 轴为月份，y 轴为商品销量；或者展示在一个维度上，多个同质可比的指标的比较，例如，x 轴为月份，y 轴为苹果产量和桃子产量。

直方图虽然外表与柱图相似，但作用完全不同。它对连续数据进行分段，用矩形的高度表示每个分段中数据出现的频率，反映的是连续数据的分布情况。

当用户更关注于简单占比时，适合使用饼图。饼图一般适用于二维数据，即一个维度为分类，一个维度为连续数据。不同的分类用不同的颜色表示，每个分类的数据标注在不同色块上。

散点图用于显示若干数据系列中各数值之间的关系，判断两变量之间是否存在某种关联，或者判断数据的分布或者聚合情况。

热力图以颜色编码矩阵的形式呈现，通常用于展示多个变量之间的相似性和差异性。通过热力图，可以观察到预测变量与目标变量之间的关联性。因此，热力图经常应用于数据的相关性分析。

雷达图适用于多维数据集，适合展现某个数据集的多个关键特征和标准值的比对，适合比较多条数据在多个维度上的取值。

漏斗图适用于业务流程比较规范、周期长、环节多的单流程单向分析，通过各环节业务数据的比较能够直观地发现和说明问题所在的环节，进而做出决策。

树图适用于与组织结构有关的分析，即有明确的层次关系的数据，它可以直观地展现层次关系，还可以展现各层级指标间的关系。

地图适用于带有地理位置信息的数据集的展现，展现的通常是以某个地区为单位的汇总的连续值信息。

仪表盘能够直观地表现出某个指标的进度或实际情况，将专业数据通过常见的刻度盘的形式展现出来，非常直观易懂。

词云图适用于描述网站上的关键字（即标签）或可视化自由格式文本，可以对比文字的重要程度。其本质是点图，是在相应坐标点绘制具有特定样式的文字的结果。

4. pyplot 基础语法

matplotlib 是一个 Python 程序设计语言的二维绘图库。它是 Python 中应用非常广的绘图工具包之一。matplotlib 中使用最多的是 pyplot 模块。

pyplot 是一个命令型函数集合，它可以让人们像使用 MATLAB 一样使用 matplotlib，它的函数可以创建画布，并在画布中绘制图表。在使用之前，必须安装 matplotlib 这个包，安装方法已经在单元 1 中做了介绍。

然后，需要导入这个包，代码如下：

```
import matplotlib.pyplot as plt
```

pyplot 模块中有一个 figure 函数，通过该函数可以创建一张空白的画布，如图 9-2 所示，该函数的返回值是 Figure 对象，又称画布对象，用于容纳图表的各种组件。

然后，我们就可以在画布上进行操作，包括绘制图形、添加标题、添加坐标轴名称、指定坐标轴范围、添加图例等。需要用到 pyplot 模块中的函数，如表 9-1 所示。

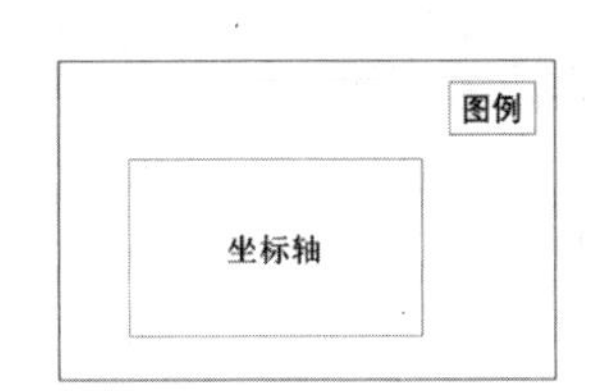

图 9-2 空白画布

表 9-1 绘制图表常用函数

函数	函数作用
plt.title	在当前图形中添加标题，可以指定标题的名称、位置、颜色、字体大小等参数
plt.xlabel	在当前图形中添加 x 轴名称，可以指定位置、颜色、字体大小等参数
plt.ylabel	在当前图形中添加 y 轴名称，可以指定位置、颜色、字体大小等参数
plt.xlim	指定当前图形 x 轴的范围，只能确定一个数值区间，而无法使用字符串标识
plt.ylim	指定当前图形 y 轴的范围，只能确定一个数值区间，而无法使用字符串标识
plt.xticks	指定 x 轴刻度的数目与取值
plt.yticks	指定 y 轴刻度的数目与取值
plt.plot	绘制折线图
plt.legend	指定当前图形的图例，可以指定图例的大小、位置、标签

其中添加标题、坐标轴名称、绘制图形等是并列的，没有固定的先后顺序，可以先绘制图形，也可以

先添加各类标签。但是添加图例一定要在绘制图形之后。

最后，在画布上添加了图表以后，就可以保存并展示图表了。保存和展示图表的函数如表 9-2 所示。

表 9-2　保存和展示图表的函数

函数	函数作用
plt.savefig	保存绘制的图片，可以指定图片的分辨率、边缘的颜色等参数
plt.show	在本机显示图形

5. rc 参数

pyplot 使用 rc 参数来自定义图形的各种默认属性，在 pyplot 中，几乎所有的默认属性都是可以控制的，例如线条宽度、线条样式、线条上点的形状和点的大小等。常用 rc 参数如表 9-3 所示。

表 9-3　常用 rc 参数

rc 参数名称	解释	取值
rcParams['lines.linewidth']	线条宽度	取 0～10 的数值，默认为 1.5
rcParams['lines.linestyle']	线条样式	可取'-'、'--'、'-.'、':'4 种，默认为'-'
rcParams['lines.marker']	线条上点的形状	可取'o'、'D'、'h'、'.'、','、'S' 等 20 种，默认为 None
rcParams['lines.markersize']	点的大小	取 0～10 的数值，默认为 1

其中，lines.linestyle 参数的几种取值如表 9-4 所示。

表 9-4　lines.linestyle 参数的几种取值

lines.linestyle 取值	意义
'-'	实线
'--'	长虚线
'-.'	点线
':'	短虚线

lines.marker 参数的几种取值如表 9-5 所示。

表 9-5　lines.marker 参数的几种取值

lines.marker 取值	意义	lines.marker 取值	意义
'o'	圆圈	'.'	点
'D'	菱形	's'	正方形
'h'	六边形 1	'*'	星号
'H'	六边形 2	'd'	小菱形
'-'	水平线	'v'	一角朝下的三角形
'8'	八边形	'<'	一角朝左的三角形
'p'	五边形	'>'	一角朝右的三角形
', '	像素	'^'	一角朝上的三角形
'+'	加号	'\'	竖线
None	无	'x'	X

6. 绘制线图的函数 plot

我们在前面提到了多种图表，其中包括使用频繁的线图。我们可以使用 pyplot 模块的 plot 函数来绘制线图，具体格式如下：

```
matplotlib.pyplot.plot( x,y,color=None,linestyle=' -' ,marker=None,alpha=None,
**kwargs)
```

plot 函数的常用参数如表 9-6 所示。

表 9-6 plot 函数的常用参数

参数	说明
x、y	接收 array，表示 *x* 轴和 *y* 轴对应的数据，无默认值
color	接收特定 string，指定线条的颜色，默认为 None
linestyle	接收特定 string，指定线条样式，默认为'-'
marker	接收特定 string，表示绘制的点的形状，默认为 None
alpha	接收 0 ~ 1 的小数，表示点的透明度，默认为 None

7. 绘制柱状图的函数 bar

与线图相似，绘制柱状图，要使用 bar 函数，具体格式如下：

```
matplotlib.pyplot.bar(left,height,width=0.8,color=None,** kwargs)
```

bar 函数的常用参数如表 9-7 所示。

表 9-7 bar 函数的常用参数

参数	说明
left	接收 array，表示 *x* 轴数据，无默认值
height	接收 array，表示 *x* 轴所代表数据的数量，无默认值
width	接收取值为 0 ~ 1 的 float，指定柱状图宽度，默认为 0.8
color	接收特定 string 或者包含颜色字符串的 array，表示柱状图颜色，默认为 None

8. 绘制直方图的函数 hist

直方图的外形与柱状图的非常相似，但意义和用法却完全不同。

柱状图一般用来展示不同类别的值，*x* 轴为类别名称，*y* 轴为各类别的值。而如果要将一个连续值进行分段，然后比较不同分段的值或数量，就需要使用直方图。将一个连续值分成若干的区间的过程，又叫作分箱。

如果要绘制直方图，则需要使用 hist 函数，具体格式如下：

```
matplotlib.pyplot.hist(x,bins=None,range=None, density= False, bottom=None,
histtype='bar', align='mid', log=False, color=None, label=None, stacked=False,
rwidth=1)
```

hist 函数的常用参数如表 9-8 所示。

表 9-8　hist 函数的常用参数

参数	说明
x	数据集，最终的直方图将对数据集进行统计
bins	统计的区间分布
range	tuple，要显示的区间范围
density	bool，默认为 False，显示频数统计结果，为 True 则显示频率统计结果，需要注意，频率统计结果=区间数目/(总数 × 区间宽度)
histtype	可选值包括'bar'、'barstacked'、'step'、'stepfilled'，默认为'bar'，推荐使用默认配置，'step'使用的是梯状，'stepfilled'则会对梯状内部进行填充，效果与'bar'类似
align	可选值包括'left'、'mid'、'right'，默认为'mid'，用于控制柱状图的水平分布，使用'left'或者'right'会有部分空白区域
log	bool，默认为 False，即 y 轴是否选择指数刻度
color	接收特定 string 或者包含颜色字符串的 array，表示直方图颜色，默认为 None
rwidth	接收取值为 0 ~ 1 的 float，用于指定直方图宽度，默认为 1

9. 绘制饼图的函数 pie

当我们需要展示各项数据所占的比例时，饼图是一个很好的选择。绘制饼图，需使用 pie 函数，具体格式如下：

```
matplotlib.pyplot.pie(x, explode=None, labels=None, colors=None, autopct=None,
pctdistance=0.6, shadow=False, labeldistance=1.1, startangle=None, radius=None, **
kwargs)
```

pie 函数的常用参数如表 9-9 所示。

表 9-9　pie 函数的常用参数

参数	说明
x	接收 array，表示用于绘制饼图的数据，无默认值
explode	接收 array，表示每一个扇形与饼图圆心之间的距离为多少个半径，默认为 None
labels	接收 array，用于指定每一项的名称，默认为 None
color	接收特定 string 或者包含颜色字符串的 array，表示饼图颜色，默认为 None
autopct	接收特定 string，指定数值的显示方式，默认为 None
pctdistance	接收 float，用于指定每一个扇形的百分比标识与饼图圆心之间的距离为多少个半径，默认为 0.6
labeldistance	接收 float，用于指定每一个扇形的名称与饼图圆心之间的距离为多少个半径，默认为 1.1
radius	接收 float，表示饼图的半径，默认为 1

10. 绘制散点图的函数 scatter

当我们需要绘制散点图时，需要使用 scatter 函数，具体格式如下：

```
matplotlib.pyplot.scatter(x, y, s=None, c=None, marker=None, alpha=None, **kwargs)
```

scatter 函数的常用参数如表 9-10 所示。

表 9-10 scatter 函数的常用参数

参数	说明
x、y	接收 array，表示 x 轴和 y 轴对应的数据，无默认值
s	接收数值或者一维的 array，用于指定点的大小，若传入一维 array 则表示每个点的大小，默认为 None
c	接收颜色或者一维的 array，用于指定点的颜色，若传入一维 array 则表示每个点的颜色，默认为 None
marker	接收特定 string，表示绘制的点的形状，默认为 None
alpha	接收 0 ~ 1 的小数，表示点的透明度，默认为 None

11. 子图的概念

有的时候，我们需要在同一个画布上展示多个图表，就需要使用子图。

子图就是把画布划分为多个绘图区域，每个绘图区域都有属于自己的坐标系统。我们可以通过 pyplot 模块的 subplot 函数或者 Figure 对象的 add_subplot 方法添加子图。

pyplot 模块的 subplot 函数，具体格式如下：

```
matplotlib.pyplot.subplot(nrows, ncols, index, **kwargs)
```

上述函数中，nrows、ncols 表示绘图子区域矩阵的行数、列数；index 表示绘图子区域的索引。

如果要添加 4 个子图，整个画布被划分为 2 × 2（两行两列）的矩阵，形成 4 个区域，每个区域的编号如图 9-3 所示。

Figure 对象的 add_subplot 方法，具体格式如下：

```
Figure.add_subplot(*args,**kwargs)
```

与 subplot 函数相似，*args 参数表示一个 3 位的整数或 3 个独立的整数，用于描述子图的位置，比如“abc”或者“a,b,c”。其中 a 和 b 表示将 Figure 对象分割成 a × b 大小的区域，c 表示当前选择的要操作的区域。

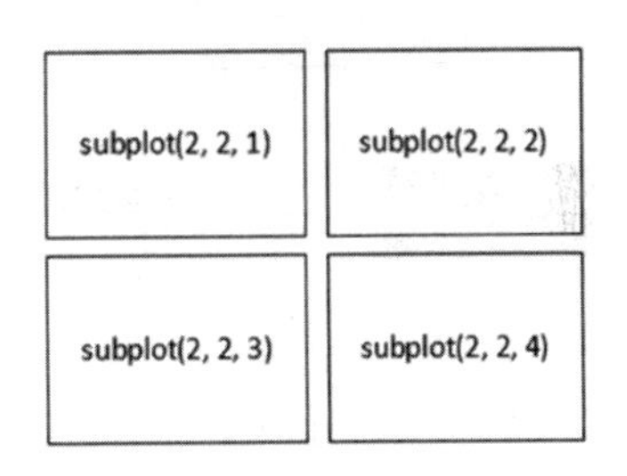

图 9-3 两行两列的矩阵

12. seaborn

seaborn 也是 Python 中的可视化库。seaborn 基于 matplotlib 核心库进行了更高级的 API 封装，因此可以进行更复杂的图形设计和输出，图形元素的样式也更加丰富。seaborn 可以被视为 matplotlib 的补充，但并不能替代 matplotlib。

在使用之前，必须安装 seaborn 这个包导入代码如下：

```
import seaborn as sns
```

seaborn 拥有多个不同类型的图表绘制函数，如表 9-11 所示。

表 9-11 seaborn 的图表绘制函数

函数	说明
histplot	绘制带有核密度估计曲线的直方图
distplot	绘制直方图和核密度估计曲线图的合成图

续表

函数	说明
jointplot	创建一个多面板图形，以显示两个变量之间的关系及每个变量在单独坐标轴上的单变量分布
pairplot	绘制多个成对的双变量分布
heatmap	绘制热力图
boxplot	绘制箱线图
violinplot	绘制提琴图

其中，histplot 函数默认绘制的是一个带有核密度估计曲线的直方图。核密度估计是概率论中用来估计未知的密度函数。

histplot 函数有很多参数，其中重要的有 3 个，具体格式如下：

```
seaborn.histplot(a, bins,kde, ...)
```

上述函数中，a 表示要展示的数据；bins 表示直方图中条柱的数量；kde 表示是否绘制高斯核密度估计曲线。

heatmap 用于绘制热力图，它的众多参数中重要的有 4 个，具体格式如下：

```
seaborn.heatmap(data, annot, fmt, square,...)
```

其中，data 表示数据集；如果 annot 为 True，则在每个热力图单元格中写入数据值，如果为 False，则不写入数据值；fmt 表示添加注释时要使用的字符串格式代码；如果 square 为 True，则每个单元格显示为正方形，如果为 False，则每个单元格显示为长方形。

任务 9.1 使用线图展示水果销量变化曲线——掌握 matplotlib 基础语法

本任务的主要内容：

- 使用 pyplot 模块的函数和基础语法，绘制表现销量变化的线图；
- 使用 pyplot 的 rc 参数设置线图的线条样式、线条宽度、线条上点的形状等。

微课 39

matplotlib 基础语法

9.1.1 掌握 pyplot 基础语法

前面，我们讲解了 pyplot 基础语法，了解了一些 pyplot 模块的常用函数以及绘制线图的函数。现在，我们需要使用一个线图来展示某电商 12 个月苹果和橘子的销量。那么，我们需要使用 pyplot 模块创建一个图表，然后在图表中绘制线图。

首先，我们需要使用 figure 函数创建一个画布：

```
plt.figure(figsize=(8,6),dpi=80)
```

其中，figsize 表示画布的尺寸，dpi 表示每英寸（1 英寸=2.54 厘米）上的点数。然后，使用 pyplot 模块的常用函数来构建一个简单的图表，如代码 9-1 所示。

代码 9-1

In[1]:

```
import matplotlib.pyplot as plt
data1 = [55,68,42,79,91,44,80,49,92,52,73,69]   #苹果销量
data2 = [78,91,51,69,84,49,89,60,77,93,95,75]   #橘子销量
month = [1,2,3,4,5,6,7,8,9,10,11,12]
plt.figure(figsize=(8,6),dpi=80)
plt.title('水果')#添加标题
plt.xlabel('月份')#添加 x 轴的名称
plt.ylabel('销量')#添加 y 轴的名称
plt.xlim((0,12))#确定 x 轴范围
plt.ylim((0,100))#确定 y 轴范围
plt.xticks([1,2,3,4,5,6,7,8,9,10,11,12])#规定 x 轴刻度
plt.yticks([10,20,30,40,50,60,70,80,90,100])#确定 y 轴刻度
plt.plot(month,data1)#苹果销量
plt.plot(month,data2)#橘子销量
plt.legend(['苹果','橘子'])
plt.savefig('tmp/fruits.jpg')
plt.show()
```

Out[1]:

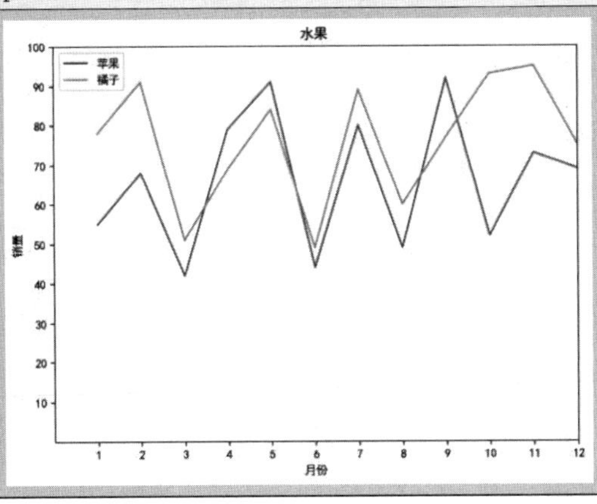

在这段代码中，首先需要将 x 轴和 y 轴上的数据准备好，x 轴上的数据就是 1 ~ 12 月的月份编号，y 轴上的数据是苹果的销量和橘子的销量。

然后创建画布，在画布中添加标题、坐标轴名称、坐标轴范围、坐标轴刻度等，紧接着使用专门用来创建线图的函数 plot，在画布添加两条曲线。

在添加曲线之后，再使用 legend 函数添加图例，该函数的参数是一个列表，列表中的元素就是要在图例中显示的。

最后，使用 savefig 函数将图表保存在指定路径下，同时，使用 show 函数将图表显示出来。

9.1.2 设置 pyplot 的 rc 参数

在 9.1.1 小节的案例里，我们已经使用 pyplot 模块的常用函数和 plot 函数绘制出了一个包含两条折线的线图，但是它的样式看上去有些单一，怎样使它的样式变得更丰富呢？pyplot 的 rc 参数能够帮助我们。下面请看代码 9-2。

代码 9-2

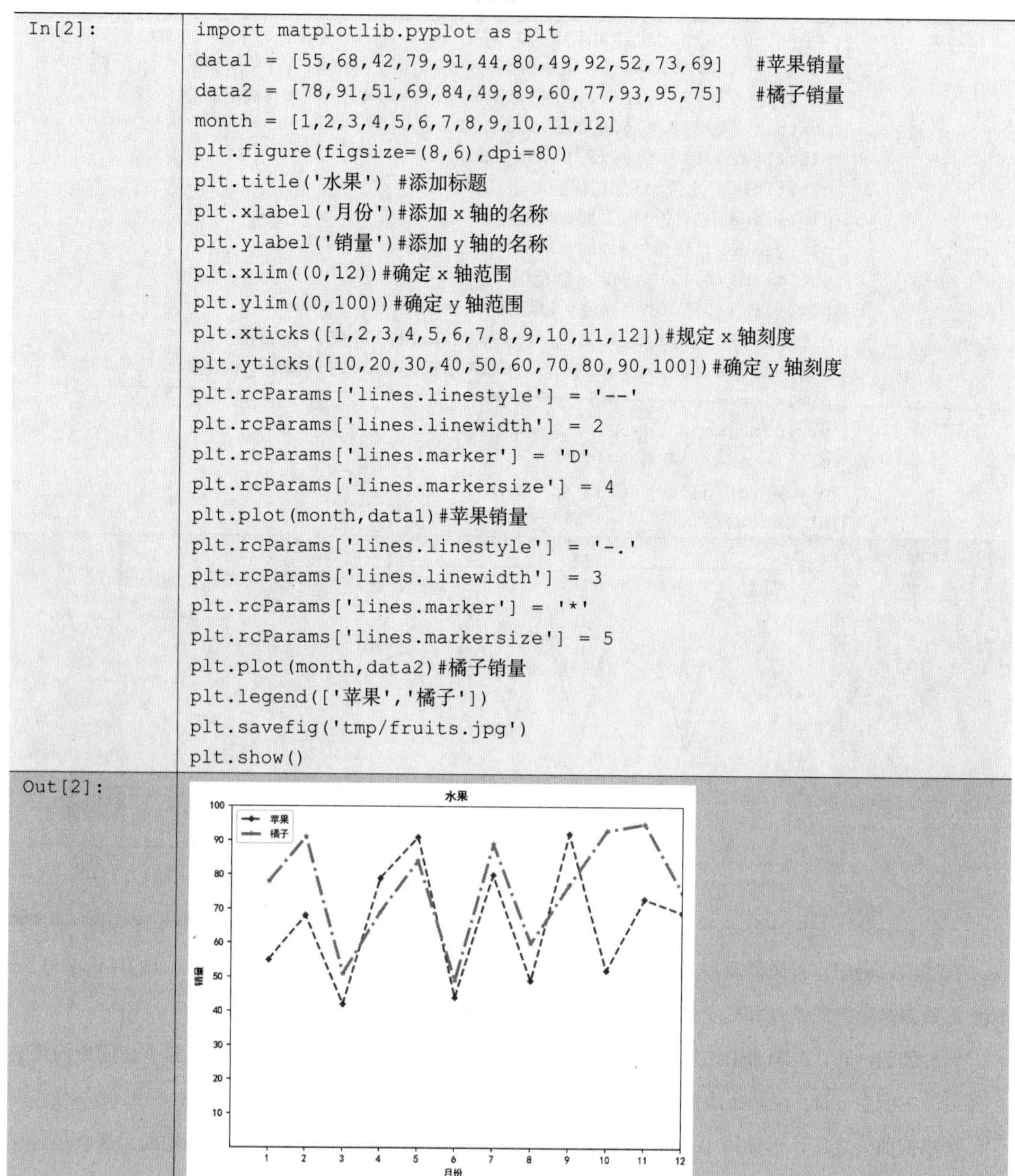

In[2]:

```
import matplotlib.pyplot as plt
data1 = [55,68,42,79,91,44,80,49,92,52,73,69]    #苹果销量
data2 = [78,91,51,69,84,49,89,60,77,93,95,75]    #橘子销量
month = [1,2,3,4,5,6,7,8,9,10,11,12]
plt.figure(figsize=(8,6),dpi=80)
plt.title('水果') #添加标题
plt.xlabel('月份')#添加 x 轴的名称
plt.ylabel('销量')#添加 y 轴的名称
plt.xlim((0,12))#确定 x 轴范围
plt.ylim((0,100))#确定 y 轴范围
plt.xticks([1,2,3,4,5,6,7,8,9,10,11,12])#规定 x 轴刻度
plt.yticks([10,20,30,40,50,60,70,80,90,100])#确定 y 轴刻度
plt.rcParams['lines.linestyle'] = '--'
plt.rcParams['lines.linewidth'] = 2
plt.rcParams['lines.marker'] = 'D'
plt.rcParams['lines.markersize'] = 4
plt.plot(month,data1)#苹果销量
plt.rcParams['lines.linestyle'] = '-.'
plt.rcParams['lines.linewidth'] = 3
plt.rcParams['lines.marker'] = '*'
plt.rcParams['lines.markersize'] = 5
plt.plot(month,data2)#橘子销量
plt.legend(['苹果','橘子'])
plt.savefig('tmp/fruits.jpg')
plt.show()
```

Out[2]:

从上面代码的执行结果可以看到，还是包含两条折线，但是样式丰富了许多。

在两次调用 plot 函数之前，分别使用了前面介绍过的 rc 参数，使用 lines.linestyle 参数设置线条样式，使用 lines.linewidth 参数设置线条宽度，使用 lines.marker 参数设置线条上点的形状，使用 lines.markersize 参数设置点的大小。这些参数值的含义，都在前面的相关知识中进行了讲解。

最后，我们得到了两条折线，一条是长虚线，宽度为 2，使用菱形标记，标记大小为 4；另一条是点线，宽度为 3，使用星号标记，标记大小为 5。

【课堂实践】

创建一个列表，保存一个星期 7 天的最高气温，然后使用 pyplot 模块的函数和 rc 参数绘制线图，展示 7 天最高气温的变化曲线。气温数据如表 9-12 所示。

表 9-12 气温数据

星期	最高气温/℃
星期一	21
星期二	18
星期三	17
星期四	13
星期五	16
星期六	14
星期日	19

任务 9.2 使用常用图表展示各品牌汽车销售额——绘制常见图表

本任务的主要内容：

绘制常见图表

- 绘制线图，展示各品牌汽车销售额；
- 绘制柱状图，展示各品牌汽车销售额；
- 绘制直方图，展示不同价格区间内汽车的数量；
- 绘制饼图，展示各品牌汽车销售额的占比情况；
- 绘制散点图，展示各品牌汽车长度、宽度、高度的平均值。

9.2.1 绘制线图

在本任务中，我们将使用 car.csv 文件中与汽车相关的数据来绘制图表，这些数据包含 6 个特征值，如表 9-13 所示。

表 9-13 汽车相关特征名称和含义

特征名称	含义
brand	汽车品牌
length	车身长度（英寸）
width	车身宽度（英寸）
height	车身高度（英寸）
power	动力（马力）
price	价格（美元）

该文件中一共有 100 条记录，每一条记录都包含表 9-13 中的 6 个特征，一共涉及 10 个品牌。现在，我们需要分别汇总每一个品牌汽车的数据，再使用线图来展示这 10 个品牌汽车的销售额，如代码 9-3 所示。

代码 9-3

In[3]:
```
import pandas as pd
import matplotlib.pyplot as plt
data=pd.read_csv('data/car.csv')
group=data.groupby(by='brand')
sum=group.sum()
print(sum)
```

Out[3]:

	length	width	height	power	price
brand					
audi	1108.6	413.1	329.0	687	107155
benz	1562.1	568.5	445.8	1170	269176
bmw	1476.0	531.8	438.6	1111	208950
honda	1745.5	705.8	587.0	842	83111
mazda	1842.5	716.8	578.1	946	101595
nissan	1833.6	703.2	595.3	773	81239
peugeot	2102.5	752.3	629.0	1098	170380
toyota	1983.0	768.0	658.2	764	87686
volkswagen	1887.3	720.5	607.1	885	108640
volvo	2076.8	747.6	618.6	1408	198695

In[4]:
```
plt.figure(figsize=(8,7))#设置画布
x=['audi','benz','bmw','honda','mazda','nissan','peugeot','toyota',
'volkswagen','volvo']
y=sum['price']
plt.plot(x,y,color = 'r',linestyle = '--',marker='*',alpha=0.5)
plt.xlabel('品牌')#添加 x 轴的名称
plt.ylabel('销售额（单位：美元）')#添加 y 轴的名称
plt.xticks(rotation=30)  #x 轴刻度旋转 30°
plt.yticks([0,50000,100000,150000,200000,250000,300000])
plt.title('汽车')#添加图表标题
plt.savefig('tmp/carplot.jpg')
plt.show()
```

Out[4]:

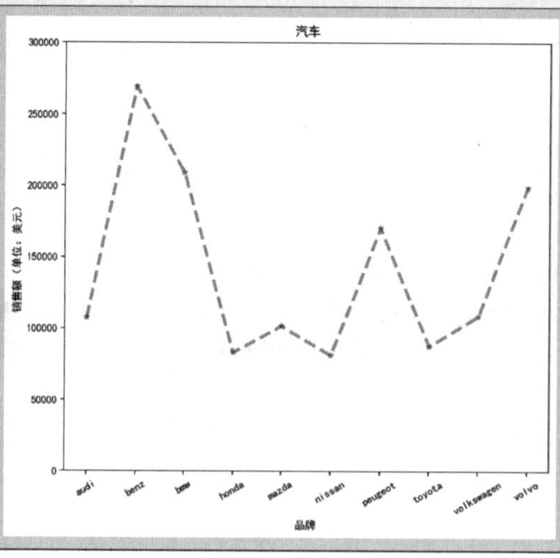

从上面的代码可以看到，我们首先要将需要使用的第三方库导入，再使用单元 4 中讲过的方法，将数据文件读入。然后，使用分组聚合的方法，按品牌'brand'进行分组，统计每个品牌数据的总和。

接下来，使用 pyplot 来绘制线图。首先，设置画布；然后将 x 轴、y 轴上的数据准备好，x 轴上显示 10 个品牌，y 轴上显示销售额。由于品牌名称字符串比较长，可能无法完整地在刻度上显示出来，会出现重叠。因此我们使用了 plt.xticks(rotation=30)来设置 x 轴刻度，其中 rotation=30 表示将 x 轴刻度上的字符

串旋转 30° ，这样就不会重叠了。

上面代码中关键的是 plot 函数，在前面的相关知识中，我们介绍过这个函数，它的参数不但可以用来设置 *x* 轴、*y* 轴对应的数据，还可以用来设置线条颜色、线条样式、线条上点的形状和透明度等。从执行结果可以看到，这条折线清晰地展示了各品牌汽车销售额。

9.2.2 绘制柱状图

各品牌汽车销售额也可以使用柱状图来展示，如代码 9-4 所示。

代码 9-4

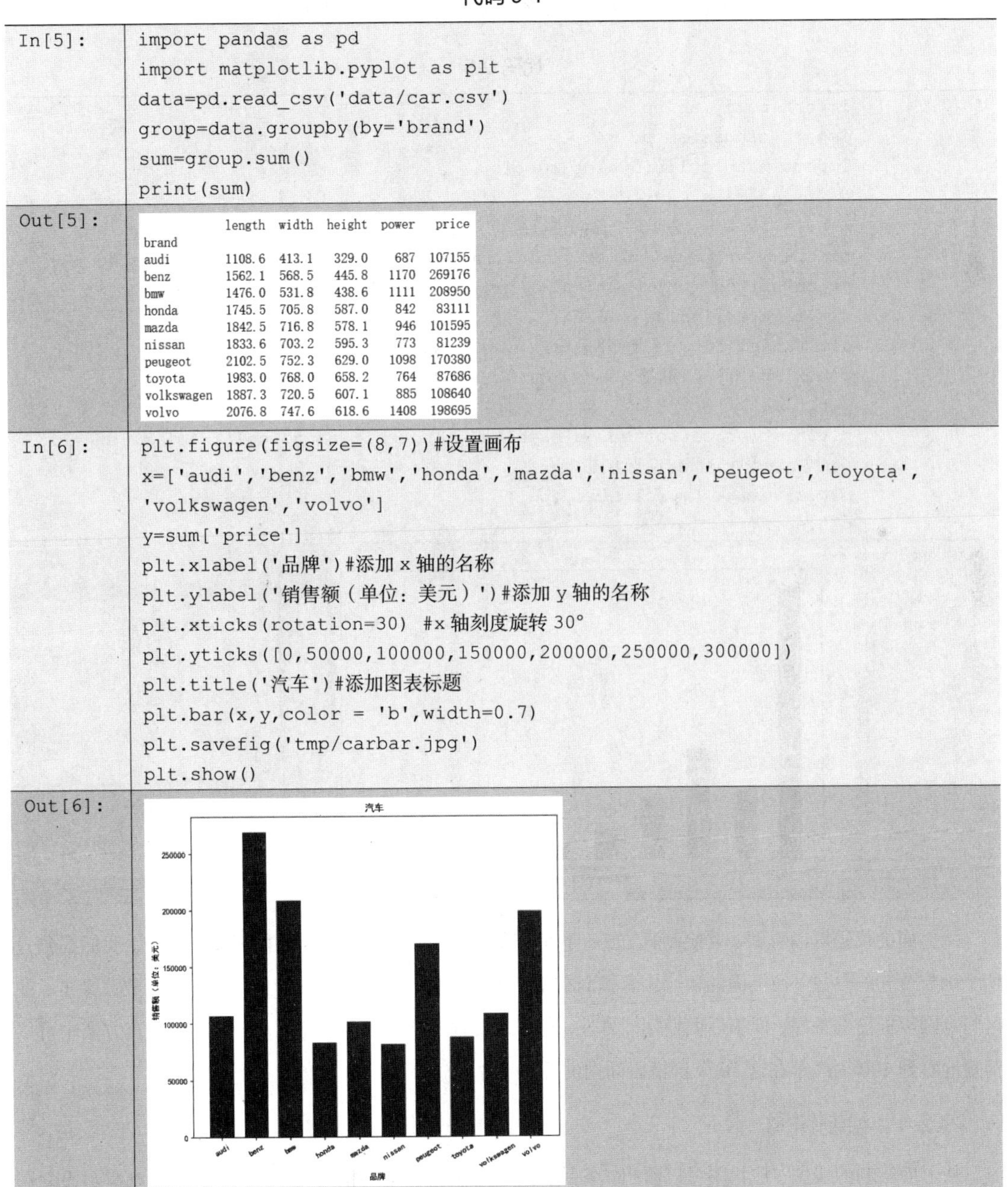

In[5]:

```
import pandas as pd
import matplotlib.pyplot as plt
data=pd.read_csv('data/car.csv')
group=data.groupby(by='brand')
sum=group.sum()
print(sum)
```

Out[5]:

	length	width	height	power	price
brand					
audi	1108.6	413.1	329.0	687	107155
benz	1562.1	568.5	445.8	1170	269176
bmw	1476.0	531.8	438.6	1111	208950
honda	1745.5	705.8	587.0	842	83111
mazda	1842.5	716.8	578.1	946	101595
nissan	1833.6	703.2	595.3	773	81239
peugeot	2102.5	752.3	629.0	1098	170380
toyota	1983.0	768.0	658.2	764	87686
volkswagen	1887.3	720.5	607.1	885	108640
volvo	2076.8	747.6	618.6	1408	198695

In[6]:

```
plt.figure(figsize=(8,7))#设置画布
x=['audi','benz','bmw','honda','mazda','nissan','peugeot','toyota',
'volkswagen','volvo']
y=sum['price']
plt.xlabel('品牌')#添加 x 轴的名称
plt.ylabel('销售额（单位：美元）')#添加 y 轴的名称
plt.xticks(rotation=30) #x 轴刻度旋转 30°
plt.yticks([0,50000,100000,150000,200000,250000,300000])
plt.title('汽车')#添加图表标题
plt.bar(x,y,color = 'b',width=0.7)
plt.savefig('tmp/carbar.jpg')
plt.show()
```

Out[6]:

从上面的代码可以看到，只要将 plot 函数替换为 bar 函数，就可以绘制出柱状图了。在前面的相关知识中，我们提到过这个函数，它的常用参数可以用来设置 x 轴、x 轴所代表数据的数量，柱状图颜色和宽度。从执行结果可以看到，柱状图同样能够清晰地展示出各品牌汽车销售额。

9.2.3 绘制直方图

在前面的相关知识中，我们提到过，直方图的外形与柱状图非常相似。柱状图一般用来展示不同类别的值，而如果要将一个连续值进行分段，然后比较不同分段的值或数量，则需要使用直方图。

现在，我们需要将 100 条记录里面的'price'特征值平均分成 10 个等宽的区间，然后使用直方图来展示每个区间内的记录数，从而展现出 100 辆汽车价格的分布情况，如代码 9-5 所示。

代码 9-5

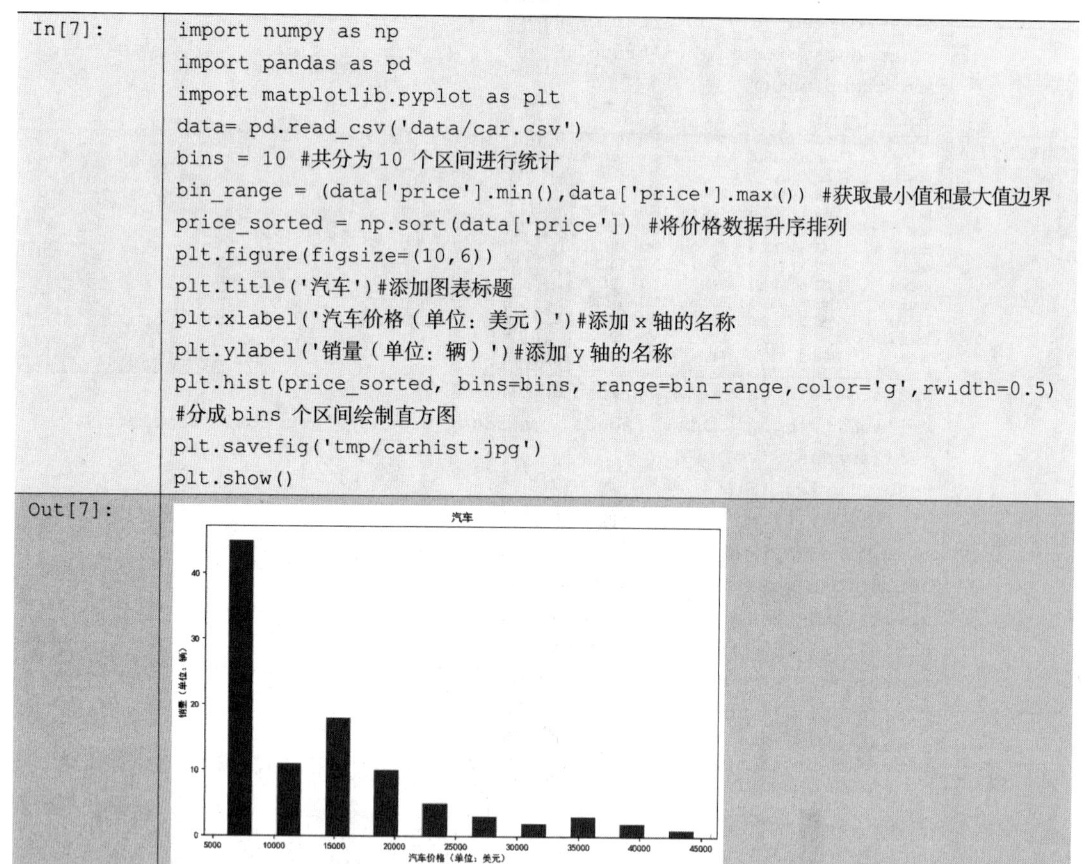

In[7]:

```
import numpy as np
import pandas as pd
import matplotlib.pyplot as plt
data= pd.read_csv('data/car.csv')
bins = 10 #共分为 10 个区间进行统计
bin_range = (data['price'].min(),data['price'].max()) #获取最小值和最大值边界
price_sorted = np.sort(data['price']) #将价格数据升序排列
plt.figure(figsize=(10,6))
plt.title('汽车')#添加图表标题
plt.xlabel('汽车价格（单位：美元）')#添加 x 轴的名称
plt.ylabel('销量（单位：辆）')#添加 y 轴的名称
plt.hist(price_sorted, bins=bins, range=bin_range,color='g',rwidth=0.5)
#分成 bins 个区间绘制直方图
plt.savefig('tmp/carhist.jpg')
plt.show()
```

Out[7]:

从上面的代码可以看到，要绘制直方图，我们需要使用 hist 函数。在前面的相关知识中，我们提到过这个函数及它的参数。在上面的代码中，我们在使用这个函数之前，将要统计的数据、分区数、要显示的区间范围等提前准备好，便于后面使用。另外，还可以设置柱条的颜色和宽度。从绘制出的直方图中可以清楚地看到 100 辆汽车在这 10 个价格区间内的分布情况。

9.2.4 绘制饼图

从上面绘制的线图、柱状图可以看出，各品牌的汽车销售额是不相同的。那么，各品牌汽车销售额在总销售额中所占的比例应该如何展示呢？这就要用到前面提到过的饼图了。

如何绘制饼图呢？关键的步骤是使用 pie 函数，如代码 9-6 所示。

代码 9-6

In[8]:

```
import pandas as pd
import matplotlib.pyplot as plt
data=pd.read_csv('data/car.csv')
group=data.groupby(by='brand')
sum=group.sum()
print(sum)
```

Out[8]:

	length	width	height	power	price
brand					
audi	1108.6	413.1	329.0	687	107155
benz	1562.1	568.5	445.8	1170	269176
bmw	1476.0	531.8	438.6	1111	208950
honda	1745.5	705.8	587.0	842	83111
mazda	1842.5	716.8	578.1	946	101595
nissan	1833.6	703.2	595.3	773	81239
peugeot	2102.5	752.3	629.0	1098	170380
toyota	1983.0	768.0	658.2	764	87686
volkswagen	1887.3	720.5	607.1	885	108640
volvo	2076.8	747.6	618.6	1408	198695

In[9]:

```
plt.figure(figsize=(8,8))#将画布设定为正方形，则绘制的饼图的形状是正圆
values = sum['price']  #销售额
label=['audi','benz','bmw','honda','mazda','nissan','peugeot','toyota',
'volkswagen','volvo']
exp = [0.01]*10#设定每一个扇与圆心的距离
plt.pie(values,explode=exp,labels=label,autopct='%1.1f%%')#绘制饼图
plt.title('各品牌汽车销售额比例')
plt.savefig('tmp/carpie.jpg')
plt.show()
```

Out[9]:

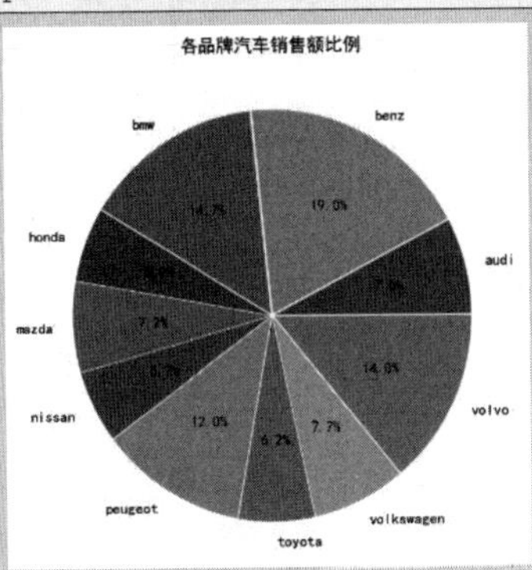

pie 函数的参数比较多，为了方便使用，可以先把这些参数准备好。如上面代码所示，提前将要展示的数据 values、每个扇形的名称 label、每个扇形与饼图圆心的距离 exp 都在调用函数之前就准备好。要展示的数据就是各品牌汽车的销售额；扇形与饼图圆心的距离统一设置为半径的 1%，也就是 0.01 个半径，于是我们构造了一个包含 10 个 0.01 的列表；扇形的名称是 10 个品牌的名称。

准备好这些之后，就可以调用 pie 函数了，直接用前面准备好的参数值对参数进行赋值。还有一个很重要的参数 autopct，它用于指定数值的显示方式，我们将它的值设置为'%1.1f%%'，表示用浮点型百分数的形式来显示数值，并且小数点后保留一位。我们没有设置 color 参数，即使用默认的配色。从执行结果可以看出，这个饼图直观地展示了各品牌汽车销售额的占比。

9.2.5 绘制散点图

最后展示各品牌汽车长度、宽度、高度的均值，可以选择使用散点图，在同一个坐标轴内绘制 3 个不同的散点图来分别代表长度、宽度、高度的均值，如代码 9-7 所示。

代码 9-7

In[10]:
```
data=pd.read_csv('data/car.csv')
group=data.groupby(by='brand')
mean=group.mean()
print(mean)
```

Out[10]:

brand	length	width	height	power	price
audi	184.766667	68.850000	54.833333	114.500000	17859.166667
benz	195.262500	71.062500	55.725000	146.250000	33647.000000
bmw	184.500000	66.475000	54.825000	138.875000	26118.750000
honda	158.681818	64.163636	53.363636	76.545455	7555.545455
mazda	167.500000	65.163636	52.554545	86.000000	9235.909091
nissan	166.690909	63.927273	54.118182	70.272727	7385.363636
peugeot	191.136364	68.390909	57.181818	99.818182	15489.090909
toyota	165.250000	64.000000	54.850000	63.666667	7307.166667
volkswagen	171.572727	65.500000	55.190909	80.454545	9876.363636
volvo	188.800000	67.963636	56.236364	128.000000	18063.181818

In[11]:
```
plt.figure(figsize=(8,6))#设置画布
x=['audi','benz','bmw','honda','mazda','nissan','peugeot','toyota',
'volkswagen','volvo']
y1=mean['length']
y2=mean['width']
y3=mean['height']
plt.title('汽车')#添加图表标题
plt.xlabel('品牌')#添加 x 轴的名称
plt.ylabel('尺寸均值（单位：英寸）')#添加 y 轴的名称
plt.xticks(rotation=30) #x 轴刻度旋转 30°
plt.scatter(x, y1, marker='o')
plt.scatter(x, y2, marker='*')
plt.scatter(x, y3, marker='D')
plt.legend(['车长', '车宽', '车高'])
plt.savefig('tmp/carscatter.jpg')
plt.show()
```

Out[11]:

从上面的代码可以看到，绘制散点图需使用 scatter 函数，在前面的相关知识中已经介绍了这个函数的参数，为了方便，我们还是提前准备好参数。我们需要调用 3 次 scatter 函数，每一次调用代表绘制一

个散点图，3 次调用中，x 轴都是品牌名称，而 y 轴的值分别是各品牌汽车长度、宽度、高度的均值。

为了便于区分，我们分别使用 3 种不同类型的点，点的颜色和大小则使用默认值。从执行结果可以看出，图中出现了 3 种不同的点，分别表示各品牌汽车长度、宽度、高度的均值。

【课堂实践】

某城市售房均价如表 9-14 所示，分别绘制一个线图、一个柱状图、一个散点图，x 轴是 1 月～12 月，y 轴是某城市 12 个月的售房均价，请自己构造一个列表存储这 12 个月的售房均价，均价范围为 1 万元～3 万元，然后完成图表的绘制。

表 9-14　某城市售房均价

月份	售房均价/万元
1 月	2.4
2 月	2.3
3 月	2.1
4 月	1.9
5 月	2.0
6 月	1.8
7 月	1.7
8 月	1.9
9 月	2.2
10 月	2.3
11 月	2.0
12 月	1.8

职业技能的相关要求

完成任务 9.2 的学习将达到数据应用开发与服务(Python)（中级）职业技能的相关要求，具体内容如下：

- ✧ 数据应用开发与服务(Python)（中级）职业技能的相关要求
  - 能够通过 matplotlib 库绘制线图、柱状图、直方图、饼图、散点图等，以查看数据的统计信息和关联信息。

任务 9.3　使用子图展示就业率数据——创建子图

本任务的主要内容：

- 对数据进行分析，并设计子图，确定子图的类型和排列方式；
- 绘制子图，实现在同一画布中展示多个子图。

微课 41

创建子图

9.3.1　数据分析与子图设计

在本任务中，我们将要处理两组关于某高校学生就业率的数据。

2016 ~ 2021 年这 6 年各专业学生总就业率：

```
year=['2016','2017','2018','2019','2020','2021']
employRate1=[0.92,0.85,0.81,0.75,0.88,0.82]
```

其中 5 个专业的学生在 2021 年的就业率：

```
specialty=['IT','Medicine','Law','Management','Biology']
employRate2=[0.91,0.85,0.79,0.71,0.83]
```

现在，我们需要使用图表来展示这两组数据，而这两组数据一个按年份分类，另一个按专业分类，IT 为计算类专业，Medicine 为医药类专业，Law 为政法类专业，Management 为管理类专业，Biology 为生物类专业。如果用图表展示，两组数据的 x 轴显然是不一样的，无法使用同一个图表来进行展示。那么，该如何解决呢？

这时，我们可以使用前面相关知识中介绍的子图来解决这一问题，就是将多个图表展示在同一个画布上面，子图的排列可以看作一个矩阵。因此，我们需要解决两个问题。

1. 确定图表类型

这两组数据中，第一组数据按年份分类，x 轴为年份，呈现出的是数据随着时间推移的变化趋势，使用线图来展示比较合适；第二组数据按专业分类，x 轴为专业名称，使用柱状图来进行展示。

2. 确定子图排列方式

由于两组数据使用的图表都是为比较而设计的，需要比较的类别都是沿着 x 轴延伸的，因此两个子图应该上下排列，形成一个两行一列的矩阵，如图 9-4 所示。

subplot(2,1,1)
subplot(2,1,2)

图 9-4　两行一列的子图

正如相关知识中提到的，图 9-4 中的 subplot(2,1,1)表示两行一列矩阵中的第一个子图，subplot(2,1,2)表示两行一列矩阵中的第二个子图。

做好了上面的准备工作，我们就可以创建子图了。

9.3.2　实现子图的创建

下面，我们就来创建这一组子图。首先要做的事情仍然是创建画布，得到一个 Figure 对象，然后使用前面介绍过的 Figure 对象的 add_subplot 方法将两个子图添加到画布中，如代码 9-8 所示。

代码 9-8

```
In[12]:  year=['2016','2017','2018','2019','2020','2021']
         employRate1=[0.92,0.85,0.81,0.75,0.88,0.82]  #6 年各专业学生总就业率
         specialty=['IT','Medicine','Law','Management','Biology']
         employRate2=[0.91,0.85,0.79,0.71,0.83]   #5 个专业的学生的就业率
         f1 = plt.figure(figsize=(9,9))#设置画布
         #子图 1
         ax1 = f1.add_subplot(2,1,1)
         plt.plot(year,employRate1,color = 'r',linestyle = '--')
         plt.yticks([0,0.2,0.4,0.6,0.8,1.0])
         plt.xlabel('年份')
         plt.ylabel('就业率')
```

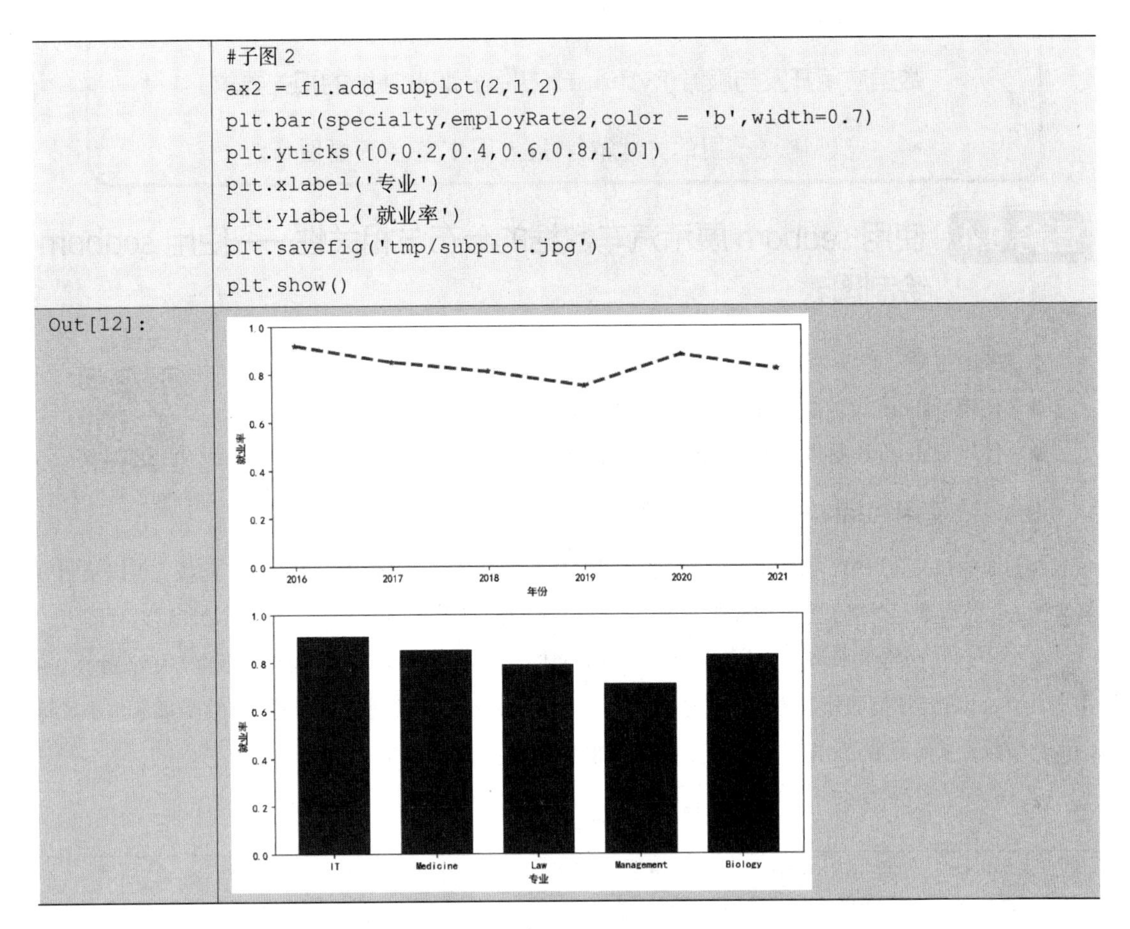

```
#子图 2
ax2 = f1.add_subplot(2,1,2)
plt.bar(specialty,employRate2,color = 'b',width=0.7)
plt.yticks([0,0.2,0.4,0.6,0.8,1.0])
plt.xlabel('专业')
plt.ylabel('就业率')
plt.savefig('tmp/subplot.jpg')
plt.show()
```


从上面的代码可以看到，我们使用 add_subplot 方法向画布分别添加了两个子图，一个是使用 plot 函数绘制的线图，一个是使用 bar 函数绘制的柱状图，展示两组就业率数据。两个子图 x 轴上的刻度直接使用年份和专业名称，因此不需要再专门设置，而 y 轴的刻度都设置为[0,0.2,0.4,0.6,0.8,1.0]，因为就业率的范围是 0 ~ 100%。

从执行结果可以看出，上下两个子图的分布正如我们预先设计的那样，以两行一列的矩阵排列。图表类型不同，颜色不同，x 轴的刻度也不同，但它们却可以在同一个画布中呈现。

【课堂实践】

创建一个一行两列的子图矩阵，包含左右两个子图，分别来展示任务 9.1 中使用过的苹果和橘子 12 个月的销量数据，数据如下。

苹果：[55,68,42,79,91,44,80,49,92,52,73,69]；

橘子：[78,91,51,69,84,49,89,60,77,93,95,75]。

请使用两个饼图来分别展示两种水果每个月的销量在 12 个月总销量中所占的比例。

职业技能的相关要求

完成任务 9.3 的学习将达到数据应用开发与服务(Python)（初级）职业技能的相关要求，具体内容如下：

✧ 数据应用开发与服务(Python)（初级）职业技能的相关要求

- 能够通过子图的方式在单张大图中整合多幅图像。

任务 9.4 使用 seaborn 展示汽车数据的分布与相关性——使用 seaborn 绘制图表

微课 42

Seaborn 可视化方法

本任务的主要内容：

- 使用 seaborn 绘制直方图，展示汽车动力数据的分布情况；
- 使用 seaborn 绘制热力图，展示汽车数据特征之间的相关性。

9.4.1 使用 seaborn 绘制直方图

在前面的相关知识中，我们对 seaborn 这个可视化库做了介绍，这个库里面有很多函数，可以绘制出各种图表。前面重点介绍了直方图和热力图，下面，我们通过两个案例来了解一下如何绘制这两种图表。

这次，我们仍然使用任务 9.2 中关于汽车的数据文件，需要使用 seaborn 库绘制一个直方图来展示 100 条记录中'power'特征值的分布情况。通过分箱，将这些值分散到 10 个等宽的区间中，然后展示每个区间内的记录数，从而展示 100 辆汽车动力数据的分布情况，如代码 9-9 所示。

代码 9-9

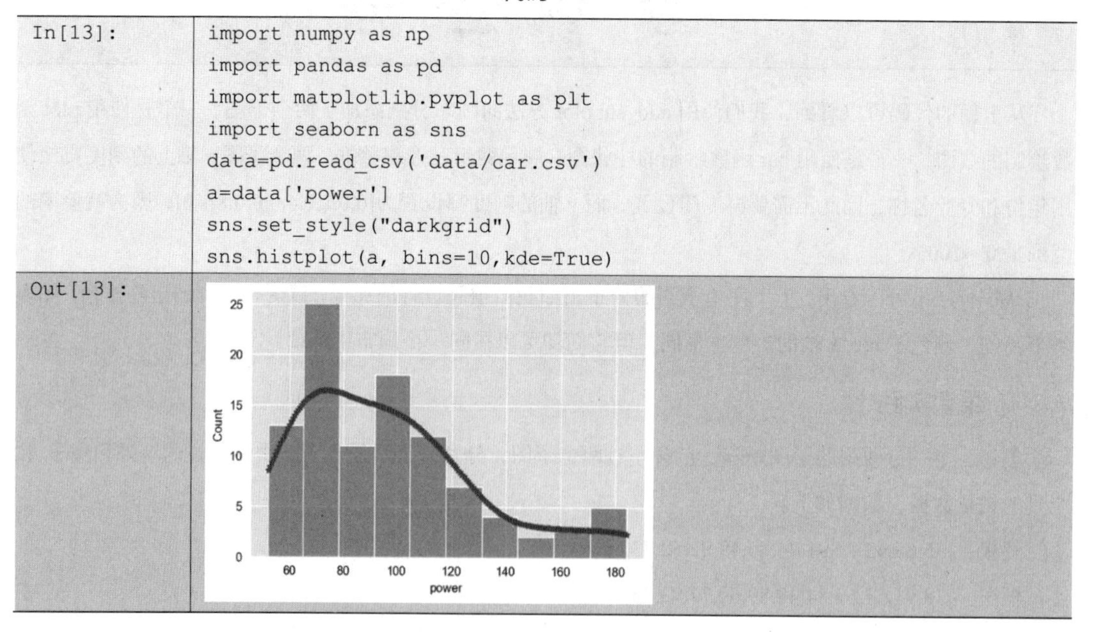

In[13]:

```
import numpy as np
import pandas as pd
import matplotlib.pyplot as plt
import seaborn as sns
data=pd.read_csv('data/car.csv')
a=data['power']
sns.set_style("darkgrid")
sns.histplot(a, bins=10,kde=True)
```

Out[13]:

从上面的代码可以看到，我们首先要导入 seaborn 库，再导入数据文件，然后，把'power'这一特征值单独提取出来，作为要展示的数据。

接下来，首先调用 set_style 函数来设置直方图的背景风格，常用的背景风格包括"darkgrid"（深色网格）、"whitegrid"（白色网格）、"dark"（深色）、"white"（白色）等，我们选择"darkgrid"。

最后，调用 histplot 函数来绘制直方图，我们在前面介绍过，histplot 函数的主要参数包括要展示的数据 a；直方图中条柱的数量 bins；表示是否绘制高斯核密度估计曲线的参数 kde。我们将 bins 设置为 10，表示要将这些特征值等分到 10 个区间中，将 kde 设置为 True，表示要在直方图中绘制高斯核密度估计曲线。

从执行结果可以看出，我们最后绘制出的这个直方图的背景为深色网格，有 10 个高度不同的柱状条，展示了 100 辆汽车的'power'特征值的分布情况。

9.4.2 使用 seaborn 绘制热力图

下面，我们要使用 seaborn 绘制一个比较特别的图表，它叫作热力图。在前面的相关知识中我们介绍过，热力图可以直观地将数据值的大小以定义的颜色深浅表示出来。现在，我们想要使用热力图来展示汽车数据中的 5 个数值型特征之间的相关性，我们需要使用 seaborn 的 heatmap 函数，如代码 9-10 所示。

代码 9-10

In[14]:

```
import numpy as np
import pandas as pd
import matplotlib.pyplot as plt
import seaborn as sns
data=pd.read_csv('data/car.csv')
data.corr()
```

Out[14]:

	length	width	height	power	price
length	1.000000	0.871051	0.566381	0.728537	0.767409
width	0.871051	1.000000	0.384977	0.740078	0.814398
height	0.566381	0.384977	1.000000	0.175140	0.227138
power	0.728537	0.740078	0.175140	1.000000	0.891697
price	0.767409	0.814398	0.227138	0.891697	1.000000

In[15]:

```
sns.heatmap(data.corr(), annot=True, fmt='.1f', square=True)
```

Out[15]:

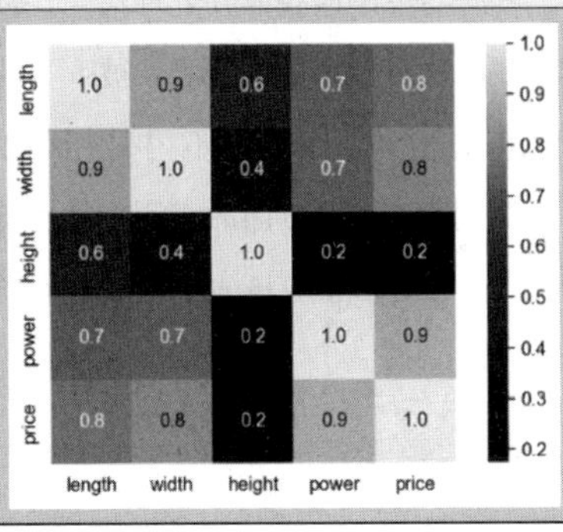

从上面的代码可以看到，由于我们要展示的是 5 个数值型特征之间的相关性，因此，我们需要先调用数据对象的 corr 方法，该方法返回一个数值型矩阵，每一个数值都可以表示这个数值所在的行特征值和列特征值之间的相关性。对角线上的数值为 1，代表最强的相关性，因为对角线上的数值所在的行和列是同一个特征，其他数值都小于 1。可以看出，数值越大，相关性越大；数值越小，相关性越小。

最后，调用 heatmap 函数来绘制热力图，参数除了需要提供展示的相关性数值以外，还有前面介绍过的 annot、fmt、square。从执行结果可以看出，我们得到了一个热力图，色块使用了默认的颜色，右边有颜色的图例，可以看到，颜色越浅，代表相关性越高；颜色越深，代表相关性越低。相关性数值出现在这个彩色矩阵的每一个色块上面，保留一位小数，并且，每一个色块都是正方形的。

【课堂实践】

请使用单元 8 中使用过的 sklearn 中的 iris 数据集作为展示数据，绘制热力图来展示 iris 中 4 个特征值之间的相关性。

职业技能的相关要求

完成任务 9.4 的学习将达到数据应用开发与服务(Python)（中级）职业技能的相关要求，具体内容如下：

> ✧ 数据应用开发与服务(Python)（中级）职业技能的相关要求
>
> - 能够通过 seaborn 库绘制直方图、热力图，以查看数据的统计信息和关联信息。

素养拓展

强大的“图像脑”

人的大脑分为左脑和右脑，它们的功能是不同的，通常左脑被称为“语言脑”，它的工作性质是理性的、逻辑的；而右脑被称为“图像脑”，它的工作性质是感性的、直观的。而图像就是一种比较感性和直观的表现形式。

与左脑不同的是，右脑不需要进行深刻的理解，只需要快速地获取并处理信息。如何快速地获取信息呢？以图像的形式表达信息，显然比文字要直接得多。以图像展示的信息，会被人类的右脑捕获，这些信息就会快速地被人类感知并记忆。既然有这么好的信息表达形式，为什么不用呢？因此，大家可以感受到，数据的可视化、信息的图表展示等方面的研究越来越受到重视，这方面的实用工具也越来越多。使用图像展示信息是一种科学的思维方式，我们在今后的学习和工作中，也应该时刻保持理性的思考，这样才能高效地解决问题。

单元小结

本单元重点介绍了数据可视化的概念、基本图表类型、matplotlib 的 pyplot 模块及使用这个模块绘制多种图表的方法。同时，本单元还介绍了子图的概念、子图的绘制方式、seaborn 库及它的常用函数，以及使用 seaborn 库绘制图表的方法。使用统计图表展示数据是一项非常重要的技术，因为数据分析和统计的结果往往需要通过图表来进行呈现，这样的展示，形式更加丰富，效果更好。

课后习题

一、单选题

1. 哪一种图表适合展示数据的占比？（　　）

　A. 线图　　B. 散点图　　C. 饼图　　D. 柱图

2. 下面哪个函数可用来在当前图形中添加标题？（　　）

　A. title　　B. legend　　C. show　　D. savefig

3. Figure 对象用来添加子图的方法是（　　）。

　A. subplot　　B. add_subplot　　C. add　　D. add_sub

4. 下面哪个函数可以用来绘制散点图？（　　）

　A. pie　　B. bar　　C. plot　　D. scatter

5. seaborn 中用于设置图表背景风格的函数是（　　）。

　A. re_set　　B. set_style　　C. axes_style　　D. set_context

二、填空题

1. __________函数可以用来绘制线图。
2. pyplot 模块中用于绘制直方图的函数是__________。
3. __________基于 matplotlib 核心库进行了更高级的 API 封装。
4. histplot 函数中表示是否绘制高斯核密度估计曲线的参数是__________。
5. figure 函数的返回值是__________对象。

三、简答题

1. 简述数据可视化设计的主要步骤。
2. 列举 3 种 pyplot 的 rc 参数。
3. 简述柱状图与直方图的区别。

单元⑩ 某地区电力公司用户付费行为预测

项目目标

（1）采集并描述电量数据和缴费数据；

（2）对电力数据进行排序和统计；

（3）计算账户余额、用电量和缴费量；

（4）对数据特征进行转换；

（5）使用数据建立模型，并对模型进行评估。

相关背景知识

用电用户可能出现未按时缴费的情况，使得供电企业每年都需要投入大量人力和物力进行电费催缴，利用用电用户缴费行为数据，分析欠费风险，对欠费风险较大的用电用户采取积极的措施主动规避，就能大大减少电力公司经营风险及经济损失，提高企业经营业绩。

用电用户的欠费原因十分复杂，涉及用户经济情况、信用情况、社会经济环境、国家政策等诸多方面。

本案例根据某地区电力公司用电用户的用电数据和缴费数据，通过机器学习等算法，完成对用电用户进行电费欠费概率预测的数据分析。

电费回收率是指统计期内，发电企业实收电费总额与应收电费总额的百分比，其计算公式为：电费回收率=实收电费总额（元）/应收电费总额（元）×100%

电费回收率是衡量电力企业经营的重要指标，关系到企业的利润水平和运营资本。

电费回收率低、回收难的主要原因如下：

（1）用户交费积极性不高；

（2）数量大、电费催缴人员少，电费回收工作“力不从心”；

（3）经营效益不好的企业积压电费甚至恶意拖欠电费，呆账、坏账的现象屡见不鲜。

任务实现

任务 10.1 数据采集和数据描述

本案例采用的数据集来源于某地区电力公司脱敏后的历史数据，在进行数据处理前，需要从以下 3 个步骤对数据进行全方位的理解。

步骤 1 完成数据采集。

获得售电量表 sdl_new.csv、缴费明细表 jfmx_order.csv。

步骤 2 初步了解数据。

所获数据为某地区电力公司 3 年内的用电数据和缴费数据，共涉及 4000 多个用电用户，每一个用户的记录都在 2008 年到 2011 年这个区间内。原始文件中共有 34 万多条记录：每个账号每个月有一条或者多条不同行为的记录。

步骤 3 整理数据字典

对数据进行描述，理解每张表中每个字段的含义，并与实际问题匹配，整理成数据字典，如表 10-1、表 10-2 所示。

表 10-1 售电量表 sdl_new.csv

序号	字段	数据类型	备注	空 Y/非空 N
1	acct	num	用户账户	N
2	degrees	num	售电量，电表显示的用电度数，每条记录表示每次查电表时读取的电表读数	N
3	bills	num	本月应缴纳的电费金额，每条记录表示每次查电表时统计的应缴纳的电费金额	N
4	ym	int	查抄电表的日期	N

表 10-2 缴费明细表 jfmx_order.csv

序号	字段	数据类型	备注	空 Y/非空 N
1	acct	num	用户账户	N
2	num	num	每条明细记录产生顺序编号（可忽略）	N
3	ym	int	每次缴纳电费的时间	N
4	yue	num	每次应缴纳的电费金额	N
5	shuruyue	num	每次实际缴纳的电费金额	N
6	acctyue	num	用户的账户余额	N
7	detail	char	缴费行为类型，如日常收入、转电费等	N

任务 10.2 电力数据预处理

电力数据预处理需要达到以下目标：

（1）对数据进行清洗、整合等预处理工作，使之符合建模分析所需要的格式和要求。

（2）用 Python 语言实现数据的预处理。

（3）为了有利于建模分析，我们需要将数据聚合到一个客户在某个月有且仅有一条记录，这一条记录代表了一个客户在某一个月的状态。

为达到以上目的，并且不损失信息，我们创建了一些新变量，说明如下：

- 用户账户、年月；
- 当月总度数、总电费、转电费次数、存入次数、调整账目次数、账目余额调入次数、退电费次数、调整违约金次数、补入银行收费次数、账目余额调出次数、坏票或贴息次数、未达账项处理次数、账户核销次数、当月月底余额（按下月 10 日前算的余额）；
- 1 个月前的上述所有变量；
- ......
- 6 个月前的上述所有变量；
- 下一个月的上述所有变量。

聚合后的数据只含有 16 万条记录。

去除一些没有信息的记录后，有效记录为 15.7 万条。

通过创建过去 1 ~ 6 个月的变量，对于每一个账户，总共获得 94 个变量。

因为一定数量的账户没有过去 1 ~ 6 个月或者下一个月的信息，我们删除这些账号的相关记录，最终的数据记录有 11.5 万条。

本任务中的欠费定义为：下个月 10 号前用户账户中的余额小于当月应缴纳电费金额。

10.2.1 按账户和日期排序

原始售电量表为 sdl_new.csv，字段依次为 acct、degrees、bills、ym。生成按账户和日期排序后的新售电量表 sdl_new_out_2.csv，新表字段不变。

参考代码：

```
In[1]:
#按账户和日期排序
import numpy as np
import pandas as pd
import os
InValidNum = 1000000000
#读取 sdl_new.csv
sdl_new=pd.read_csv("sdl_new.csv",header=None,names=['acct','degrees
','bills','ym'],dtype={'acct':np.int64,'ym':np.int64})
#按账户和日期排序
sdl_new_out_1=sdl_new.sort_values(by=['acct','ym'])
#将数据集导出
sdl_new_out_1.to_csv("sdl_new_out_2.csv",index=False,header=False)
sdl_new_out_1.head(20)
```

Out[1]:

	acct	degrees	bills	ym
264693	10000000442	239680.0	155364.72	20100331
264705	10000000442	0.0	0.00	20100331
275531	10000000442	1115040.0	601751.95	20100430
276001	10000000442	0.0	-63000.00	20100430
30556	10100124484	49994.0	56774.95	20080124
30557	10100124484	1546.0	760.63	20080124
35847	10100124484	45687.0	53503.73	20080225
35848	10100124484	1413.0	695.20	20080225
42239	10100124484	40565.0	51399.84	20080325
42240	10100124484	1255.0	617.47	20080325
46832	10100124484	8323.0	38213.62	20080423
46858	10100124484	257.0	126.46	20080423
59332	10100124484	0.0	11662.00	20080624
66192	10100124484	0.0	0.00	20080723
73516	10100124484	0.0	0.00	20080825
80661	10100124484	0.0	0.00	20080923
87801	10100124484	0.0	0.00	20081024
96641	10100124484	0.0	0.00	20081124
96648	10100124484	0.0	-11662.00	20081124
103768	10100124484	0.0	0.00	20081216

原始缴费明细表为 jfmx_order.csv，字段依次为 acct、num、ym、yue、shuruyue、acctyue、detail 等。生成按账户和日期排序的新缴费明细表 jfmx_order_out_2.csv，新表字段不变。

参考代码：

In[2]:

```
#按账户和日期排序
import pandas as pd
import numpy as np
#读取 jfmx_order.csv
jfmx_order=pd.read_csv("jfmx_order.csv",header=None,names=['acct',
'num','ym','yue','shuruyue','acctyue','detail'],dtype={'acct':np.int
64,'ym':np.int64})
#按账户和日期排序
jfmx_order_out_2=jfmx_order.sort_values(by=['acct','ym'])
#将数据集导出
jfmx_order_out_2.to_csv("jfmx_order_out_2.csv",index=False,header=Fa
lse)
jfmx_order_out_2.head(20)
```

Out[2]:

	acct	num	ym	yue	shuruyue	acctyue	detail
343643	10000000442	1	20100331	155364.72	0.00	-155364.72	转电费
343642	10000000442	2	20100409	0.00	155364.72	0.00	账目收费
343640	10000000442	4	20100430	-63000.00	0.00	-538751.95	转电费
343641	10000000442	3	20100430	601751.95	0.00	-601751.95	转电费
343639	10000000442	5	20100505	0.00	538751.95	0.00	账目收费
343638	10100124484	143	20080124	57535.58	0.00	-361554.34	转电费
343636	10100124484	145	20080225	0.00	57535.58	-358217.69	日常收费
343637	10100124484	144	20080225	54198.93	0.00	-415753.27	转电费
343635	10100124484	146	20080314	0.00	57535.58	-300682.11	日常收费
343634	10100124484	147	20080325	52017.31	0.00	-352699.42	转电费
343633	10100124484	148	20080423	38340.08	0.00	-391039.50	转电费
343632	10100124484	149	20080523	0.00	90357.39	-300682.11	日常收费
343631	10100124484	150	20080624	11662.00	0.00	-312344.11	转电费
343630	10100124484	151	20081027	0.00	300682.11	-11662.00	日常收费
343629	10100124484	152	20081124	-11662.00	0.00	0.00	转电费
343628	10100124487	1	20100819	0.00	100.00	100.00	存入
343627	10100124490	128	20080626	2744.00	0.00	-2742.06	转电费
343626	10100124490	129	20080728	-2744.00	0.00	1.94	转电费
343625	10100124490	130	20090424	80953.97	0.00	-80952.03	转电费
343624	10100124490	131	20090428	5985.00	0.00	-86937.03	转电费

10.2.2 统计每个账户每个月各种账户活动发生的数量

10.2.1 小节中生成的按账户和日期排序的新缴费明细表 jfmx_order_out_2.csv，其字段依次为 acct、num、ym、yue、shuruyue、acctyue、detail 等。经过处理以后生成新表——每个账户每个月各种账户活动统计表 mr_out_3_2_jfxmbymonth.csv，字段依次为'转电费'、'存入'、'调整账目'、'账目余额调入'、'退电费'、'调整违约金'、'补入银行收费'、'账目余额调出'、'坏票或贴息处理'、'未达账项处理'、'账务核销'等。

参考代码：

In[3]:

```
#统计每个账户每个月的各种账户活动发生的数量，如'转电费'、'存入'、'调整账目'等
import os
cntall=[0,0,0,0,0,0,0,0,0,0,0]
def processJfxmbymonth(linesgroup, fo):
    if(not linesgroup):
        return
    strs = ['转电费', '存入', '调整账目', '账目余额调入', '退电费', '调整违约金', '补入银行收费', '账目余额调出','坏票或贴息处理', '未达账项处理', '帐务核销']
    for item in linesgroup:
        cnt=[0,0,0,0,0,0,0,0,0,0,0]
        for ll in linesgroup[item]:
            accout, index, date, fee, payment, balance, note = ll.split(',')
            note=note.strip()
            try:
                idx = strs.index(note)
                cnt[idx] += 1
                cntall[idx] += 1
            except:
                pass
        fo.write(item + "," + (",".join([str(x) for x in cnt]) + "\n"))
    fo.flush()
if (__name__ == "__main__"):
    fi = open("jfmx_order_out_2.csv",encoding='utf-8')
    fo = open("mr_out_3_2_jfxmbymonth.csv", "w")
    ckey = ""
    linesgroup = {}
    while True:
        ll = fi.readline()
        if not ll:
            processJfxmbymonth(linesgroup, fo)
            break
        accout, index, date, fee, payment, balance, note = ll.split(',')
        key = accout + date[:6]
        if (key != ckey):
            processJfxmbymonth(linesgroup, fo)
            ckey = key
            linesgroup = {}
        if (key not in linesgroup):
            linesgroup[key] = []
        linesgroup[key].append(ll)
    fi.close()
    fo.close()
```

10.2.3 计算当月月底的账户余额

10.2.1 小节中生成的按账户和日期排序的新缴费明细表 jfmx_order_out_2.csv，其字段依次为 acct、num、ym、yue、shuruyue、acctyue、detail 等。经过处理生成新表——当月月底账户余额表 mr_out_3_3_jfxmbymonth_qfse_1.csv。

参考代码：

In[4]:

```
#计算当月月底的账户余额
def processQfse(linesgroup, fo):
    if(not linesgroup):
        return
    balance1 = InValidNum  #记录当月 10 日前的余额
    balance2 = 0           #记录当月月底的余额
    for item in linesgroup:
        for ll in linesgroup[item]:
            accout, index, date, fee, payment, balance, note = ll.split(',')
            day = date[6:] #取出日期值
            bl =0
            day = int(day)
            try:
                bl = float(balance)
            except:
                pass
            if(day<10):
                balance1=bl  #作为 10 号余额保存
            balance2 = bl
        fo.write(item + "," + (",".join([str(balance1),str(balance2)])
+ "\n"))
    fo.flush()
fi = open( "jfmx_order_out_2.csv",encoding='utf-8')
fo = open("mr_out_3_3_jfxmbymonth_qfse_1.csv", "w")
ckey = ""
linesgroup = {}
while True:
    #读取一行
    ll = fi.readline()
    #为空的话则处理完当前值并退出
    if not ll:
        #处理当前数据字典
        processQfse(linesgroup, fo)
        break
    accout, index, date, fee, payment, balance, note = ll.split(',')
    key = accout + date[:6]  #[0,1,2,3,4,5]
    #如果当前 key 和历史 key 不一样，则根据现有数据去处理，并清空字典，同时刷新历史
key 值
    if (key != ckey):
        processQfse(linesgroup, fo)
        ckey = key
        linesgroup = {}
    #如果当前 key 不在字典中，则新建一个
```

```
        if (key not in linesgroup):
            linesgroup[key] = []
        #将当前行放到字典里
        linesgroup[key].append(ll)
    fi.close()
    fo.close()
```

10.2.4 计算下月 10 日前的账户余额

10.2.3 小节中生成的当月月底账户余额表 mr_out_3_3_jfxmbymonth_qfse_1.csv，经过处理，生成新表——下月 10 日前的账户余额表 mr_out_3_3_jfxmbymonth_qfse_2.csv。本任务中的欠费定义为：下月 10 日前的账户余额小于当月应缴纳电费金额。

参考代码：

```
In[5]:  #计算当月月底账户余额，按下月 10 日前计算的账户余额
        def processQfseNextMonth(lastline, line, fo):
            key, blance1, blance2 = lastline.split(',')
            date=key[-6:]
            month = date[4:]
            month = int(month)
            b2=""
            if(line):
                key2, blance12, blance22 = line.split(',')
                date2=key2[-6:]
                month2 = date2[4:]
                month2 = int(month2)
                if(month2-month==1 and blance12 != str(InValidNum)):
                    b2 = blance12  #记录下月 10 日前的余额
                if(month2-month==-11 and blance12 != str(InValidNum)):
                    b2 = blance12  #跨年，记录下月 10 日前的余额
            #拼装数据并写入文件，如果 line 为 None，没有下个月数据，则填空
            fo.write((",".join([key,blance2.strip(),b2]) + "\n"))
            fo.flush()
        fi = open("mr_out_3_3_jfxmbymonth_qfse_1.csv",encoding='utf-8')
        fo = open("mr_out_3_3_jfxmbymonth_qfse_2.csv", "w")
        lastline = fi.readline()  #先记录第一条记录，和下一条记录一起处理
        key1, blance11, blance21 = lastline.split(',')
        acc1=key1[:-6]  #上次生成的 key1 = accout + date[:6]
        while True:
            ll = fi.readline()
            if not ll:
                #为空的话则处理完当前值，并退出
                processQfseNextMonth(lastline, None,fo)
                break
            #字段分别为账号+日期，10 日前余额，月底余额
            key2, blance12, blance22 = lastline.split(',')
            acc2=key2[:-6]
            #如果账号发生变化，则处理上一条数据，当前数据为空，并更新账号
```

```
        if(acc2!=acc1):
            processQfseNextMonth(lastline, None,fo)
            acc1=acc2
        #正常函数传入：上一条数据、当前数据、文件句柄
        else:
            processQfseNextMonth(lastline, ll,fo)
        lastline = ll
    fi.close()
    fo.close()
```

10.2.5 计算每个账户每个月的用电量和缴费量

10.2.1 小节中生成的按账户和日期排序后新售电量表 sdl_new_out_2.csv，其字段依次为 acct、degrees、bills、ym。经过处理，生成新表——每个账户每个月的用电量和缴费量表 mr_out_3_1_mon2degree.csv。

参考代码：

```
In[6]:  #计算每个账户每个月的用电量和缴费量
        fi = open("sdl_new_out_2.csv",encoding='utf-8')
        fo = open("mr_out_3_1_mon2degree.csv","w")
        ckey = ""
        linesgroup = {}
        def processMon2degree(linesgroup, fo):
            if(not linesgroup):#若 linesgroup 为空，则返回空
                return
            for item in linesgroup:
                degreesum = 0
                feesum=0
                for ll in linesgroup[item]:
                    accout, degree, fee, date = ll.split(',')
                    try:
                        degreesum += float(degree)
                    except:
                        pass
                    try:
                        feesum+= float(fee)
                    except:
                        pass
                fo.write((",".join([item,str(degreesum),str(feesum)]) +
        "\n"))#写入
            fo.flush()#刷新
        while True:
            #readline
            ll = fi.readline()#读取下一行
            if not ll:
                break
            accout, degree, fee, date = ll.split(',')
            key = accout + date[:6]
            if (key != ckey):
                processMon2degree(linesgroup, fo)
```

```
            ckey = key
            linesgroup = {}
        if (key not in linesgroup):
            linesgroup[key] = []
        linesgroup[key].append(ll)
fi.close()
fo.close()
```

10.2.6 合并整理新的用户缴费明细和用电量明细表

将下列计算得出的表按账户相同的字段进行合并。

```
mr_out_3_1_mon2degree.csv
mr_out_3_2_jfxmbymonth.csv
mr_out_3_3_jfxmbymonth_qfse_2.csv
```

合并后的表名为 mr_out_4_1_merge.csv，在此表上进行数据分析。

参考代码：

```
In[7]:  #合并整理后的用户缴费明细表和用户用电量明细表
        #账户月用电量和缴费表
        fi1 = open("mr_out_3_1_mon2degree.csv")
        #账户活动统计表
        fi2 = open("mr_out_3_2_jfxmbymonth.csv")
        #账户月底余额和下个月 10 日前余额
        fi3 = open("mr_out_3_3_jfxmbymonth_qfse_2.csv")
        #输出最终样本数据
        fo = open("mr_out_4_1_merge.csv","w")
        ll1 = fi1.readline()
        ll2 = fi2.readline()
        ll3 = fi3.readline()
        while True:
            if not ll1 and not ll2 and not ll3:
                break
            '''
            确保从账号小的开始生成样本，如果 3 个文件 key 不完全一样，
            可以通过以下判断，逐步调整，最终使 3 个文件当前 key 相同
            '''
            pp1 = None
            key = 'aaaaaaaaaaa'
            if(ll1):
                pp1 = ll1.split(',')
                if(pp1[0]<key):
                    key = pp1[0]
            pp2 = None
            if(ll2):
                pp2 = ll2.split(',')
                if (pp2[0] < key):
                    key = pp2[0]
            pp3 = None
            if (ll3):
```

```
        pp3 = ll3.split(',')
        if (pp3[0] < key):
            key = pp3[0]
    #取出账号和时间字段
    key1,key2 = key[:-6],key[-6:]
    res = [key1,key2,'','','','','','','','','','','','','','','']
    if(pp1):
        if(key==pp1[0]):
            res[2]=pp1[1].strip()
            res[3]=pp1[2].strip()
            ll1 = fi1.readline()
    if(pp2):
        if(key==pp2[0]):
            res[4]=pp2[1].strip()
            res[5]=pp2[2].strip()
            res[6]=pp2[3].strip()
            res[7]=pp2[4].strip()
            res[8]=pp2[5].strip()
            res[9]=pp2[6].strip()
            res[10]=pp2[7].strip()
            res[11]=pp2[8].strip()
            res[12]=pp2[9].strip()
            res[13]=pp2[10].strip()
            res[14]=pp2[11].strip()
            ll2 = fi2.readline()
    if(pp3):
        if(key==pp3[0]):
            res[15]=pp3[1].strip()
            res[16]=pp3[2].strip()
            ll3 = fi3.readline()
    fo.write((",".join(res) + "\n"))
fi1.close()
fi2.close()
fi3.close()
fo.close()
```

10.2.7 数据中空值的处理

从数据文件中读取数据，分析的数据中不能含有空值（NaN），所以需要进行预处理，将空值（NaN）替换或排除。

参考代码：

```
In[8]:  import pandas as pd
        import scipy as sp
        import numpy as np
        import sklearn as sk
        import scipy.stats as spst
        import sklearn.feature_selection as skfs
        from sklearn.metrics import precision_score,confusion_matrix,
        classification_report
        from sklearn.linear_model import LogisticRegression
```

```
from sklearn.svm import SVC

#数据读取
datain = pd.read_csv("mr_out_4_1_merge.csv", header=None, sep=",")
datain.columns = ["0.账户","1.日期","2.degrees","3.bills","4.zhuanru",
"5.cunru","6.tiaozheng","7.yuetiaoru","8.tuidianfei","9.weiyuejin",
"10.buruyinhang","11.yuetiaochu","12.huaizhang","13.weidabiao",
"14.acctcancel","15.balance1","16.balance2"]
datain.head()
```

Out[8]:

	0.账户	1.日期	2.degrees	3.bills	4.zhuanru	5.cunru	6.tiaozheng	7.yuetiaoru	8.tuidianfei
0	10000000442	201003	239680.0	155364.72	1.0	0.0	0.0	0.0	0.0
1	10000000442	201004	1115040.0	538751.95	2.0	0.0	0.0	0.0	0.0
2	10000000442	201005	NaN	NaN	0.0	0.0	0.0	0.0	0.0
3	10100124484	200801	51540.0	57535.58	1.0	0.0	0.0	0.0	0.0
4	10100124484	200802	47100.0	54198.93	1.0	0.0	0.0	0.0	0.0

9.weiyuejin	10.buruyinhang	11.yuetiaochu	12.huaizhang	13.weidabiao	14.acctcancel	15.balance1	16.balance2
0.0	0.0	0.0	0.0	0.0	0.0	-155364.72	0.0
0.0	0.0	0.0	0.0	0.0	0.0	-601751.95	0.0
0.0	0.0	0.0	0.0	0.0	0.0	0.00	NaN
0.0	0.0	0.0	0.0	0.0	0.0	-361554.34	NaN
0.0	0.0	0.0	0.0	0.0	0.0	-415753.27	NaN

In[9]:

```
#将2.degrees到14.acctcancel字段为NaN的填0
datain[datain.iloc[:,2:15].isna()] = 0
datain.head()
```

Out[9]:

	0.账户	1.日期	2.degrees	3.bills	4.zhuanru	5.cunru	6.tiaozheng	7.yuetiaoru	8.tuidianfei
0	10000000442	201003	239680.0	155364.72	1.0	0.0	0.0	0.0	0.0
1	10000000442	201004	1115040.0	538751.95	2.0	0.0	0.0	0.0	0.0
2	10000000442	201005	0.0	0.00	0.0	0.0	0.0	0.0	0.0
3	10100124484	200801	51540.0	57535.58	1.0	0.0	0.0	0.0	0.0
4	10100124484	200802	47100.0	54198.93	1.0	0.0	0.0	0.0	0.0

9.weiyuejin	10.buruyinhang	11.yuetiaochu	12.huaizhang	13.weidabiao	14.acctcancel	15.balance1	16.balance2
0.0	0.0	0.0	0.0	0.0	0.0	-155364.72	0.0
0.0	0.0	0.0	0.0	0.0	0.0	-601751.95	0.0
0.0	0.0	0.0	0.0	0.0	0.0	0.00	NaN
0.0	0.0	0.0	0.0	0.0	0.0	-361554.34	NaN
0.0	0.0	0.0	0.0	0.0	0.0	-415753.27	NaN

In[10]:

```
#统计余额为NaN的记录数
temp = datain
print(temp.shape)
cnt = temp.loc[temp.loc[:,"15.balance1"].isna()].shape[0]
cntold = 0
print(cnt, cntold)
```

Out[10]:

```
(156787, 17)
31890 0
```

In[11]:

```
#当月底余额数据缺失时，使用上个月的数据循环补充
while (cntold != cnt) and (0 != cnt) :
    i=0
    #将余额列整体下移一位，拼接到源数据表最右列
    ss = temp.iloc[:,15]
```

```
    ns = np.r_[[None],ss.loc[:]]
    ns = pd.DataFrame(ns)
    temp = pd.concat([temp,ns[0:-1]],axis=1)

    #将账户列整体下移一位，拼接到源数据表最右列
    tt = temp.iloc[:,0]
    nt = np.r_[[None],tt.loc[:]]
    temp = pd.concat([temp,pd.DataFrame(nt)[0:-1]],axis=1)
    print("columns is ",temp.columns[17])

    #如果当前余额为空，且当前账户和拼接的账户一样，则使用拼接的（上个月）余额赋值给当前月余额
    tempIndex = (temp.iloc[:,0]==temp.iloc[:,18]) & (temp.iloc[:,15].isna())
    temp.loc[tempIndex,'15.balance1'] = temp[tempIndex].iloc[:,17]
    #赋值填充后，再删除这两列
    temp = temp.iloc[:,0:-2]

    #重新计算余额为 NaN 的剩余记录数
    cntold=cnt
    cnt = temp.loc[temp.iloc[:,15].isna()].shape[0]
    print (cnt,cntold)
temp.head()
```

Out[11]:

	0.账户	1.日期	2.degrees	3.bills	4.zhuanru	5.cunru	6.tiaozheng	7.yuetiaoru	8.tuidianfei
0	1000000442	201003	239680.0	155364.72	1.0	0.0	0.0	0.0	0.0
1	1000000442	201004	1115040.0	538751.95	2.0	0.0	0.0	0.0	0.0
2	1000000442	201005	0.0	0.00	0.0	0.0	0.0	0.0	0.0
3	10100124484	200801	51540.0	57535.58	1.0	0.0	0.0	0.0	0.0
4	10100124484	200802	47100.0	54198.93	1.0	0.0	0.0	0.0	0.0

9.weiyuejin	10.buruyinhang	11.yuetiaochu	12.huaizhang	13.weidabiao	14.acctcancel	15.balance1	16.balance2
0.0	0.0	0.0	0.0	0.0	0.0	-155364.72	0.0
0.0	0.0	0.0	0.0	0.0	0.0	-601751.95	0.0
0.0	0.0	0.0	0.0	0.0	0.0	0.00	NaN
0.0	0.0	0.0	0.0	0.0	0.0	-361554.34	NaN
0.0	0.0	0.0	0.0	0.0	0.0	-415753.27	NaN

In[12]:

```
#以类似于当月余额拼接的方法，拼接下月 10 号前余额数据
temp = datain
print ("拼接前",temp.shape)
#取出 16 列，在 16 列的第一行加上一个 NA，并去除 16 列最后一行
ss = temp.iloc[:,16]
ns = np.r_[[None],ss.iloc[:]]
temp = pd.concat([temp,pd.DataFrame({"ns":ns})[0:-1]],axis=1)
#取出 1 列，在 1 列的第一行加上一个 NA，并去除 1 列最后一行
tt = temp.iloc[:,0]
nt = np.r_[[None],tt.iloc[:]]
temp = pd.concat([temp,pd.DataFrame({"nt":nt})[0:-1]],axis=1)
#将第 1 行用初始值填充
temp.iloc[0,17] = 0
temp.iloc[0,18] = 10000000442
print ("拼接后",temp.shape)
temp.head()
```

Out[12]:

```
拼接前 (156787, 17)
拼接后 (156787, 19)
```

	0.账户	1.日期	2.degrees	3.bills	4.zhuanru	5.cunru	6.tiaozheng	7.yuetiaoru	8.tuidianfei	9.weiyuejin
0	10000000442	201003	239680.0	155364.72	1.0	0.0	0.0	0.0	0.0	0.0
1	10000000442	201004	1115040.0	538751.95	2.0	0.0	0.0	0.0	0.0	0.0
2	10000000442	201005	NaN	NaN	0.0	0.0	0.0	0.0	0.0	0.0
3	10100124484	200801	51540.0	57535.58	1.0	0.0	0.0	0.0	0.0	0.0
4	10100124484	200802	47100.0	54198.93	1.0	0.0	0.0	0.0	0.0	0.0

10.buruyinhang	11.yuetiaochu	12.huaizhang	13.weidabiao	14.acctcancel	15.balance1	16.balance2	ns	nt
0.0	0.0	0.0	0.0	0.0	-155364.72	0.0	0	10000000442
0.0	0.0	0.0	0.0	0.0	-601751.95	0.0	0.0	10000000442
0.0	0.0	0.0	0.0	0.0	0.00	NaN	0.0	10000000442
0.0	0.0	0.0	0.0	0.0	-361554.34	NaN	NaN	10000000442
0.0	0.0	0.0	0.0	0.0	-415753.27	NaN	NaN	10100124484

任务 10.3 模型建立与评估

本任务将基于任务 10.2 处理后的结果，进行模型的建立和评估。分别使用逻辑斯谛回归模型、支持向量机、模型实现模型训练、预测和评估。

可将输入数据代入所建立的模型，计算出结果；再将模型计算结果与测试集数据中的实际结果进行比对，评估两种模型的性能，判断所建立模型是否能较好地推广到实际应用中。

10.3.1 数据特征的转换

计算出消费、余额、前几个月的电费等变量，这些变量是影响用户欠费概率的因素。

参考代码：

In[13]:

```
#当月新消费=账户下个月 10 号前余额-(账户这个月 10 号前余额-当月总电费)，计算当月新消费，计算公式：当月新消费=账户下个月 10 号前余额-(账户这个月 10 号前余额-当月总电费)，并将当月新消费拼接在前面的表后面”追加在总表后面
pay = temp.iloc[:,16]-(temp.iloc[:,17]-temp.iloc[:,3])
pay = pd.DataFrame({"17.pay":pay})
temp =  pd.concat([temp,pay],axis=1)
tempIndex = temp.iloc[:,18] != temp.iloc[:,0]
temp.loc[tempIndex,"17.pay"] = 0
temp = temp.drop(["ns","nt"],axis = 1)
print(temp.shape)
temp.head()
```

Out[13]:

```
(156787, 18)
```

	0.账户	1.日期	2.degrees	3.bills	4.zhuanru	5.cunru	6.tiaozheng	7.yuetiaoru	8.tuidianfei	9.weiyuejin
0	10000000442	201003	239680.0	155364.72	1.0	0.0	0.0	0.0	0.0	0.0
1	10000000442	201004	1115040.0	538751.95	2.0	0.0	0.0	0.0	0.0	0.0
2	10000000442	201005	NaN	NaN	0.0	0.0	0.0	0.0	0.0	0.0
3	10100124484	200801	51540.0	57535.58	1.0	0.0	0.0	0.0	0.0	0.0
4	10100124484	200802	47100.0	54198.93	1.0	0.0	0.0	0.0	0.0	0.0

10.buruyinhang	11.yuetiaochu	12.huaizhang	13.weidabiao	14.acctcancel	15.balance1	16.balance2	17.pay
0.0	0.0	0.0	0.0	0.0	-155364.72	0.0	155364.72
0.0	0.0	0.0	0.0	0.0	-601751.95	0.0	538751.95
0.0	0.0	0.0	0.0	0.0	0.00	NaN	NaN
0.0	0.0	0.0	0.0	0.0	-361554.34	NaN	0
0.0	0.0	0.0	0.0	0.0	-415753.27	NaN	NaN

In[14]:

```
#计算消费与当月总电费的比例
pratio = (temp.iloc[:,17]) / (temp.iloc[:,3] + 0.1)
pratio[pratio<=0] = 0
pratio[temp.iloc[:,3] <= 100] = 1
pratio = pd.DataFrame(pratio.values,columns=["18.ratio"])
temp = pd.concat([temp,pratio],axis = 1)
print (temp.shape)
temp.head()
```

Out[14]:

```
(156787, 19)
```

	0.账户	1.日期	2.degrees	3.bills	4.zhuanru	5.cunru	6.tiaozheng	7.yuetiaoru	8.tuidianfei	9.weiyuejin
0	10000000442	201003	239680.0	155364.72	1.0	0.0	0.0	0.0	0.0	0.0
1	10000000442	201004	1115040.0	538751.95	2.0	0.0	0.0	0.0	0.0	0.0
2	10000000442	201005	0.0	0.00	0.0	0.0	0.0	0.0	0.0	0.0
3	10100124484	200801	51540.0	57535.58	1.0	0.0	0.0	0.0	0.0	0.0
4	10100124484	200802	47100.0	54198.93	1.0	0.0	0.0	0.0	0.0	0.0

10.buruyinhang	11.yuetiaochu	12.huaizhang	13.weidabiao	14.acctcancel	15.balance1	16.balance2	17.pay	18.ratio
0.0	0.0	0.0	0.0	0.0	-155364.72	0.0	155364.72	0.999999
0.0	0.0	0.0	0.0	0.0	-601751.95	0.0	538751.95	1.0
0.0	0.0	0.0	0.0	0.0	0.00	NaN	NaN	1
0.0	0.0	0.0	0.0	0.0	-361554.34	NaN	0	0
0.0	0.0	0.0	0.0	0.0	-415753.27	NaN	NaN	NaN

In[15]:

```
#将消费小于 0 的值全置为 0
datain = temp
datain.loc[datain.iloc[:,17]<0,"17.pay"] = 0
```

In[16]:

```
#将欠费的客户的 flag 记为 1
#若下个月 10 号前余额小于当月应缴电费，则判定为欠费
flag = pd.DataFrame(np.zeros((datain.shape[0],1),dtype =
int),columns=['19.flag'])
flag.loc[datain.iloc[:,16] < datain.iloc[:,3]] = 1
datain = pd.concat([datain, flag], axis=1)
datain.head()
```

Out[16]:

	0.账户	1.日期	2.degrees	3.bills	4.zhuanru	5.cunru	6.tiaozheng	7.yuetiaoru	8.tuidianfei	9.weiyuejin
0	10000000442	201003	239680.0	155364.72	1.0	0.0	0.0	0.0	0.0	0.0
1	10000000442	201004	1115040.0	538751.95	2.0	0.0	0.0	0.0	0.0	0.0
2	10000000442	201005	0.0	0.00	0.0	0.0	0.0	0.0	0.0	0.0
3	10100124484	200801	51540.0	57535.58	1.0	0.0	0.0	0.0	0.0	0.0
4	10100124484	200802	47100.0	54198.93	1.0	0.0	0.0	0.0	0.0	0.0

10.buruyinhang	11.yuetiaochu	12.huaizhang	13.weidabiao	14.acctcancel	15.balance1	16.balance2	17.pay	18.ratio	19.flag
0.0	0.0	0.0	0.0	0.0	-155364.72	0.0	155364.72	0.999999	1
0.0	0.0	0.0	0.0	0.0	-601751.95	0.0	538751.95	1.0	1
0.0	0.0	0.0	0.0	0.0	0.00	NaN	NaN	1	0
0.0	0.0	0.0	0.0	0.0	-361554.34	NaN	0	0	0
0.0	0.0	0.0	0.0	0.0	-415753.27	NaN	NaN	NaN	0

In[17]:

```
#选取有用的列
datain=datain.iloc[:,[0,1,2,3,4,5,7,9,16,17,18,19]]
datain.head()
```

Out[17]:

	0.账户	1.日期	2.degrees	3.bills	4.zhuanru	5.cunru	7.yuetiaoru	9.weiyuejin	16.balance2	17.pay	18.ratio	19.flag
0	10000000442	201003	239680.0	155364.72	1.0	0.0	0.0	0.0	0.0	155364.72	0.999999	1
1	10000000442	201004	1115040.0	538751.95	2.0	0.0	0.0	0.0	0.0	538751.95	1.0	1
2	10000000442	201005	0.0	0.00	0.0	0.0	0.0	0.0	NaN	NaN	1	0
3	10100124484	200801	51540.0	57535.58	1.0	0.0	0.0	0.0	NaN	0	0	0
4	10100124484	200802	47100.0	54198.93	1.0	0.0	0.0	0.0	NaN	NaN	NaN	0

In[18]:

```
#计算每度电的费用
uprice = abs(datain.iloc[:,3]/(datain.iloc[:,2]+0.01))
uprice.loc[datain.iloc[:,2] == 0] = 1
uprice[uprice>100] = 100
uprice = pd.DataFrame(uprice.values,columns=["20.price"])
datain=pd.concat([datain,uprice],axis = 1)
print (datain.shape)
datain.head()
```

Out[18]:

```
(156787, 13)
```

	0.账户	1.日期	2.degrees	3.bills	4.zhuanru	5.cunru	7.yuetiaoru	9.weiyuejin	16.balance2	17.pay	18.ratio	19.flag	20.price
0	10000000442	201003	239680.0	155364.72	1.0	0.0	0.0	0.0	0.0	155364.72	0.999999	1	0.648217
1	10000000442	201004	1115040.0	538751.95	2.0	0.0	0.0	0.0	0.0	538751.95	1.0	1	0.483168
2	10000000442	201005	0.0	0.00	0.0	0.0	0.0	0.0	NaN	NaN	1	0	1.000000
3	10100124484	200801	51540.0	57535.58	1.0	0.0	0.0	0.0	NaN	0	0	0	1.116328
4	10100124484	200802	47100.0	54198.93	1.0	0.0	0.0	0.0	NaN	NaN	NaN	0	1.150720

In[19]:

```
#在本月之前的 6 个月的电费情况
data1 = pd.DataFrame()
data1 = datain.copy()
data1.iloc[:,:4] = datain.iloc[:,:4]
#将电费单价插入账单后面
data1.iloc[:,4] = datain.iloc[:,12]
for i in range(4,12):
   data1.iloc[:,i+1] = datain.iloc[:,i]
data1.head()
```

Out[19]:

	0.账户	1.日期	2.degrees	3.bills	4.zhuanru	5.cunru	7.yuetiaoru	9.weiyuejin	16.balance2	17.pay	18.ratio	19.flag	20.price
0	10000000442	201003	239680.0	155364.72	0.648217	1.0	0.0	0.0	0.0	0.0	155364.72	0.999999	1
1	10000000442	201004	1115040.0	538751.95	0.483168	2.0	0.0	0.0	0.0	0.0	538751.95	1.0	1
2	10000000442	201005	0.0	0.00	1.000000	0.0	0.0	0.0	0.0	NaN	NaN	1	0
3	10100124484	200801	51540.0	57535.58	1.116328	1.0	0.0	0.0	0.0	NaN	0	0	0
4	10100124484	200802	47100.0	54198.93	1.150720	1.0	0.0	0.0	0.0	NaN	NaN	NaN	0

In[20]:

```
#依次向下移动一行，并在前面补 0
#将前面 6 个月数据拼接
p0 = data1.iloc[:,[0,2,3,4,5,6,7,8,9,10,11,12]]
p1 = pd.DataFrame(np.r_[np.zeros((1,12)),p0[0:-1].values])
p2 = pd.DataFrame(np.r_[np.zeros((1,12)),p1[0:-1].values])
p3 = pd.DataFrame(np.r_[np.zeros((1,12)),p2[0:-1].values])
p4 = pd.DataFrame(np.r_[np.zeros((1,12)),p3[0:-1].values])
p5 = pd.DataFrame(np.r_[np.zeros((1,12)),p4[0:-1].values])
p6 = pd.DataFrame(np.r_[np.zeros((1,12)),p5[0:-1].values])
#依次向上移动一行，并在后面补 0
#后 3 行的账户、消费、欠费标识
f0 = data1.iloc[:,[0,9,12]]
f1 = pd.DataFrame(np.r_[f0[1:],np.zeros((1,3))])
f2 = pd.DataFrame(np.r_[f1[1:],np.zeros((1,3))])
f3 = pd.DataFrame(np.r_[f2[1:],np.zeros((1,3))])
#拼接各个表，并挑出编号一致的行
data = pd.concat([data1,p1,p2,p3,p4,p5,p6,f1,f2,f3],
axis=1,ignore_index=True)
```

```
#挑选用户一致的数据
temp = data.loc[ (data.iloc[:,0] == data.iloc[:,13])
                 & (data.iloc[:,13] == data.iloc[:,25])
                 & (data.iloc[:,25] == data.iloc[:,37])
                 & (data.iloc[:,37] == data.iloc[:,49])
                 & (data.iloc[:,49] == data.iloc[:,61])
                 & (data.iloc[:,61] == data.iloc[:,73])
                 & (data.iloc[:,73] == data.iloc[:,85])
                 & (data.iloc[:,85] == data.iloc[:,88])
                 & (data.iloc[:,88] == data.iloc[:,91])
               ]
temp = temp[1:]  #删除第一行
temp = temp.reset_index(drop = True)
temp.head()
```

Out[20]:

	0	1	2	3	4	5	6	7	8	9	...	84	85	86	87	88	89	90	91	92	93
0	10100124484	200808	0.0	0.0	1.0	0.0	0.0	0.0	0.0	NaN	...	0	1.010012e+10	NaN	0.0	1.010012e+10	NaN	0.0	1.010012e+10	NaN	0.0
1	10100124484	200809	0.0	0.0	1.0	0.0	0.0	0.0	0.0	NaN	...	0	1.010012e+10	NaN	0.0	1.010012e+10	NaN	0.0	1.010012e+10	NaN	0.0
2	10100124484	200810	0.0	0.0	1.0	0.0	0.0	0.0	0.0	NaN	...	0	1.010012e+10	NaN	0.0	1.010012e+10	NaN	0.0	1.010012e+10	NaN	0.0
3	10100124484	200811	0.0	-11662.0	1.0	1.0	0.0	0.0	0.0	NaN	...	0	1.010012e+10	NaN	0.0	1.010012e+10	NaN	0.0	1.010012e+10	NaN	0.0
4	10100124484	200812	0.0	0.0	1.0	0.0	0.0	0.0	0.0	NaN	...	0	1.010012e+10	NaN	0.0	1.010012e+10	NaN	0.0	1.010012e+10	NaN	0.0

5 rows × 94 columns

In[21]:

```
#若后 3 个月只要有一个月欠费，则将最终标记置为 1
data = temp
flag3m = data.iloc[:,87] + data.iloc[:,90] + data.iloc[:,93]
flag3m[flag3m >=1 ] = 1
flag3m = pd.DataFrame(flag3m.values, columns=["flag3m"])
data = pd.concat([data,flag3m], axis=1,ignore_index=True)
data = data.drop([13,25,37,49,61,73,85,88,91], axis=1)  #删除用于拼接的账号列
print (data.shape)
data.head()
```

Out[21]:

```
(114442, 86)
```

	0	1	2	3	4	5	6	7	8	9	...	82	83	84	86	87	89	90	92	93	94
0	10100124484	200808	0.0	0.0	1.0	0.0	0.0	0.0	0.0	NaN	...	NaN	NaN	0	NaN	0.0	NaN	0.0	NaN	0.0	0.0
1	10100124484	200809	0.0	0.0	1.0	0.0	0.0	0.0	0.0	NaN	...	NaN	NaN	0	NaN	0.0	NaN	0.0	NaN	0.0	0.0
2	10100124484	200810	0.0	0.0	1.0	0.0	0.0	0.0	0.0	NaN	...	NaN	NaN	0	NaN	0.0	NaN	0.0	NaN	0.0	0.0
3	10100124484	200811	0.0	-11662.0	1.0	1.0	0.0	0.0	0.0	NaN	...	NaN	1	0	NaN	0.0	NaN	0.0	NaN	0.0	0.0
4	10100124484	200812	0.0	0.0	1.0	0.0	0.0	0.0	0.0	NaN	...	NaN	NaN	0	NaN	0.0	NaN	0.0	NaN	0.0	0.0

5 rows × 86 columns

In[22]:

```
#删除没有过去 1 ~ 6 个月或后面 1 个月数据的记录
data = data.dropna()
data.shape
```

Out[22]:

```
(3019, 86)
```

In[23]:

```
#生成最终数据，包括训练数据和测试数据，比例为 9:1
alldata = data.iloc[:,[i for i in range(2,79)]+[80]]  #不需要账户和后 3 个月的数据
testdata = alldata.sample(frac=0.1)
traindata = alldata.drop([i for i in testdata.index],axis=0)
print(alldata.shape, testdata.shape, traindata.shape)
```

Out[23]:

```
(3019, 78) (302, 78) (2717, 78)
```

In[24]:	

```
#特征选择
pkb = skfs.SelectKBest(lambda X, Y: tuple(map(tuple,np.array(list(map
(lambda x:spst.pearsonr(x, Y), X.T))).T)), k=8)
selectedBest = pkb.fit_transform(alldata.iloc[:,:-1],
alldata.iloc[:,-1])
pkb.get_support()
```

Out[24]:

```
array([False, False, False, False, False, False, False, False, False,
       False,  True, False, False, False, False, False, False, False,
       False, False, False,  True, False, False, False, False, False,
       False, False, False, False, False,  True, False,  True, False,
       False, False, False, False, False, False, False,  True, False,
       False, False, False, False, False, False, False, False, False,
        True, False, False, False, False, False, False, False, False,
       False, False,  True, False, False, False, False, False, False,
       False, False, False, False,  True])
```

10.3.2 逻辑斯谛回归模型建立与评估

最后一步，也是最重要的一步，就是模型的建立和评估。使用逻辑斯谛回归模型对前面准备好的数据进行分类训练，建立一个分类模型，并对该模型进行评估。

参考代码：

In[25]:

```
#使用逻辑斯谛回归模型进行分类训练和预测
clf = LogisticRegression()
X = traindata.iloc[:,:-1].values
Y = traindata.iloc[:,-1].values
clf.fit(X[:,pkb.get_support()],Y.astype(int))
```

Out[25]:

```
LogisticRegression()
```

In[26]:

```
print ("LR score: ",clf.score(testdata.iloc[:,:-1].values[:,pkb.get_
support()],testdata.iloc[:,-1].values.astype(int)))
```

Out[26]:

```
LR score:  0.9337748344370861
```

10.3.3 支持向量机模型建立与评估

支持向量机模型同样也可以实现分类训练，使用支持向量机算法对数据进行分类训练，建立模型，并对该模型进行评估。

参考代码：

In[27]:

```
#使用支持向量机模型进行分类训练和预测
svcRbf = SVC(kernel='rbf', gamma=0.7, C=1.0)
svcRbf = svcRbf.fit(X[:,pkb.get_support()],Y.astype(int))
print ("svcLinear score: " + str(svcRbf.score(testdata.iloc[:,:-1].values
[:,pkb.get_support()],testdata.iloc[:,-1].values.astype(int))))
```

Out[27]:

```
svcLinear score: 0.9337748344370861
```

In[28]:

```
pred = svcRbf.predict(testdata.iloc[:,:-1].values[:,pkb.get_support()])
rbf_score = precision_score(testdata.iloc[:,-1].values.astype(int),
pred, average='macro')
print ("svcRbf precision score: ",rbf_score)
```

	print(confusion_matrix(y_true=testdata.iloc[:,-1] .values.astype(int),y_pred=pred)) print(classification_report(testdata.iloc[:,-1].values.astype(int), pred))
Out[28]:	(see output below)

```
svcRbf precision score:  0.4684385382059801
[[  0  19]
 [  1 282]]
              precision    recall  f1-score   support

           0       0.00      0.00      0.00        19
           1       0.94      1.00      0.97       283

    accuracy                           0.93       302
   macro avg       0.47      0.50      0.48       302
weighted avg       0.88      0.93      0.90       302
```

项目总结

本项目以某地区电力公司用电用户的历史数据为背景，系统地介绍了大数据项目的数据采集和数据描述、数据预处理、数据特征转换、数据建模分析、模型评估等开发流程，让大家掌握 Python 数据处理工具包 pandas、机器学习包 sklearn 中常见方法的使用，进一步熟悉逻辑斯谛回归模型和支持向量机建模算法在产业的实际应用。

项目实践

在 10.2.3 小节中，实现了 processQfse 函数用于计算当月月底的账户余额。请利用 DataFrame 的相关方法，如索引、筛选、分组统计、聚合等，重新实现 processQfse 函数。

单元⑪ 《你好，旧时光》文本挖掘分析

项目目标

（1）了解文本挖掘分析常用库；

（2）能够利用 jieba 分词对每段文本进行分词处理；

（3）能够通过计算同段之间两人共同出现的次数得出人物关系权重，对权重进行归一化；

（4）能够利用 K-means 算法、Ward 算法进行聚类分析，用 MDS 算法、PCA 算法进行数据降维，展示结果。

相关背景知识

《你好，旧时光》是青春文学作家八月长安所作的青春小说。小说讲述了出生在 20 世纪 80 年代末的普通小姑娘余周周童年与妈妈相依为命，中学经历诸多波折快速成长的故事，引发了读者对大学前学生时代的很多共鸣，行行句句，倾注了作者对青春和对自己的剖析。

原著作者“振华三部曲”的《最好的我们》改编电视剧之后备受好评，原著读者也对《你好，旧时光》改编的电视剧报以极大的期待。然而，电视剧播出，却因对原著剧情大刀阔斧的改编受到了原著读者的质疑，其中余周周的初中生活被一带而过、部分人物的删减与出场变动等的质疑不绝于耳。随着电视剧的播出，对该剧的质疑逐渐减少，好评逐渐增多，豆瓣评分高达 8.6 分。

我们可以运用文本挖掘方法对《你好，旧时光》原著文本进行分析，探究文本及人物行为之间的关系，主要内容如下。

读取小说文本数据和停用词列表，利用正则表达式规则删除文本中的标点和停用词。读取主要人物表，计算人物关系权值，绘制人物关系图。读取自定义分词词典，进行章节文档分词，根据分词计算文档间余弦相似度，利用聚类算法和降维算法展示相似章节。

任务实现

任务 11.1 项目准备

为了实现这个项目，我们需要安装必要的库，本次文本挖掘分析工具为 Python，用到 jieba、nltk、wordcloud、sklearn、networkx 等多个库。在命令提示符窗口中执行以下命令，进行安装：

```
pip install jieba
pip install nltk
pip install networkx
pip install wordcloud
```

导入该项目所需的库：

```
In[1]:  #加载需要模块
        import os
        import re
        import numpy as np
        import pandas as pd
        import matplotlib.pyplot as plt
        from matplotlib.font_manager import FontProperties
        from matplotlib.pyplot import imread
        import jieba
        from wordcloud import WordCloud, ImageColorGenerator
        import nltk
        from nltk.cluster import cosine_distance, KMeansClusterer
        from sklearn import metrics
        from sklearn.feature_extraction.text import CountVectorizer,
        TfidfTransformer
        from sklearn.decomposition import PCA
        from sklearn.manifold import MDS
        from scipy.cluster.hierarchy import dendrogram, ward
        from scipy.spatial.distance import pdist,squareform
        #加载绘制社交网络图的包
        import networkx as nx
```

设置项目基本属性，包括字体、pandas 显示方式和显示图像的方式，参考代码如下：

```
In[2]:  #设置字体
        font = FontProperties(fname = 'simkai.ttf', size = 14)

        #设置 pandas 显示方式
        pd.set_option('display.max_rows',8)
        pd.options.mode.chained_assignment = None  #default='warn'

        #设置显示图像的方式
        %matplotlib inline
        %config InlineBackend.figure_format = 'retina'
```

任务 11.2 文本数据准备与处理

11.2.1 读入数据

读取《你好，旧时光》原著的文本数据，由于 TXT 文本文件采用\n\n 进行分段，将每段作为 DataFrame 中的每行数据，共读入 8995 条文本数据，其中正文部分包含 8987 条文本数据，参考代码如下：

In[3]:

```
#读取《你好，旧时光》文本
book = pd.read_table('book1.txt', sep = '\n\n', header = None, names =
['Book1'], engine = 'python')
book[8:]     #显示正文部分文本数据
```

Out[3]:

	Book1
8	【早期症状：余家有女初病】
9	"余周周小朋友的个人秀之一"
10	"你......你怎么样？你流了好多血！"
11	"西米克，这个瓶子，你先拿走！"
...	...
8991	"妈妈，你在那边好不好？我六十年之后就去看你了。"
8992	想了想，歪头笑了。
8993	"不不不，还是七十年吧，我想......多留下几年。"
8994	因为生命过分美丽。

8987 rows × 1 columns

11.2.2 创建停用词

停用词，是由英文单词 stop word 翻译过来的，在英语里面会遇到很多 a、the、or 等使用频率很高的字或词，一般为冠词、介词、副词或连词等，这类词是没有任何情感信息的。

将下载的停用词词典逐行读入，添加小说常见用语至停用词列表，参考代码如下：

In[4]:

```
def stopwordslist(filepath):
    stopwords = [line.strip() for line in open(filepath, 'r', encoding=
'utf-8').readlines()]
    return stopwords
stopwords = stopwordslist('stopping.txt')
stopwords.extend(['说','想','走','跑','看','看着','笑','中','站','做','
问','里'])#添加小说常见用语
print(stopwords[1:10])
#查看数据是否有空白的行，如果有，就剔除
if np.sum(pd.isnull(book.Book1)) != 0:
    book.Book1.dropna()
```

Out[4]:

```
['阿', '哎', '哎呀', '哎哟', '唉', '俺', '俺们', '按', '按照']
```

11.2.3 找出每章的头部索引和尾部索引

我们需要找出每一章的头部索引和尾部索引，参考代码如下：

In[5]:

```
def chapterclean(df):
    #每章的名字
    indexchap = df.str.match('^ˇ+.+ˇ')
    chapnames = df[indexchap].reset_index(drop = True)
    newchap = pd.DataFrame([myL.replace('ˇ', '') for myL in list
(chapnames)])
    newchap.columns = ['ChapterName']
    #每章的开始行（段）索引
    newchap['StartCid'] = indexchap[indexchap == True].index
    #每章的结束行数
    newchap['EndCid'] =
newchap['StartCid'][1:len(newchap['StartCid'])].reset_index(drop =
True) - 1
    newchap['EndCid'][[len(newchap['EndCid'])-1]] = book.index[-1]
    #每章的段落长度
    newchap['Lengthchaps'] = newchap.EndCid - newchap.StartCid
    newchap['Artical'] = 'Artical'
    #每章的内容
    for ii in newchap.index:
        #将内容用句号连接
        chapid = np.arange(newchap.StartCid[ii] + 1,
int(newchap.EndCid[ii]))
        #每章的内容
        newchap['Artical'][ii] =
''.join(list(book.Book1[chapid])).replace('\u3000', '')
    #每章字数
    newchap['WordNum'] = newchap.Artical.apply(len)
    return newchap
newchap = chapterclean(book.Book1)
newchap[1:]      #显示正文部分文本数据
```

Out[5]:

	ChapterName	StartCid	EndCid	Lengthchaps	Artical	WordNum
1	余周周小朋友的个人秀之一	9	78.0	69.0	"你……你怎么样？你流了好多血！""西米克，这个瓶子，你先拿走！""不要，我不要丢下你，我不...	2209
2	余周周小朋友的个人秀之二	79	161.0	82.0	"无论怎样，我都不会把圣蛋交给你的！"雅典娜坚贞不屈，高昂着头，任长在背后飘啊飘。余周周版雅...	3627
3	小飞虫	162	221.0	59.0	余周周常说，奔奔这个名字很好。那时候电视上正在播放一部动画片，里面的主角是一辆长得像碰碰车的...	3309
4	蓝水	222	307.0	85.0	余周周记得那是1993年的冬至。妈妈说，晚上回家包饺子吃。铺天盖地的大雪阻塞了交通，左等右等...	3995
...	...	...	...	...	...	...
104	你的资格，我的考试	8511	8605.0	94.0	"你没必要一周来一次的。"米乔靠在病床上啃苹果，她终于稳定下来了，不再吃什么吐什么。十月份的...	3042
105	泯然众人间的幸福	8606	8773.0	167.0	考试结束铃打响的时候，余周周"腾"地站起身。辛锐有那么一秒钟觉得余周周要冲上来撕了她——她从...	6575
106	再见，旧时光	8774	8940.0	166.0	余周周很久之后才知道，其实在奔奔不再是奔奔，却也还不是慕容沉樟的时候，他的大名叫做冀希杰，应...	5186
107	尾声：年年有余，周周复始	8941	8994.0	53.0	"乖，来，不理爸爸，来找小姑姑玩！"余周周拍拍手，余思窈就白了她爸爸余乔一眼，扭着屁股投入到...	1660

107 rows × 6 columns

11.2.4 绘制各章段数与字数折线图

绘制各章段数与字数折线图，参考代码如下：

In[6]:

```
def chapterplot(newchap):
    plt.figure(figsize = (12, 10))
    plt.subplot(2, 1, 1)
```

```
    plt.plot(newchap.index + 1, newchap.Lengthchaps, "bo-", label = '
段落')
    plt.ylabel('各章段数', FontProperties = font)
    plt.title('《你好，旧时光》', FontProperties = font)
    #添加平均值
    plt.hlines(np.mean(newchap.Lengthchaps), -5, 125, "r")
    plt.xlim((-5, 125))
    plt.subplot(2,1,2)
    plt.plot(newchap.index + 1, newchap.WordNum, "bo-", label = "段落")
    plt.xlabel("章号", FontProperties = font)
    plt.ylabel("各章字数", FontProperties = font)
    #添加平均值
    plt.hlines(np.mean(newchap.WordNum),-5,125,"r")
    plt.xlim((-5,125))
    plt.show()
chapterplot(newchap)
```

Out[6]:

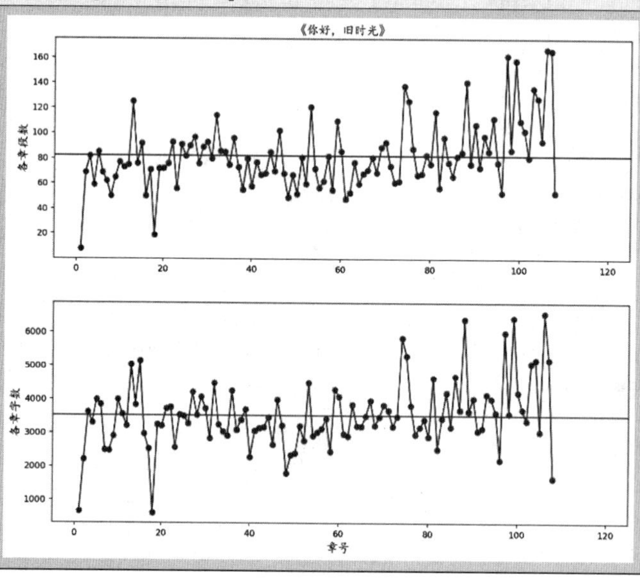

任务 11.3 文本分词与词云图绘制

接下来，我们需要实现全文分词、统计词频与长度、绘制高频词图、绘制词云图等操作。

11.3.1 全文分词

全文分词，是指利用正则化规则删除文本中的标点，去除停用词列表中的停用词，加载自定义的分词词典，利用 jieba 分词对每段文本进行分词，得到原著分词结果。

参考代码如下：

In[7]:
```
#删除标点
def delete_punctuation(df):
    pattern = re.compile(r'[\u4e00-\u9fa5]+')
    df_new=pd.DataFrame(None, columns = ['value'])
    for i in np.arange(len(df)):
```

```
        df_new.loc[i]=''.join(re.findall(pattern, df[i]))
    return df_new
#分词并去掉停用词
def seg_sentence(sentence):
    jieba.load_userdict('dict.txt')
    sentence_seged = [[word for word in jieba.cut(document)] for
document in sentence ]
    outstr = []
    for sentence_list in sentence_seged:
        words=[]
        for word in sentence_list:
            if word not in list(stopwords):
                words.append(word)
        outstr.extend([words])
        return outstr
newchap['Cutword'] = seg_sentence(delete_punctuation(newchap.Artical)
.value)
newchap['Chapter_num'] = range(1, len(newchap) + 1)
print(newchap['Cutword'])
```

Out[7]:

```
0      [同人, 那种, 完美, 女主角, 含义, 制造, 原作, 女孩, 故事, 美少年, 恋爱,...
1      [流, 好多, 血, 西米克, 瓶子, 先, 拿走, 丢下, 快快, 时间, 余周周, 卧倒...
2      [无论怎样, 圣蛋, 交给, 雅典娜, 坚贞不屈, 高昂, 头, 任长, 背后, 飘, 飘,...
3      [余周周, 常说, 奔奔, 名字, 电视, 播放, 一部, 动画片, 主角, 一辆, 长得,...
                              ...
104    [一周, 米乔, 病床, 啃, 苹果, 终于, 稳定下来, 吃, 吐, 十月份, 天空, 明...
105    [考试, 结束, 铃, 打响, 余周周, 腾地, 起身, 辛锐, 一秒钟, 余周周, 要冲,...
106    [余周周, 久, 奔奔, 奔奔, 慕容, 沉樟, 大名, 冀希杰, 酒鬼, 养父, 冠名, ...
107    [乖米, 不理, 爸爸, 找, 小姑姑, 玩, 余周周, 拍拍手, 余思窈, 白, 爸爸, ...
Name: Cutword, Length: 108, dtype: object
```

11.3.2 统计词频与长度

对分词结果进行词频统计，去除长度大于 5 的词。“余周周”作为小说的绝对主角，出现次数最高，约为男主角“林杨”出现次数的 3 倍。此外，与“余周周”相依为命，后来去世的“妈妈”，出现次数也很多。

统计词频与长度，参考代码如下：

In[8]:

```
def wordstotal(newchap):
    #连接词
    textwords = np.concatenate(newchap.Cutword)
    #统计词频
    words_df = pd.DataFrame({'Word' : textwords})
    words_stat = words_df.groupby(by = ['Word'])['Word'].agg([('count',
'count')])
    words_stat = words_stat.reset_index().sort_values(by = 'count',
ascending = False)
    words_stat['Wordlen'] = words_stat.Word.apply(len)
    #去除长度大于5的词
    words_stat = words_stat.loc[words_stat.Word.apply(len) < 5,:]
    words_stat = words_stat.sort_values(by = 'count', ascending =
False)
    return words_stat
words_stat = wordstotal(newchap)
words_stat
```

Out[8]:

	Word	count	Wordlen
2072	余周周	3483	3
10728	林杨	998	2
6144	妈妈	590	2
14738	老师	482	2
...	...	...	...
17795	闹大	1	2
14694	翻墙	1	2
14696	翻开书	1	3
18716	龙头老大	1	4

18662 rows × 3 columns

11.3.3 绘制高频词柱状图

绘制柱状图，展示高频词的频数，参考代码如下：

In[9]:

```
def wordsplot(words_stat):
    #筛选数据
    newdata = words_stat.loc[words_stat['count'] > 250]
    #绘制柱状图
    newdata.plot(kind = 'bar', x = 'Word', y = 'count', figsize = (10, 7))
    plt.xticks(FontProperties = font, size = 9)
    plt.xlabel('关键词', FontProperties = font)
    plt.ylabel('频数', FontProperties = font)
    plt.title("《你好，旧时光》", FontProperties = font)
    plt.show()
wordsplot(words_stat)
```

Out[9]:

11.3.4 词云图绘制

用去除背景的电视剧剧照作为背景图片，以词频作为关键词的大小，绘制词云图，参考代码如下：

In[10]:

```
def wcplot(words_stat):
    #数据准备
    worddict = {}
    #构造包含词语频数的字典
    for key,value in zip(words_stat['Word'], words_stat['count']):
        worddict[key] = value
    #读取背景图片
    back_image = imread('pic1.jpg')
```

```
    #生成词云，使用 generate_from_frequencies 函数
    wcbook = WordCloud(font_path = 'msyhl.ttc', #设置字体
                margin = 5, width = 6000, height = 4000,
                background_color = 'white',  #背景颜色
                max_words = 500,  #词云显示的最大词数
                mask = back_image,  #设置背景图片
                random_state = 42).generate_from_frequencies
(frequencies = worddict)
    #从背景图片生成颜色值
    image_colors = ImageColorGenerator(back_image)
    #绘制词云图
    plt.figure(figsize = (15,10))
    plt.imshow(wcbook.recolor(color_func = image_colors))
    plt.axis("off")
    plt.show()
wcplot(words_stat)
```

Out[10]:

任务 11.4 关系网络探索

通过计算同段之间两人共同出现的次数得出人物关系权重，对权重进行归一化。

11.4.1 计算段落权重

从网站下载主要人物表，由于人物名称存在昵称、别名，对同人的不同名进行统一替换。由于小说段落较短，同段之间出现的人物可以视为有较强关联，通过计算同段之间两人共同出现的次数得出人物关系权重，对权重进行归一化，参考代码如下：

In[11]:

```
#角色表
role = pd.read_table('role.txt', sep = '\n\n', header = None,
engine='python')
#对段落分词
newcharacter = seg_sentence(delete_punctuation(book.Book1).value)
def weightcalculate(newcharacter, role):
    #计算权重
    names = {}        #姓名字典
    relationships = {} #关系字典
    lineNames = []     #每段内人物关系

    for n in newcharacter:
        #替换同人的不同名
```

```
        a = list(map(lambda x : [x, '余周周'][x == '周周' or x == '小姑
姑' or x == '姑姑'], n))
        b = list(map(lambda x : [x, '米乔'][x == '乔帮主' or x == '帮主
'], a))
        c = list(map(lambda x : [x, '奔奔'][x == '周周' or x == '慕容沉
樟' or x == '冀希杰'], b))
        d = list(map(lambda x : [x, '凌翔茜'][x == '茜茜'], c))
        e = list(map(lambda x : [x, '辛锐'][x == '辛美香'], d))
        f = list(map(lambda x : [x, '郑彦一'][x == '彦一'], e))
        g = list(map(lambda x : [x, '武文陆'][x == '武老师' or x == '老
武'], f))
        h = list(map(lambda x : [x, '周沈然'][x == '然然'], g))
        i = list(map(lambda x : [x, '潘元胜'][x == '潘主任' or x == '小
潘'], h))
        j = list(map(lambda x : [x, '何瑶瑶'][x == '瑶瑶'], i))
        lineNames.append([])
        for word in j:
            if word in list(role[0]):
                lineNames[-1].append(word)
                if names.get(word) is None:
                    names[word] = 0
                    relationships[word] = {}
                names[word] += 1

    for line in lineNames:                  #遍历每一段
        for name1 in line:                  #遍历每段中的任意两个人的名字
            for name2 in line:
                if name1 == name2:
                    continue
                if relationships[name1].get(name2) is None:        #若两人
尚未同时出现则新建项
                    relationships[name1][name2]= 1
                else:   relationships[name1][name2] =
relationships[name1][name2]+ 1       #两人共同出现次数加 1
    return relationships

relationships = weightcalculate(newcharacter, role)

#计算人物关系权重
rel_stat = pd.read_csv('weight.csv', sep = ',')
test = pd.DataFrame(relationships)
df = pd.DataFrame(columns = ["First", "Second", "Weight"])
m = 0
temp = np.array(test)
for i in list(test.index):
    n = 0
    for j in list(test.columns)[n:]:
        df = df.append(pd.DataFrame(np.matrix([i, j , temp[m, n]]),
columns = df.columns))
        n = n + 1
    m = m + 1
df = df[(True^df["Weight"].isin(["nan"]))]
df
```

Out[11]:

	First	Second	Weight
0	奔奔	余周周	183.0
0	奔奔	林杨	15.0
0	奔奔	陈桉	5.0
0	奔奔	詹燕飞	2.0
...	...	...	...
0	余周周	何瑶瑶	8.0
0	余周周	楚天阔	12.0
0	余周周	米乔	53.0
0	余周周	余思窈	5.0

120 rows × 3 columns

In[12]:

```
rel_stat = pd.DataFrame(columns = ["First", "Second", "Weight"])
for i in np.arange(17):
    for j in np.arange(17)[i+1:]:
        First = df["First"].unique()[i]
        Second = df["First"].unique()[j]
        if(len(df[(df["First"] == First) & (df["Second"] ==
Second)]["Weight"]) != 0):
            Weight = df[(df["First"] == First) & (df["Second"] ==
Second)]["Weight"].values[0]
            rel_stat = rel_stat.append(pd.DataFrame(np.matrix([First,
Second, Weight]), columns = rel_stat.columns))
rel_stat.index = list(range(60))
rel_stat
```

Out[12]:

	First	Second	Weight
0	奔奔	陈桉	5.0
1	奔奔	林杨	15.0
2	奔奔	詹燕飞	2.0
3	奔奔	辛锐	2.0
...	...	...	...
56	楚天阔	余周周	12.0
57	何瑶瑶	余周周	8.0
58	米乔	余周周	53.0
59	余思窈	余周周	5.0

60 rows × 3 columns

In[13]:

```
rel_stat['DWeight'] = rel_stat['Weight'].astype('float') / 600
rel_stat['DWeight'].plot(kind = 'hist')
rel_stat.describe()
```

Out[13]:

	DWeight
count	60.000000
mean	0.073056
std	0.155446
min	0.001667
25%	0.003333
50%	0.014167
75%	0.072083
max	0.945000

11.4.2 绘制人物关系图

利用 networkx 模块绘制人物关系图，根据权重将人物关系分为主要关系、次要关系及边缘关系 3 类。其中，主要关系的权重大于 0.2，次要关系的权重为 0.07～0.2，边缘关系的权重小于 0.07。参考代码如下：

In[14]:

```
def characterplot(rel_stat):
    plt.figure(figsize = (10, 10))
    #生成社交网络图
    G = nx.Graph()
    #将图上元素清空
    G.clear()
    #添加边
    for ii in rel_stat.index:
        G.add_edge(rel_stat.First[ii], rel_stat.Second[ii], weight = 
rel_stat.DWeight[ii])
    #定义 3 种边
    elarge = [(u, v) for (u, v, d) in G.edges(data = True) if 
d['weight'] > 0.2]
    emidle = [(u, v) for (u, v, d) in G.edges(data = True) if 
(d['weight'] > 0.07) & (d['weight'] <= 0.2)]
    esmall = [(u, v) for (u, v, d) in G.edges(data = True) if 
d['weight'] <= 0.07]
    #图的布局
    pos = nx.fruchterman_reingold_layout(G) #positions for all nodes
    #计算每个节点的重要程度
    Gdegree = nx.degree(G)
    Gdegree = pd.DataFrame({'name' : list(dict(Gdegree).keys()), 
'degree' : list(dict(Gdegree).values())})
    #设置种子，否则每次绘制的图形都不一样
    my_pos = nx.spring_layout(G, seed = 100)
    #根据节点的入度和出度来设置节点的大小
    nx.draw_networkx_nodes(G, pos=my_pos, alpha = 0.6, node_size = 50 
+ Gdegree.degree * 70)
    #设置边
    nx.draw_networkx_edges(G, pos=my_pos, edgelist = elarge,width = 
3, alpha = 0.9, edge_color = 'green')
    nx.draw_networkx_edges(G, pos=my_pos, edgelist = emidle,width = 
2, alpha = 0.6, edge_color = 'yellow')
    nx.draw_networkx_edges(G, pos=my_pos, edgelist = esmall,width = 
1, alpha = 0.3, edge_color = 'blue', style = 'dashed')
    #设置 labels
    nx.draw_networkx_labels(G, pos=my_pos, font_size = 10, 
font_family = 'KaiTi')
    plt.axis('off')
    plt.title("《你好，旧时光》人物关系", FontProperties = font)
    plt.show()
characterplot(rel_stat)
```

Out[14]:

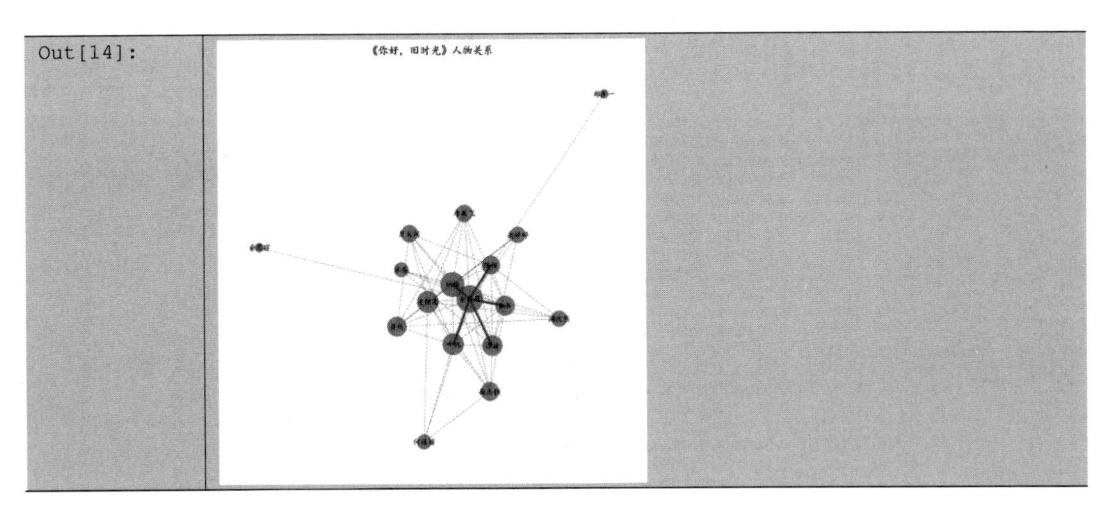

图中人物节点之间的绿色线表示人物之间的主要关系，黄色线表示人物之间的次要关系，蓝色线表示人物之间的边缘关系，表示人物的圈越大代表出场次数越多，关系线越短，人物关系越紧密。从图中可以看出，“余周周”作为绝对主人公，占据网络图最中间的位置，与男主角“林杨”、初高中朋友“辛锐”、初中同桌“温森”、邻家大哥“陈桉”、儿时小伙伴“奔奔”具备主要关系。

人物关系社交网络图的生成是从随机初始条件开始，由于初始条件是随机的，每次绘图的图形都是不同的。在这段代码中，我们使用 my_pos = nx.spring_layout(G, seed = 100)语句来设置种子，这样每次绘制的图形都会保持一致。

任务 11.5 聚类分析

聚类思路：按章聚类。

聚类步骤：进行各章文档分词，根据分词结果计算 TF-IDF，得到词向量矩阵，计算文档间的余弦相似度，利用 K-Means 算法、Ward 算法进行聚类分析，用 MDS、PCA 可视化展示聚类结果。

11.5.1 计算 TF-IDF 得到词向量矩阵

TF-IDF（Term Frequency–Inverse Document Frequency）中，TF 是指词频（Term Frequency），IDF 是指逆文本频率（Inverse Document Frequency）。它是一种用于信息检索和文本分析的技术，用来评估单词对于文档的重要性程度。

首先，计算 TF-IDF，得到词向量矩阵。参考代码如下：

In[15]:
```
articals=[]
for cutwords in newchap.Cutword:
    articals.append(" ".join(cutwords))
#计算 TF-IDF
vectorizer = CountVectorizer()
transformer = TfidfTransformer() #TfidfTransformer 用于统计 vectorizer
中每个词语的 TF-IDF 值
tfidf = transformer.fit_transform(vectorizer.fit_transform(articals))
#tfidf 以稀疏矩阵的形式存储
print(tfidf) #数组形式显示
```

	#将 tfidf 转化为数组，以词向量矩阵的形式显示
	dtm = tfidf.toarray()
	dtm.shape

Out[15]:	(0, 17324)　0.08137094931580552 (0, 16885)　0.058802010025752284 (0, 16350)　0.025465471435741963 (0, 15514)　0.07476995773293878 (0, 15475)　0.08137094931580552 (0, 15220)　0.07476995773293878 (0, 14962)　0.07476995773293878 (0, 14902)　0.4268313529203993 (0, 14859)　0.038999035277152046 (0, 14689)　0.08137094931580552 (0, 14639)　0.07476995773293878 (0, 14611)　0.08137094931580552 (0, 14384)　0.08137094931580552 (0, 14048)　0.0314228990505185l (0, 14018)　0.042333098226247645 (0, 13791)　0.07476995773293878 (0, 13782)　0.04653056860356843 (0, 13718)　0.08137094931580552 (0, 13622)　0.043090446332163676 (0, 13396)　0.05516922221114595 (0, 13042)　0.058802010025752284 (0, 12634)　0.08137094931580552 (0, 12593)　0.06348548808791216 (0, 12400)　0.08137094931580552 (0, 12394)　0.08137094931580552 :　: (108, 17583)

从上面代码运行结果可以看到，这个矩阵有 108 行，其中第一行，(0,17324) 表示第 1 章 (编号为 0) 中编码为 17324 的词，后面的数值是这个词的 tf-idf 值。

11.5.2　获得所有特征项

使用 get_feature_names 方法可以获得所有特征项，即文档-词频矩阵对应的所有词汇。参考代码如下：

In[16]:	print(vectorizer.get_feature_names()[1:10])
	print(len(vectorizer.get_feature_names()))
	#两个向量的夹角余弦距离，夹角为 0 度 = 0，尖角为 90 度 = 1
	print(cosine_distance(dtm[1,:],dtm[1,:]))
	print(cosine_distance(dtm[2,:],dtm[3,:]))

Out[16]:	['一丁点儿', '一万', '一万个', '一上午', '一下一下', '一下下', '一下半', '一下头', '一下子'] 17583 0.0 0.7888537623748345

11.5.3　K-means 聚类

使用夹角余弦距离通过 K-means 算法进行聚类，将各章分为 3 类。参考代码如下：

In[17]:	kmeans = KMeansClusterer(num_means = 3, distance =
	nltk.cluster.util.cosine_distance,)
	kmeans.cluster(dtm)
	#聚类得到的类别
	labpre = [kmeans.classify(i) **for** i **in** dtm]
	kmeanlab = newchap.loc[:, ["ChapterName"]]
	kmeanlab["cosd_pre"] = labpre
	#查看每类有多少个分组
	count = kmeanlab.groupby("cosd_pre").count()
	count = count.reset_index()
	count

Out[17]:

	cosd_pre	ChapterName
0	0	7
1	1	23
2	2	78

11.5.4 聚类结果可视化

首先，使用 MDS（Multidimensional Scaling，多维尺度分析）对数据进行降维，也就是使用 MDS 函数进行降维，然后画出聚类结果。参考代码如下：

In[18]:

```
#使用 MDS 对数据进行降维
mds = MDS(n_components = 2, random_state = 123)
#对数据降维
coord = mds.fit_transform(dtm)
print(coord.shape)
#绘制降维后的结果
plt.figure(figsize = (8, 8))
plt.scatter(coord[:, 0], coord[:, 1], c = kmeanlab.cosd_pre)
for ii in np.arange(108):
    plt.text(coord[ii, 0] + 0.02, coord[ii, 1], s = newchap.Chapter_
num[ii])
plt.xlabel("X")
plt.ylabel("Y")
plt.title("K-means MDS")
plt.show()
```

Out[18]:

```
(108, 2)
```

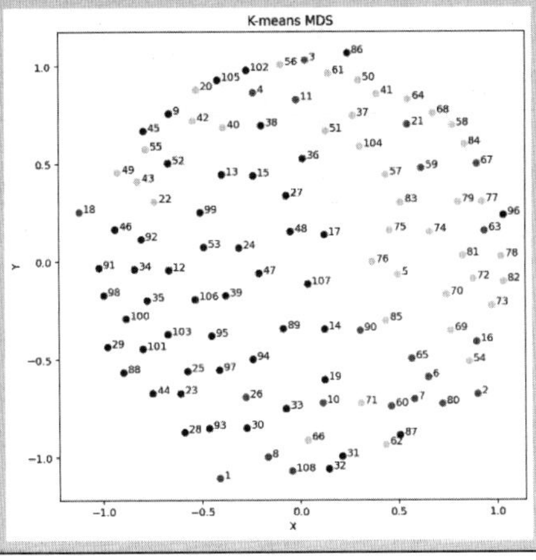

从图中可以看出，降维的效果并不明显。下面，我们利用 PCA 进行降维，并可视化展示 K-means 聚类结果。参考代码如下：

In[19]:

```
#使用 PCA 对数据进行降维
pca = PCA(n_components = 2)
pca.fit(dtm)
print(pca.explained_variance_ratio_)
#对数据降维
coord = pca.fit_transform(dtm)
print(coord.shape)
```

```
#绘制降维后的结果
plt.figure(figsize = (8, 8))
plt.scatter(coord[kmeanlab.cosd_pre == 0, 0],
coord[kmeanlab.cosd_pre == 0, 1],label = 'first')
plt.scatter(coord[kmeanlab.cosd_pre == 1,0], coord[kmeanlab.cosd_pre
== 1, 1],label = 'second')
plt.scatter(coord[kmeanlab.cosd_pre == 2,0], coord[kmeanlab.cosd_pre
== 2, 1], label = 'third')
plt.legend(['first','second','third'])
for ii in np.arange(108):
    plt.text(coord[ii, 0] + 0.02, coord[ii, 1], s =
newchap.Chapter_num[ii])
plt.xlabel("主成分 1", FontProperties = font)
plt.ylabel("主成分 2", FontProperties = font)
plt.title("K-means PCA")
plt.show()
```

Out[19]:

```
[0.04485136 0.03541355]
(108, 2)
```

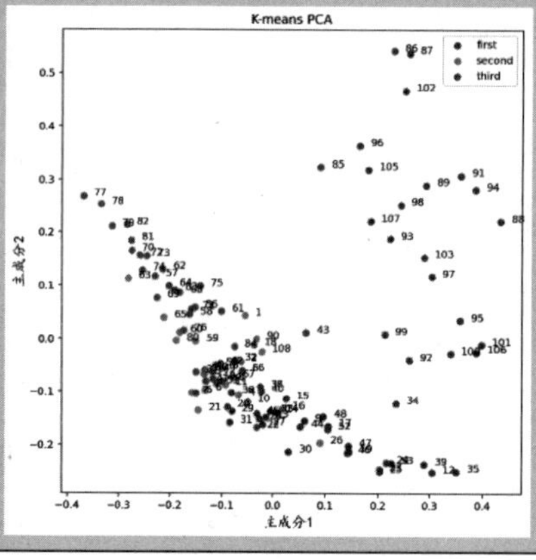

从输出结果可以看出，第三类（绿点）的与另外两类的差异较大，而第一类和第二类交叉部分多，比较接近。

11.5.5 层次聚类

选用层次聚类分析中的 Ward 函数对章节进行聚类，将原著各章分为 4 大类，基本将小说按照时间线分为了 4 个阶段。参考代码如下：

In[20]:

```
#标签，每个章节的名字
labels = newchap.ChapterName.values
cosin_matrix = squareform(pdist(dtm, 'cosine')) #计算每章的距离矩阵
ling = ward(cosin_matrix)  #根据距离聚类
#聚类结果可视化
fig, ax = plt.subplots(figsize = (10, 15)) #设置大小
ax = dendrogram(ling, orientation = 'right', labels = labels);
plt.yticks(FontProperties = font, size = 8)
plt.title("《你好旧时光》各章节层次聚类", FontProperties = font)
#展示紧凑的绘图布局
plt.show()
```

Out[20]:

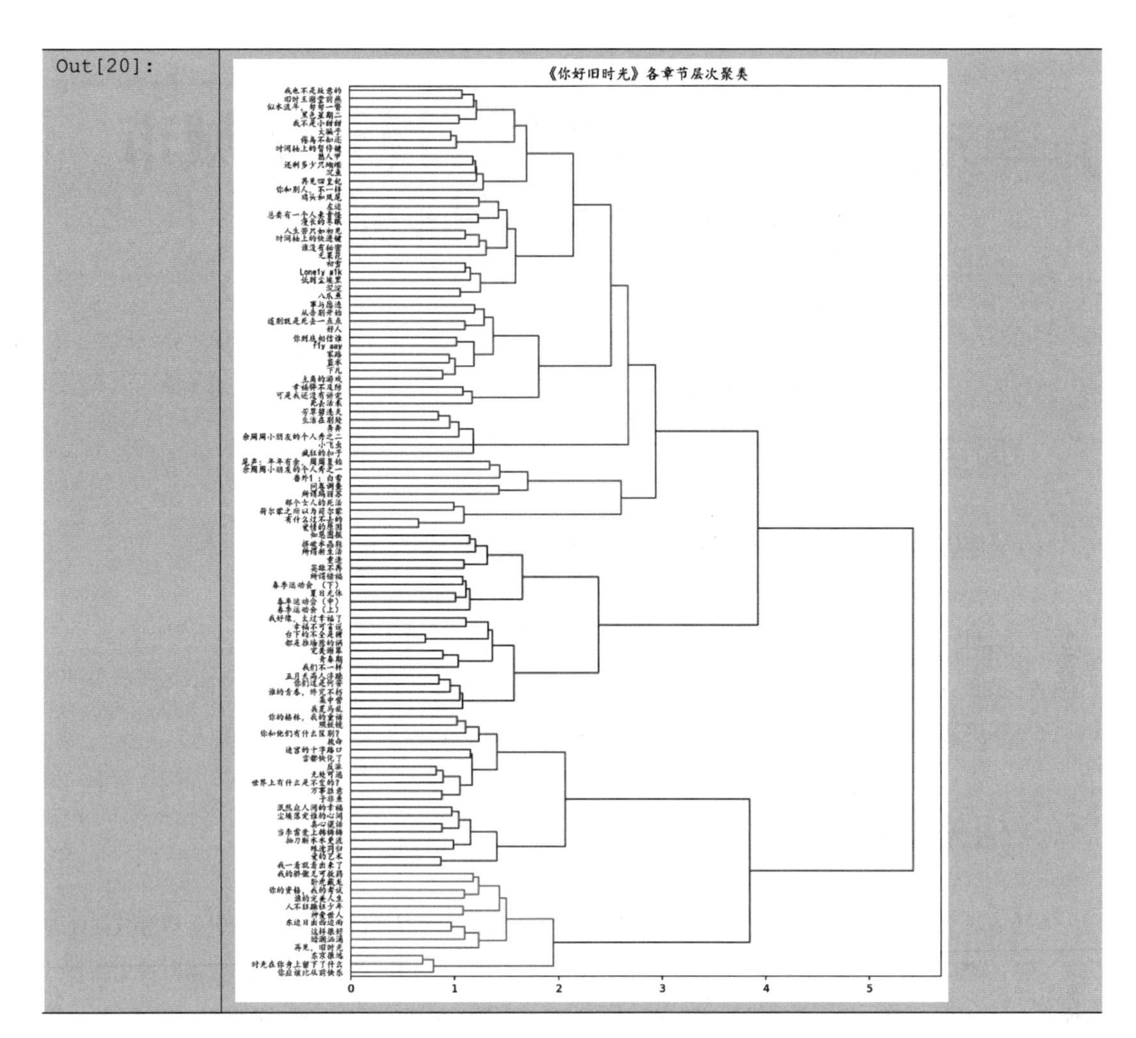

项目总结

本项目以《你好，旧时光》小说为背景，系统地介绍了文本数据的处理、停用词创建、文本分词、词云绘制、特征转换、聚类分析等开发流程，让大家掌握 Python 数据分词工具包 jieba、词云工具包 wordcloud、网络拓扑分析包 networkx 及 scipy 等常见工具的使用，进一步熟悉 K-means 聚类和层次聚类等算法在产业中的实际应用。

项目实践

用于实现聚类分析的 Python 工具包有多种，项目中借助于 nltk 工具包实现了 K-means 聚类分析。sklearn 库中同样提供了用于 K-means 聚类的方法，请将 11.5.3 小节中实现的 K-means 聚类部分的方法进行改写，探索使用 sklearn 库实现相同的功能，并分别设置类别数对应参数为 3 和 4，对比聚类后的结果。

单元 12 基于大数据可视化的城市通勤特征分析研究

项目目标

（1）对原始数据进行筛选、清洗、排序，结合实际，对虚拟换乘站点的数据进行合并；

（2）用 wordcloud 库绘制词云图，展示数据的关键词；

（3）绘制地铁出行起止点分布连线图，展示地铁通勤出行在空间分布方面的特点；

（4）绘制早高峰地铁刷卡进出站分布图，以获得更为详细的工作日通勤出行客流空间分布特征 ；

（5）利用逻辑运算与空间聚类方法确定居住地、工作地中心区域及其范围。

相关背景知识

本任务基于 2015 年 4 月 8 日上海市公共交通卡刷卡大数据，通过清洗、排序、逻辑运算等数据处理方法，建立轨道交通出行数据模型，并在此基础上通过词云图、条形图、地图等不同的数据可视化图表，展示在不同时间、距离、空间分布下的地铁出行客流特征。本任务利用一定的逻辑运算和空间聚类方法，从数据模型中识别出城市职住地的中心区域，以相关的城市规划政策为背景，对典型就业中心及大型居住社区进行具体分析，有助于发现目前城市公共交通系统发展中存在的问题，并为其未来的发展方向提供支持。

任务实现

任务 12.1 原始数据预处理

本任务使用的原始数据是上海市 2015 年 4 月 8 日全市所有公共交通卡的完整刷卡记录，其包含的信息有卡号、交易日期、交易时间、公交线路/地铁站点中文名称、出行方式（公交、地铁、出租、轮渡、P+R 停车场）、交易金额、交易性质（非优惠、优惠、无）等。数据显示，当日所有出行方式的刷卡总数约为 1500 万次，其中地铁的刷卡数超过 900 万次。

截至 2015 年 4 月底，上海市有 14 条轨道交通线路（不包括机场磁悬浮线和金山支线），288 个轨道交通站点，轨道运营线网总长度为 537km。

上海地铁的票价按实际乘坐里程计算，实行多级票价政策：6km 及以下 3 元，6 至 16km（包括 16km）

4 元，16km 后每 10km 增加 1 元。上海市第 5 次综合交通调查报告数据显示，上海市民的轨道交通出行比例达到 8.3%，因此，其中，轨道交通是公共交通系统中不可或缺的一部分，其发挥了完善城市公共交通网络、为建立智能交通系统提供有力支撑的作用，对轨道交通系统进行深入的研究能够反映出城市空间结构的变化过程。

12.1.1 数据的载入

读入站点数据文件，查看数据、字段，参考代码如下：

In[1]:

```
import numpy as np
import pandas as pd
#读入站点数据文件
data_stations = pd.read_csv("station.csv", encoding='GBK')
#查看数据
data_stations.head()
#查看字段
data_stations.dtypes
```

Out[1]:

	ST_NO	ST_NAME	LINE_NO	LATITUDE	LONGITUDE	ST_NAME_CH
0	1063	10号线国权路	10	31.289238	121.510033	国权路
1	1059	10号线海伦路	10	31.259211	121.488696	海伦路
2	1018	10号线航中路	10	31.165215	121.353748	航中路
3	1043	10号线虹桥1号航站楼	10	31.191646	121.347238	虹桥1号航站楼
4	1042	10号线虹桥2号航站楼	10	31.194222	121.326252	虹桥2号航站楼

```
ST_NO           int64
ST_NAME        object
LINE_NO         int64
LATITUDE      float64
LONGITUDE     float64
ST_NAME_CH     object
dtype: object
```

可以看到，站点数据文件包含 6 个字段，分别对应站点编号、站点全称、线路编号、纬度、经度、站点名称等。

本任务中，采用了 2015 年 4 月 8 日的公共交通卡刷卡记录，数据文件是 CSV 格式，没有列名，所以读取文件的时候要进行合适的设置，为 7 个特征值设置列名，分别是"card" "date" "time" "station" "way" "money" "transaction.nature"，代表卡号、交易日期、交易时间、公交线路/地铁站点中文名称、出行方式、交易金额、交易性质。

读取刷卡记录文件并查看，参考代码如下：

In[2]:

```
#读取刷卡记录文件
data_origin = pd.read_csv("150408.csv", header=None,
encoding='GBK',names=["card","date","time",
"station","way","money","transaction.nature"],dtype=dict(zip([3,4,6]
, ["category"]*3)))
#查看数据
data_origin.head()
#查看数据的类型
data_origin.dtypes
#查看数据记录的形状
data_origin.shape
```

Out[2]:

	card	date	time	station	way	money	transaction.nature
0	2201252167	2015-04-08	18:14:11	2号线南京东路	地铁	0.0	非优惠
1	2201252167	2015-04-08	18:58:52	7号线场中路	地铁	4.0	非优惠
2	2001530605	2015-04-08	18:41:34	10号线国权路	地铁	0.0	非优惠
3	2001530605	2015-04-08	09:33:26	10号线国权路	地铁	5.0	非优惠
4	2001530605	2015-04-08	09:33:13	10号线国权路	地铁	0.0	优惠

```
card                    int64
date                   object
time                   object
station              category
way                  category
money                 float64
transaction.nature   category
dtype: object
(15012861, 7)
```

可以看到有 7 个特征值，共 15012861 条记录。

完成字段 way 的统计，参考代码如下：

```
In[3]:  data_origin.way.value_counts()
Out[3]:
地铁        9020362
公交        5666464
出租         256429
轮渡          65923
P+R停车场       3683
Name: way, dtype: int64
```

过滤出 way=='地铁'的数据，参考代码如下：

```
In[4]:  data_subway = data_origin[data_origin.way=='地铁']
        #查看地铁数据
        data_subway.head()
```

Out[4]:

	card	date	time	station	way	money	transaction.nature
0	2201252167	2015-04-08	18:14:11	2号线南京东路	地铁	0.0	非优惠
1	2201252167	2015-04-08	18:58:52	7号线场中路	地铁	4.0	非优惠
2	2001530605	2015-04-08	18:41:34	10号线国权路	地铁	0.0	非优惠
3	2001530605	2015-04-08	09:33:26	10号线国权路	地铁	5.0	非优惠
4	2001530605	2015-04-08	09:33:13	10号线国权路	地铁	0.0	优惠

统计出 way=='地铁'的记录条数，参考代码如下：

```
In[5]:  data_subway.shape
Out[5]: (9020362, 7)
```

从内存中删除原始数据，以便节省内存，参考代码如下：

```
In[6]:  del(data_origin)
```

把地铁刷卡记录写入 CSV 文件（注意不要写入“行名称”），参考代码：

```
In[7]:  data_subway.to_csv("data_subway_1.csv", index=False)
```

12.1.2 站点信息处理

查看同一个位置是否存在不同的经纬度，参考代码如下：

In[8]:
```
#查看站点数据的形状
print(data_stations.shape)
#查看所有站点的“站点名称”的唯一值数量
print(data_stations.ST_NAME_CH.unique().size)
#查看所有站点位置的“站点名称+纬度+经度”的唯一值数量
print(data_stations.groupby(['ST_NAME_CH','LATITUDE',
'LONGITUDE']).ngroups)
```

Out[8]:
```
(347, 6)
289
290
```

从运行结果可以看到，加上纬度和经度以后，统计得出的唯一值多了 1，可见同一个站点确实存在不同的经纬度。

将同一个位置的经纬度取平均，提取唯一的站点位置，参考代码如下：

In[9]:
```
station_mean = data_stations.groupby(['ST_NAME_CH']).mean()
station_mean.head()
station_mean.shape
```

Out[9]:

ST_NAME_CH	ST_NO	LINE_NO	LATITUDE	LONGITUDE
七宝	928.0	9.0	31.155365	121.348824
三林	1155.0	11.0	31.143311	121.512324
三林东	1156.0	11.0	31.146525	121.523234
三门路	1066.0	10.0	31.313091	121.507995
上南路	623.0	6.0	31.149112	121.506413

```
(289, 4)
```

把新的经纬度数据更新到站点信息中，使同一个位置的经纬度相同，参考代码如下：

In[10]:
```
a = station_mean.loc[data_stations.loc[:, 'ST_NAME_CH'], :]
a.head()
a.shape
```

Out[10]:

ST_NAME_CH	ST_NO	LINE_NO	LATITUDE	LONGITUDE
国权路	1063.0	10.0	31.289238	121.510033
海伦路	735.5	7.0	31.259211	121.488696
航中路	1018.0	10.0	31.165215	121.353748
虹桥1号航站楼	1043.0	10.0	31.191646	121.347238
虹桥2号航站楼	639.0	6.0	31.194222	121.326252

```
(347, 4)
```

必须要删掉原来的索引，否则下面的赋值将报错，参考代码如下：

In[11]:
```
a.reset_index(drop=True, inplace=True)
```

设置新的经纬度，参考代码如下：

```
In[12]:  data_stations.loc[:, ['LATITUDE','LONGITUDE']] =a.loc[:,
         ['LATITUDE', 'LONGITUDE']]
```

我们需要验证经纬度更新是否成功，查看所有站点的“站点名称”的唯一值数量，参考代码：

```
In[13]:  data_stations.ST_NAME_CH.unique().size
Out[13]: 289
```

查看所有站点位置的“站点名称+纬度+经度”的唯一值数量，参考代码如下：

```
In[14]:  data_stations.groupby(['ST_NAME_CH','LATITUDE',
         'LONGITUDE']).ngroups
Out[14]: 289
```

把站点信息保存到另一个文件，参考代码如下：

```
In[15]:  data_stations.to_csv("data_station_1.csv", index=False)
```

检测字段 ST_NO、ST_NAME 是否有重复，将 ST_NO 作为 index，参考代码如下：

```
In[16]:  #站点的数量
         print(data_stations.shape)
         #检测字段 ST_NO 是否有重复
         print(data_stations.ST_NO.unique().size)
         #检测字段 ST_NAME 是否有重复
         print(data_stations.ST_NAME.unique().size)
         #用 ST_NO 代替 index
         data_stations.index = data_stations.ST_NO
         data_stations.head()
Out[16]: (347, 6)
         347
         347
```

ST_NO	ST_NO	ST_NAME	LINE_NO	LATITUDE	LONGITUDE	ST_NAME_CH
1063	1063	10号线国权路	10	31.289238	121.510033	国权路
1059	1059	10号线海伦路	10	31.259211	121.488696	海伦路
1018	1018	10号线航中路	10	31.165215	121.353748	航中路
1043	1043	10号线虹桥1号航站楼	10	31.191646	121.347238	虹桥1号航站楼
1042	1042	10号线虹桥2号航站楼	10	31.194222	121.326252	虹桥2号航站楼

12.1.3 地铁刷卡记录处理

（1）对时间字段进行调整

我们观察到因为所有数据都是 4 月 8 日的，所以所有的 date 都一样，time 不同，因此对时间数据进行处理。

首先，合并两个文本列 date 和 time，参考代码如下：

```
In[17]:  #刷卡时间，合并日期和时间
         dtime = data_subway.date + ' ' + data_subway.time
         dtime.name = 'dtime'
         dtime.head()
```

Out[17]:

```
0    2015-04-08 18:14:11
1    2015-04-08 18:58:52
2    2015-04-08 18:41:34
3    2015-04-08 09:33:26
4    2015-04-08 09:33:13
Name: dtime, dtype: object
```

其次，设置转换时间的格式为“年-月-日 小时:分钟:秒”，参考代码如下：

In[18]:

```
dtime = pd.to_datetime(dtime, format='%Y-%m-%d %H:%M:%S')
dtime.head()
```

Out[18]:

```
0   2015-04-08 18:14:11
1   2015-04-08 18:58:52
2   2015-04-08 18:41:34
3   2015-04-08 09:33:26
4   2015-04-08 09:33:13
Name: dtime, dtype: datetime64[ns]
```

合并到 DataFrame 中，参考代码如下：

In[19]:

```
data_subway = pd.concat([data_subway, dtime], axis=1)
data_subway.head()
```

Out[19]:

	card	date	time	station	way	money	transaction.nature	dtime
0	2201252167	2015-04-08	18:14:11	2号线南京东路	地铁	0.0	非优惠	2015-04-08 18:14:11
1	2201252167	2015-04-08	18:58:52	7号线场中路	地铁	4.0	非优惠	2015-04-08 18:58:52
2	2001530605	2015-04-08	18:41:34	10号线国权路	地铁	0.0	非优惠	2015-04-08 18:41:34
3	2001530605	2015-04-08	09:33:26	10号线国权路	地铁	5.0	非优惠	2015-04-08 09:33:26
4	2001530605	2015-04-08	09:33:13	10号线国权路	地铁	0.0	优惠	2015-04-08 09:33:13

（2）使用站点编号代替站点名称

为了便于后续处理，我们把每个站点名称替换为站点编号。

把站点数据的 index 设置为站点名称，参考代码如下：

In[20]:

```
data_stations.index = data_stations.ST_NAME
data_stations.head()
```

Out[20]:

	ST_NO	ST_NAME	LINE_NO	LATITUDE	LONGITUDE	ST_NAME_CH
ST_NAME						
10号线国权路	1063	10号线国权路	10	31.289238	121.510033	国权路
10号线海伦路	1059	10号线海伦路	10	31.259211	121.488696	海伦路
10号线航中路	1018	10号线航中路	10	31.165215	121.353748	航中路
10号线虹桥1号航站楼	1043	10号线虹桥1号航站楼	10	31.191646	121.347238	虹桥1号航站楼
10号线虹桥2号航站楼	1042	10号线虹桥2号航站楼	10	31.194222	121.326252	虹桥2号航站楼

根据刷卡记录的站点名称获得站点 station_id，参考代码如下：

In[21]:

```
data_subway_station_id =
data_stations.ST_NO[data_subway.station.str.strip()]
data_subway_station_id.name = "station_id"
data_subway_station_id.head()
```

Out[21]:

```
ST_NAME
2号线南京东路     246
7号线场中路       730
10号线国权路     1063
10号线国权路     1063
10号线国权路     1063
Name: station_id, dtype: int64
```

检查是否有缺失值，参考代码如下：

```
In[22]:  data_subway_station_id.isna().sum()
Out[22]: 0
```

这里需要重置索引，为下面的操作做准备，参考代码如下：

```
In[23]:  data_subway_station_id.reset_index(drop=True, inplace=True)
```

合并到 DataFrame，参考代码如下：

```
In[24]:  data_subway = pd.concat([data_subway, data_subway_station_id],
         axis=1)
         data_subway.head()
Out[24]:
```

	card	date	time	station	way	money	transaction.nature	dtime	station_id
0	2201252167	2015-04-08	18:14:11	2号线南京东路	地铁	0.0	非优惠	2015-04-08 18:14:11	246
1	2201252167	2015-04-08	18:58:52	7号线场中路	地铁	4.0	非优惠	2015-04-08 18:58:52	730
2	2001530605	2015-04-08	18:41:34	10号线国权路	地铁	0.0	非优惠	2015-04-08 18:41:34	1063
3	2001530605	2015-04-08	09:33:26	10号线国权路	地铁	5.0	非优惠	2015-04-08 09:33:26	1063
4	2001530605	2015-04-08	09:33:13	10号线国权路	地铁	0.0	优惠	2015-04-08 09:33:13	1063

选择需要的列，去除多余的列，参考代码如下：

```
In[25]:  data_subway = data_subway.loc[:, ['card', 'dtime', 'station_id',
         'money']]
         data_subway.head()
Out[25]:
```

	card	dtime	station_id	money
0	2201252167	2015-04-08 18:14:11	246	0.0
1	2201252167	2015-04-08 18:58:52	730	4.0
2	2001530605	2015-04-08 18:41:34	1063	0.0
3	2001530605	2015-04-08 09:33:26	1063	5.0
4	2001530605	2015-04-08 09:33:13	1063	0.0

（3）对记录进行排序

我们需要将每个卡号每次的完整出行记录识别出来，因此首先对卡号排序，再查看同一张卡的记录，看是否满足进出站的特性。

根据卡号和时间进行排序，参考代码如下：

```
In[26]:  data_subway.sort_values(['card', 'dtime'], inplace=True)
         data_subway.head(10)
Out[26]:
```

	card	dtime	station_id	money
7111901	5690	2015-04-08 08:23:36	929	0.0
7139903	5690	2015-04-08 08:37:49	933	4.0
7131616	5690	2015-04-08 18:18:00	933	0.0
7105613	5690	2015-04-08 18:32:18	929	4.0
1626378	6138	2015-04-08 07:17:13	638	0.0
1580449	6138	2015-04-08 07:49:24	423	4.0
1678425	6138	2015-04-08 17:40:45	423	0.0
1615398	6138	2015-04-08 18:24:57	638	4.0
2215143	7422	2015-04-08 09:39:21	930	0.0
2158144	7422	2015-04-08 09:57:44	741	4.0

观察第一条和最后一条记录，参考代码如下：

In[27]:
```
data_subway.head(1)
data_subway.tail(1)
```

Out[27]:

	card	dtime	station_id	money
7111901	5690	2015-04-08 08:23:36	929	0.0

	card	dtime	station_id	money
378737	4200000172	2015-04-08 19:04:19	253	4.0

重置索引，参考代码如下：

In[28]:
```
data_subway.reset_index(drop=True, inplace=True)
data_subway.head()
```

Out[28]:

	card	dtime	station_id	money
0	5690	2015-04-08 08:23:36	929	0.0
1	5690	2015-04-08 08:37:49	933	4.0
2	5690	2015-04-08 18:18:00	933	0.0
3	5690	2015-04-08 18:32:18	929	4.0
4	6138	2015-04-08 07:17:13	638	0.0

保存成新文件，参考代码如下：

In[29]:
```
data_subway.to_csv("data_subway_2.csv", index=False)
```

12.1.4 合并通勤记录

（1）把进站、出站记录合并成一条记录

筛选出所有进站记录，参考代码如下：

In[30]:
```
data_in = data_subway.loc[data_subway.money==0, :]
data_in.head()
```

Out[30]:

	card	dtime	station_id	money
0	5690	2015-04-08 08:23:36	929	0.0
2	5690	2015-04-08 18:18:00	933	0.0
4	6138	2015-04-08 07:17:13	638	0.0
6	6138	2015-04-08 17:40:45	423	0.0
8	7422	2015-04-08 09:39:21	930	0.0

筛选出所有出站记录（所有进站记录的下一条记录），参考代码如下：

In[31]:
```
data_out = data_subway.loc[data_in.index + 1, ]
data_out.head()
```

Out[31]:

	card	dtime	station_id	money
1	5690	2015-04-08 08:37:49	933	4.0
3	5690	2015-04-08 18:32:18	929	4.0
5	6138	2015-04-08 07:49:24	423	4.0
7	6138	2015-04-08 18:24:57	638	4.0
9	7422	2015-04-08 09:57:44	741	4.0

将进站记录、出站记录合并成通勤记录，参考代码如下：

In[32]:	

```
data_in.reset_index(drop=True, inplace=True)
data_out.reset_index(drop=True, inplace=True)
data_commute = pd.concat([data_in, data_out], axis=1,
ignore_index=False)
data_commute.head()
```

Out[32]:

	card	dtime	station_id	money	card	dtime	station_id	money
0	5690	2015-04-08 08:23:36	929	0.0	5690	2015-04-08 08:37:49	933	4.0
1	5690	2015-04-08 18:18:00	933	0.0	5690	2015-04-08 18:32:18	929	4.0
2	6138	2015-04-08 07:17:13	638	0.0	6138	2015-04-08 07:49:24	423	4.0
3	6138	2015-04-08 17:40:45	423	0.0	6138	2015-04-08 18:24:57	638	4.0
4	7422	2015-04-08 09:39:21	930	0.0	7422	2015-04-08 09:57:44	741	4.0

（2）整理通勤记录的字段

整理通勤记录的字段，参考代码如下：

In[33]:

```
#删除临时数据
del(data_in)
del(data_out)
#设置列名
data_commute.columns = ["card", "dtime_in", "station_in",
"money_in","card_out", "dtime_out", "station_out", "money_out"]
data_commute.head()
```

Out[33]:

	card	dtime_in	station_in	money_in	card_out	dtime_out	station_out	money_out
0	5690	2015-04-08 08:23:36	929	0.0	5690	2015-04-08 08:37:49	933	4.0
1	5690	2015-04-08 18:18:00	933	0.0	5690	2015-04-08 18:32:18	929	4.0
2	6138	2015-04-08 07:17:13	638	0.0	6138	2015-04-08 07:49:24	423	4.0
3	6138	2015-04-08 17:40:45	423	0.0	6138	2015-04-08 18:24:57	638	4.0
4	7422	2015-04-08 09:39:21	930	0.0	7422	2015-04-08 09:57:44	741	4.0

（3）删除所有不正常的通勤记录

查看现有行数，参考代码如下：

```
In[34]:   data_commute.shape
Out[34]:  (4538685, 8)
```

删除卡号不一致的记录，参考代码如下：

```
In[35]:   data_commute.drop(data_commute.index[data_commute.card!=
          data_commute.card_out], inplace=True)
          data_commute.shape
Out[35]:  (4521290, 8)
```

重置 index，参考代码如下：

```
In[36]:   data_commute.reset_index(drop=True, inplace=True)
```

再次查看行数，参考代码如下：

```
In[37]:   data_commute.shape
Out[37]:  (4521290, 8)
```

注意：此处不需要筛选条件“进站时间 < 出站时间”，因为前面已经排序了。

取出必要的字段，参考代码如下：

In[38]:
```
data_commute = data_commute.loc[:, ["card", "dtime_in",
"station_in", "dtime_out", "station_out", "money_out"]]
data_commute.head()
```

Out[38]:

	card	dtime_in	station_in	dtime_out	station_out	money_out
0	5690	2015-04-08 08:23:36	929	2015-04-08 08:37:49	933	4.0
1	5690	2015-04-08 18:18:00	933	2015-04-08 18:32:18	929	4.0
2	6138	2015-04-08 07:17:13	638	2015-04-08 07:49:24	423	4.0
3	6138	2015-04-08 17:40:45	423	2015-04-08 18:24:57	638	4.0
4	7422	2015-04-08 09:39:21	930	2015-04-08 09:57:44	741	4.0

12.1.5 虚拟换乘站点数据合并

（1）虚拟换乘的站点组合

由于各种原因，上海地铁有多个虚拟换乘站点，即在该站点换乘时需要先出站再进站，因此这种情况会产生两次交易金额记录。根据上海地铁的票价规则，使用公共交通卡的乘客 30min 内在虚拟换乘站点换乘可以享受连续计费的票价优惠，即只计算从最初进站站点至最终出站站点间的连续费用，忽略在虚拟换乘站点的换乘记录。截至 2015 年 4 月底，上海地铁共有 4 个虚拟换乘站点，分别为 1 号、3 号线上海火车站换乘，1 号、4 号线上海火车站换乘，1 号、10 号线陕西南路站换乘以及 2 号、10 号线虹桥 2 号航站楼站换乘。

因此，对 12.1.4 小节中得到的初步的完整通勤记录进行更深层次的处理，先将其按照交易日期、卡号、交易时间、站点序号、交易金额进行排序，再依次对相邻两条记录的关系进行识别，当同时满足：卡号相同、交易日期相同、交易时间相隔小于 30min 且站点序号为虚拟换乘站点的序号时，认定这相邻的两条出行记录是虚拟换乘。

考察记录，找出符合虚拟换乘的记录，合并换乘的消费金额。

定义虚拟换乘站点的名称，参考代码如下：

In[39]:
```
vtrans_stations = ["1 号线上海火车站", "3 号线上海火车站",
                   "1 号线上海火车站", "4 号线上海火车站",
                   "1 号线陕西南路", "10 号线陕西南路",
                   "2 号线虹桥 2 号航站楼", "10 号线虹桥 2 号航站楼"]
```

把站点数据的 index 设置为站点名称，参考代码如下：

In[40]:
```
data_stations.index = data_stations.ST_NAME
data_stations.head()
```

Out[40]:

	ST_NO	ST_NAME	LINE_NO	LATITUDE	LONGITUDE	ST_NAME_CH
ST_NAME						
10号线国权路	1063	10号线国权路	10	31.289238	121.510033	国权路
10号线海伦路	1059	10号线海伦路	10	31.259211	121.488696	海伦路
10号线航中路	1018	10号线航中路	10	31.165215	121.353748	航中路
10号线虹桥1号航站楼	1043	10号线虹桥1号航站楼	10	31.191646	121.347238	虹桥1号航站楼
10号线虹桥2号航站楼	1042	10号线虹桥2号航站楼	10	31.194222	121.326252	虹桥2号航站楼

获得站点 id，参考代码如下：

In[41]:	vtrans_station_ids = data_stations.ST_NO[vtrans_stations].values vtrans_station_ids
Out[41]:	array([126, 323, 126, 410, 121, 1052, 236, 1042], dtype=int64)

将虚拟换乘站点的出站和入站 id 数组转换为二维矩阵，参考代码如下：

```
In[42]:  vtrans_station_ids.shape = [4,2]
         vtrans_station_ids
Out[42]: array([[ 126,  323],
                [ 126,  410],
                [ 121, 1052],
                [ 236, 1042]], dtype=int64)
```

交换两列位置并合并，参考代码如下：

```
In[43]:  vtrans_station_ids = np.concatenate([vtrans_station_ids,
         vtrans_station_ids[:, [1,0]]])
         vtrans_station_ids
Out[43]: array([[ 126,  323],
                [ 126,  410],
                [ 121, 1052],
                [ 236, 1042],
                [ 323,  126],
                [ 410,  126],
                [1052,  121],
                [1042,  236]], dtype=int64)
```

将存储虚拟换乘站点的出站和入站 id 的二维矩阵转换为 DataFrame，参考代码如下：

```
In[44]:  vtrans_station_ids = pd.DataFrame(vtrans_station_ids,
         columns=["out","in"])
         vtrans_station_ids
Out[44]:
```

	out	in
0	126	323
1	126	410
2	121	1052
3	236	1042
4	323	126
5	410	126
6	1052	121
7	1042	236

将虚拟换乘站点的两个 id 组装成一个数值，便于后续筛选，参考代码如下：

```
In[45]:  x = vtrans_station_ids['out'] * 10000 + vtrans_station_ids['in']
         x.name = 'x'
         vtrans_station_ids = pd.concat([vtrans_station_ids, x], axis=1)
         vtrans_station_ids
Out[45]:
```

	out	in	x
0	126	323	1260323
1	126	410	1260410
2	121	1052	1211052
3	236	1042	2361042
4	323	126	3230126
5	410	126	4100126
6	1052	121	10520121
7	1042	236	10420236

（2）筛选出地铁通勤中的虚拟换乘记录

把相邻两条记录放到一行，参考代码如下：

In[46]:
```
commute_vtrans = pd.concat(
    [data_commute.iloc[:-1,].reset_index(drop=True),
     data_commute.iloc[ 1:,].reset_index(drop=True)],
    axis=1)
commute_vtrans.head()
```

Out[46]:

	card	dtime_in	station_in	dtime_out	station_out	money_out	card	dtime_in	station_in	dtime_out	station_out	money_out
0	5690	2015-04-08 08:23:36	929	2015-04-08 08:37:49	933	4.0	5690	2015-04-08 18:18:00	933	2015-04-08 18:32:18	929	4.0
1	5690	2015-04-08 18:18:00	933	2015-04-08 18:32:18	929	4.0	6138	2015-04-08 07:17:13	638	2015-04-08 07:49:24	423	4.0
2	6138	2015-04-08 07:17:13	638	2015-04-08 07:49:24	423	4.0	6138	2015-04-08 17:40:45	423	2015-04-08 18:24:57	638	4.0
3	6138	2015-04-08 17:40:45	423	2015-04-08 18:24:57	638	4.0	7422	2015-04-08 09:39:21	930	2015-04-08 09:57:44	741	4.0
4	7422	2015-04-08 09:39:21	930	2015-04-08 09:57:44	741	4.0	7422	2015-04-08 11:13:18	741	2015-04-08 11:23:35	937	3.0

重命名列，参考代码如下：

In[47]:
```
commute_vtrans.columns = data_commute.columns.append(
    data_commute.columns + '_next')
commute_vtrans.columns
```

Out[47]:
```
Index(['card', 'dtime_in', 'station_in', 'dtime_out', 'station_out',
       'money_out', 'card_next', 'dtime_in_next', 'station_in_next',
       'dtime_out_next', 'station_out_next', 'money_out_next'],
      dtype='object')
```

注意：

- 筛选步骤不合并，因为每一步的剩余数据越来越少；
- 把简单的运算放在前面，复杂的运算放在后面。

查看行数，参考代码如下：

In[48]:
```
commute_vtrans.shape
```

Out[48]:
```
(4521289, 12)
```

筛选出卡号相同的记录，参考代码如下：

In[49]:
```
commute_vtrans = commute_vtrans.loc[commute_vtrans.card ==
commute_vtrans.card_next]
commute_vtrans.shape
```

Out[49]:
```
(2089555, 12)
```

筛选出进站符合虚拟换乘站点设置的记录，参考代码如下：

In[50]:
```
cvx = commute_vtrans.station_out*10000 +
commute_vtrans.station_in_next
commute_vtrans = commute_vtrans.loc[cvx.isin(vtrans_station_ids.x)]
commute_vtrans.shape
```

Out[50]:
```
(58763, 12)
```

筛选时间相隔小于 30min 的记录，参考代码如下：

In[51]:

```
time_delta = commute_vtrans.dtime_in_next - commute_vtrans.dtime_out
commute_vtrans = commute_vtrans.loc[time_delta.dt.seconds / 60 < 30]
commute_vtrans.shape
```

Out[51]:

```
(52732, 12)
```

查看记录，参考代码如下：

In[52]:

```
commute_vtrans.head()
```

Out[52]:

	card	dtime_in	station_in	dtime_out	station_out	money_out	card_next	dtime_in_next	station_in_next	dtime_out_next	station_out_next
88	83726	2015-04-08 12:10:19	134	2015-04-08 12:33:44	126	4.0	83726	2015-04-08 12:40:22	323	2015-04-08 13:08:18	1242
258	117647	2015-04-08 06:18:13	131	2015-04-08 06:42:45	121	3.0	117647	2015-04-08 06:48:18	1052	2015-04-08 07:18:57	1020
260	117647	2015-04-08 12:41:44	1020	2015-04-08 13:04:07	1052	4.0	117647	2015-04-08 13:10:08	121	2015-04-08 13:41:07	131
338	129203	2015-04-08 08:49:49	111	2015-04-08 09:17:15	121	4.0	129203	2015-04-08 09:24:19	1052	2015-04-08 09:43:28	1058
564	176182	2015-04-08 07:06:23	127	2015-04-08 07:11:51	126	3.0	176182	2015-04-08 07:16:44	323	2015-04-08 07:30:28	415

设置原数据中的记录标志是否为换乘，参考代码如下：

In[53]:

```
data_commute['is_vtrans_in'] = False
data_commute.loc[commute_vtrans.index+1,'is_vtrans_in'] = True
data_commute.loc[data_commute['is_vtrans_in']].head()
```

Out[53]:

	card	dtime_in	station_in	dtime_out	station_out	money_out	is_vtrans_in
89	83726	2015-04-08 12:40:22	323	2015-04-08 13:08:18	1242	1.0	True
259	117647	2015-04-08 06:48:18	1052	2015-04-08 07:18:57	1020	1.0	True
261	117647	2015-04-08 13:10:08	121	2015-04-08 13:41:07	131	1.0	True
339	129203	2015-04-08 09:24:19	1052	2015-04-08 09:43:28	1058	1.0	True
565	176182	2015-04-08 07:16:44	323	2015-04-08 07:30:28	415	1.0	True

（3）合并虚拟换乘的通勤记录

合并虚拟换乘的通勤记录，需要考虑连续换乘多次的情况。

迭代多次，直到所有虚拟换乘都已经被合并，参考代码如下：

In[54]:

```
while(True):
    print("=====迭代=====")
    #重置 index，否则可能 index 不连续
    data_commute.reset_index(drop=True, inplace=True)
    #找到本次进站为换乘的记录
    vtrans_1 = data_commute.loc[data_commute.is_vtrans_in,]
    print(vtrans_1.shape[0],"条 进站换乘记录")
    if vtrans_1.shape[0] == 0 :
        print("===== 结束 =====")
        break
    #index 减去 1，就是本次出站为换乘的记录
    vtrans_0 = data_commute.loc[vtrans_1.index - 1, ]
    #筛选本次进站不是换乘的记录。
    #因为如果本次进站也是换乘，则要首先连接到上一条记录，而不能合并下一条记录
```

```
    vtrans_0 = vtrans_0[~vtrans_0.is_vtrans_in]
    #为避免混淆，删除 vtrans_1
    del(vtrans_1)
    print(vtrans_0.shape[0],"条 进站不是换乘的 出站换乘记录")
    #合并通勤记录的信息
    #合并出站时间
    data_commute.dtime_out[vtrans_0.index]
=data_commute.dtime_out[vtrans_0.index+1].values
    #合并出站站点 a
    data_commute.station_out[vtrans_0.index]
=data_commute.station_out[vtrans_0.index+1].values
    #合并费用
    data_commute.money_out[vtrans_0.index]
=(data_commute.money_out[vtrans_0.index].values +
        data_commute.money_out[vtrans_0.index+1].values)
    #删除被合并掉的记录
    data_commute.drop(vtrans_0.index+1, axis=0, inplace=True)
```

Out[54]:

```
=====迭代=====
52732 条 进站换乘记录
52723 条 进站不是换乘的 出站换乘记录

=====迭代=====
9 条 进站换乘记录
9 条 进站不是换乘的 出站换乘记录
=====迭代=====
0 条 进站换乘记录
===== 结束 =====
```

验证数据是否完整，参考代码如下：

In[55]:

```
print(data_commute.dtime_out.isna().sum())
print(data_commute.station_out.isna().sum())
print(data_commute.money_out.isna().sum())
```

Out[55]:

```
0
0
0
```

删除多余字段，参考代码如下：

In[56]:

```
data_commute.drop('is_vtrans_in', axis=1, inplace=True)
data_commute.head()
```

Out[56]:

	card	dtime_in	station_in	dtime_out	station_out	money_out
0	5690	2015-04-08 08:23:36	929	2015-04-08 08:37:49	933	4.0
1	5690	2015-04-08 18:18:00	933	2015-04-08 18:32:18	929	4.0
2	6138	2015-04-08 07:17:13	638	2015-04-08 07:49:24	423	4.0
3	6138	2015-04-08 17:40:45	423	2015-04-08 18:24:57	638	4.0
4	7422	2015-04-08 09:39:21	930	2015-04-08 09:57:44	741	4.0

重命名字段，参考代码如下：

In[57]:

```
data_commute.rename({'money_out':'money'},axis=1,inplace=True)
data_commute.head()
```

Out[57]:

	card	dtime_in	station_in	dtime_out	station_out	money
0	5690	2015-04-08 08:23:36	929	2015-04-08 08:37:49	933	4.0
1	5690	2015-04-08 18:18:00	933	2015-04-08 18:32:18	929	4.0
2	6138	2015-04-08 07:17:13	638	2015-04-08 07:49:24	423	4.0
3	6138	2015-04-08 17:40:45	423	2015-04-08 18:24:57	638	4.0
4	7422	2015-04-08 09:39:21	930	2015-04-08 09:57:44	741	4.0

将处理过的地铁通勤数据保存到文件中，参考代码如下：

In[58]:

```
data_commute.to_csv("subway_commute_2.csv", index=False)
```

任务 12.2 词云图的绘制

本任务将利用任务 12.1 得出的地铁刷卡记录，使用其中所有的中文站点名称绘制词云图，通过相关参数来控制关键词在图上的排列顺序，用来直观地发现刷卡数据记录多、客流量大的地铁站点。

12.2.1 载入数据

加载相关库，参考代码如下：

In[59]:

```
import numpy as np
import pandas as pd
import matplotlib.pyplot as plt
```

读取前面保存的地铁刷卡记录，参考代码如下：

In[60]:

```
data_subway = pd.read_csv("data_subway_2.csv")
data_subway.head()
```

Out[60]:

	card	dtime	station_id	money
0	5690	2015-04-08 08:23:36	929	0.0
1	5690	2015-04-08 08:37:49	933	4.0
2	5690	2015-04-08 18:18:00	933	0.0
3	5690	2015-04-08 18:32:18	929	4.0
4	6138	2015-04-08 07:17:13	638	0.0

此处读取完毕以后需要重新转换时间字段，参考代码如下：

In[61]:

```
data_subway.dtime = pd.to_datetime(data_subway.dtime,
format='%Y-%m-%d %H:%M:%S')
data_subway.head()
```

读取前面保存的站点信息，参考代码如下：

In[62]:

```
#读取前面保存的站点信息
data_stations = pd.read_csv("data_station_1.csv")
data_stations.head()
```

Out[62]:

	ST_NO	ST_NAME	LINE_NO	LATITUDE	LONGITUDE	ST_NAME_CH
0	1063	10号线国权路	10	31.289238	121.510033	国权路
1	1059	10号线海伦路	10	31.259211	121.488696	海伦路
2	1018	10号线航中路	10	31.165215	121.353748	航中路
3	1043	10号线虹桥1号航站楼	10	31.191646	121.347238	虹桥1号航站楼
4	1042	10号线虹桥2号航站楼	10	31.194222	121.326252	虹桥2号航站楼

设置 index，参考代码如下：

In[63]:

```
data_stations.index = data_stations.ST_NO
data_stations.head()
```

Out[63]:

	ST_NO	ST_NAME	LINE_NO	LATITUDE	LONGITUDE	ST_NAME_CH
ST_NO						
1063	1063	10号线国权路	10	31.289238	121.510033	国权路
1059	1059	10号线海伦路	10	31.259211	121.488696	海伦路
1018	1018	10号线航中路	10	31.165215	121.353748	航中路
1043	1043	10号线虹桥1号航站楼	10	31.191646	121.347238	虹桥1号航站楼
1042	1042	10号线虹桥2号航站楼	10	31.194222	121.326252	虹桥2号航站楼

12.2.2 设置词云图各项参数

查看统计各个站点的刷卡频次，统计所有站点序号，参考代码如下：

In[64]:

```
station_freq = data_subway.station_id.value_counts()
station_freq.head()
station_freq.shape
```

Out[64]:

```
247    142062
835    129871
111    128551
118    108753
244    101707
Name: station_id, dtype: int64

(313,)
```

关联站点序号和站点位置名称，参考代码如下：

In[65]:

```
station_freq_name = data_stations.ST_NAME_CH[station_freq.index]
station_freq_name.head()
```

Out[65]:

```
247      陆家嘴
835     人民广场
111       莘庄
118      徐家汇
244     南京西路
Name: ST_NAME_CH, dtype: object
```

合并前面生成的两组数组，参考代码如下：

In[66]:

```
station_freq.name = 'freq'
station_freq_name.name = 'name'
station_table = pd.concat([station_freq, station_freq_name], axis=1)
station_table.head()
station_table.shape
```

Out[66]:

	freq	name
247	142062	陆家嘴
835	129871	人民广场
111	128551	莘庄
118	108753	徐家汇
244	101707	南京西路

```
(313, 2)
```

根据站点名称累加，参考代码如下：

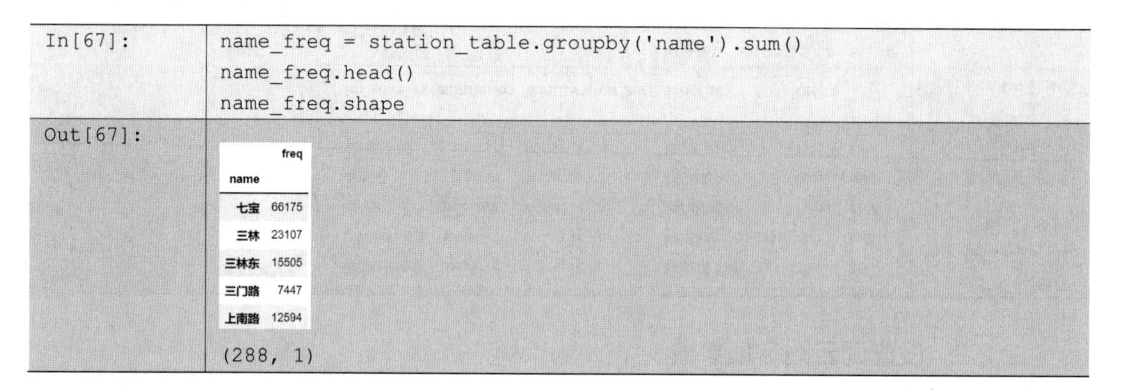

In[67]:

```
name_freq = station_table.groupby('name').sum()
name_freq.head()
name_freq.shape
```

Out[67]:

name	freq
七宝	66175
三林	23107
三林东	15505
三门路	7447
上南路	12594

```
(288, 1)
```

12.2.3 绘制词云图

探查数据，绘制频次的直方图（频次的频次），参考代码如下：

In[68]:

```
plt.hist(name_freq.freq, bins=20)
plt.show()
```

Out[68]:

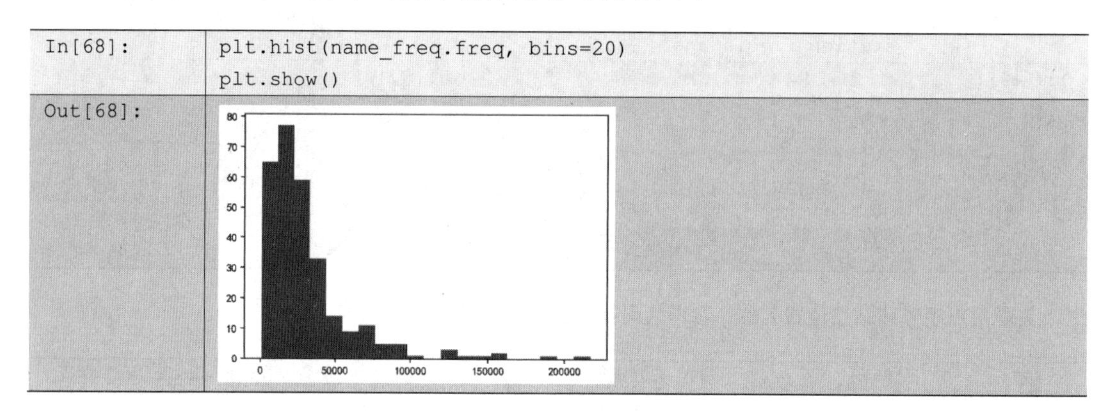

为了防止太多的站点出现在词云图上，可以取截断频数为 50。

绘制词云图，参考代码如下：

In[69]:

```
import wordcloud as wc
#创建 WordCloud 对象
cloud = wc.WordCloud(font_path='simkai.ttf',
                     background_color='white',
                     max_words=50, max_font_size=50)
#根据 freq 绘制词云图
im = cloud.generate_from_frequencies(name_freq.freq)
#显示词云图
plt.imshow(im)
plt.axis("off")
```

Out[69]:

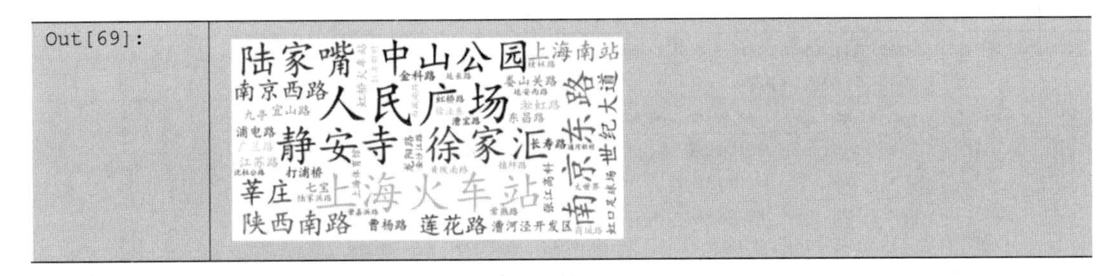

根据词云图，我们能够看出哪些站点的刷卡频次比较高。

任务12.3 绘制起止点分布连线图

根据得到的地铁通勤数据，分别将每对起止点通勤记录中的进站点、出站点在地图上用红色、橙色的圆点标识出来并用半透明的线连接，遍历全部数据，最终得到地铁出行起止点分布连线图。通过将所有起止点通勤记录的轨迹绘制在地图上，人们可以一目了然地发现地铁通勤出行在空间分布方面的特点。

12.3.1 载入数据

首先加载库，参考代码如下：

In[70]:

```
import numpy as np
import pandas as pd
import matplotlib.pyplot as plt
```

加载前面保存的地铁通勤数据，参考代码如下：

In[71]:

```
data_commute = pd.read_csv("subway_commute_2.csv")
data_commute.head()
```

Out[71]:

	card	dtime_in	station_in	dtime_out	station_out	money
0	5690	2015-04-08 08:23:36	929	2015-04-08 08:37:49	933	4.0
1	5690	2015-04-08 18:18:00	933	2015-04-08 18:32:18	929	4.0
2	6138	2015-04-08 07:17:13	638	2015-04-08 07:49:24	423	4.0
3	6138	2015-04-08 17:40:45	423	2015-04-08 18:24:57	638	4.0
4	7422	2015-04-08 09:39:21	930	2015-04-08 09:57:44	741	4.0

此处加载完毕以后需要重新转换时间字段，参考代码如下：

In[72]:

```
data_commute.dtime_in = pd.to_datetime(data_commute.dtime_in,
format='%Y-%m-%d %H:%M:%S')
data_commute.dtime_out = pd.to_datetime(data_commute.dtime_out,
format='%Y-%m-%d %H:%M:%S')
data_commute.dtypes
```

Out[72]:

```
card                int64
dtime_in   datetime64[ns]
station_in          int64
dtime_out  datetime64[ns]
station_out         int64
money             float64
dtype: object
```

读取前面保存的站点信息，参考代码如下：

```
In[73]:  data_stations = pd.read_csv("data_station_1.csv")
         data_stations.head()
```

Out[73]:

	ST_NO	ST_NAME	LINE_NO	LATITUDE	LONGITUDE	ST_NAME_CH
0	1063	10号线国权路	10	31.289238	121.510033	国权路
1	1059	10号线海伦路	10	31.259211	121.488696	海伦路
2	1018	10号线航中路	10	31.165215	121.353748	航中路
3	1043	10号线虹桥1号航站楼	10	31.191646	121.347238	虹桥1号航站楼
4	1042	10号线虹桥2号航站楼	10	31.194222	121.326252	虹桥2号航站楼

设置 index，参考代码如下：

```
In[74]:  data_stations.index = data_stations.ST_NO
         data_stations.head()
```

Out[74]:

	ST_NO	ST_NAME	LINE_NO	LATITUDE	LONGITUDE	ST_NAME_CH
ST_NO						
1063	1063	10号线国权路	10	31.289238	121.510033	国权路
1059	1059	10号线海伦路	10	31.259211	121.488696	海伦路
1018	1018	10号线航中路	10	31.165215	121.353748	航中路
1043	1043	10号线虹桥1号航站楼	10	31.191646	121.347238	虹桥1号航站楼
1042	1042	10号线虹桥2号航站楼	10	31.194222	121.326252	虹桥2号航站楼

12.3.2 统计频数并筛选

统计每一条线路的频次，参考代码如下：

```
In[75]:  commute_freq = data_commute.groupby(['station_in',
         'station_out']).size()
         commute_freq.head()
```

```
Out[75]:
station_in  station_out
111         111             579
            112             505
            113            1384
            114             788
            115             724
dtype: int64
```

转换成 DataFrame，参考代码如下：

```
In[76]:  commute_freq.name = 'freq'
         commute_freq = pd.DataFrame(commute_freq)
         commute_freq.reset_index(inplace=True)
         commute_freq.head()
         commute_freq.shape
```

Out[76]:

	station_in	station_out	freq
0	111	111	579
1	111	112	505
2	111	113	1384
3	111	114	788
4	111	115	724

```
(92294, 3)
```

获取进站站点名称、经纬度，参考代码如下：

In[77]:
```
in_info = data_stations.loc[commute_freq.station_in,
['ST_NAME_CH', 'LATITUDE', 'LONGITUDE']]
in_info.columns = ['in_name', 'in_lat', 'in_long']
in_info.reset_index(drop=True, inplace=True)
in_info.head()
in_info.shape
```

Out[77]:

	in_name	in_lat	in_long
0	莘庄	31.111093	121.385454
1	莘庄	31.111093	121.385454
2	莘庄	31.111093	121.385454
3	莘庄	31.111093	121.385454
4	莘庄	31.111093	121.385454

```
(92294, 3)
```

获取出站站点名称、经纬度，参考代码如下：

In[78]:
```
out_info = data_stations.loc[commute_freq.station_out,
['ST_NAME_CH', 'LATITUDE', 'LONGITUDE']]
out_info.columns = ['out_name', 'out_lat', 'out_long']
out_info.reset_index(drop=True, inplace=True)
out_info.head()
out_info.shape
```

Out[78]:

	out_name	out_lat	out_long
0	莘庄	31.111093	121.385454
1	外环路	31.120916	121.393003
2	莲花路	31.130957	121.402919
3	锦江乐园	31.142197	121.414146
4	上海南站	31.154688	121.430136

```
(92294, 3)
```

将上面 3 个 DataFrame 进行合并，参考代码如下：

In[79]:
```
commute_freq = pd.concat([commute_freq, in_info, out_info], axis=1)
commute_freq.head()
```

Out[79]:

	station_in	station_out	freq	in_name	in_lat	in_long	out_name	out_lat	out_long
0	111	111	579	莘庄	31.111093	121.385454	莘庄	31.111093	121.385454
1	111	112	505	莘庄	31.111093	121.385454	外环路	31.120916	121.393003
2	111	113	1384	莘庄	31.111093	121.385454	莲花路	31.130957	121.402919
3	111	114	788	莘庄	31.111093	121.385454	锦江乐园	31.142197	121.414146
4	111	115	724	莘庄	31.111093	121.385454	上海南站	31.154688	121.430136

筛选出频次较高的线路，并设置级别，查看频次的直方图，参考代码如下：

In[80]:
```
plt.hist(np.log2(commute_freq.freq), bins=100)
plt.show()
```

Out[80]:

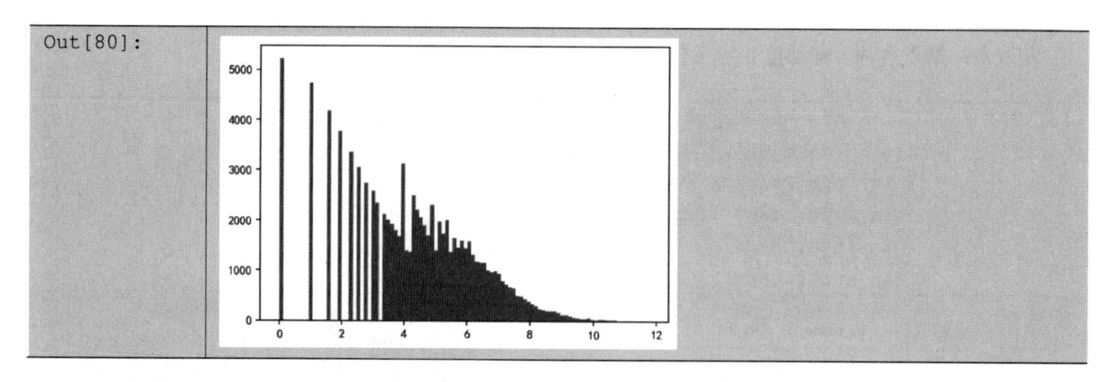

删除频次小于 100 的线路，参考代码如下：

In[81]:
```
commute_freq = commute_freq[commute_freq.freq>=100]
commute_freq.shape
```
Out[81]:
```
(10902, 9)
```

12.3.3 完成绘图

把经纬度信息组合成线条的起止点，参考代码如下：

In[82]:
```
lines = list(zip(zip(commute_freq.in_long,
commute_freq.in_lat),zip(commute_freq.out_long+0.005,
commute_freq.out_lat+0.005)))
print(len(lines))
lines[0:5]
```
Out[82]:
```
10902
[((121.3854538, 31.11109348), (121.39045379999999, 31.11609348)),
 ((121.3854538, 31.11109348), (121.39800319999999, 31.125916)),
 ((121.3854538, 31.11109348), (121.40791899999999, 31.13595705)),
 ((121.3854538, 31.11109348), (121.4191464, 31.14719748)),
 ((121.3854538, 31.11109348), (121.4351358, 31.15968829))]
```

设置线条的宽度，参考代码如下：

In[83]:
```
linewidths = np.log2(commute_freq.freq) / 100
print(linewidths)
```
Out[83]:
```
0        0.091774
1        0.089801
2        0.104346
3        0.096221
4        0.094998
           ...
91308    0.091624
91780    0.074838
91825    0.068329
92036    0.076582
92289    0.089629
Name: freq, Length: 10902, dtype: float64
```

绘制图形，参考代码如下：

In[84]:
```
from matplotlib import collections  as mc
#调用 LineCollection 函数
lc = mc.LineCollection(lines, colors='w',linewidths = linewidths,
```

```
alpha=0.3)
#设置图形大小、背景色
plt.figure(figsize=(10,5), facecolor='w')
#不显示坐标轴
plt.axis('off')
#绘制出站点（橙色，设置一点偏移）
plt.scatter(data_stations.LONGITUDE+0.005,
data_stations.LATITUDE+0.005,c='orange', alpha=0.8, s=10)
#绘制进站点（红色）
plt.scatter(data_stations.LONGITUDE, data_stations.LATITUDE,
c='red', alpha=0.8, s=10)
#绘制连线图
plt.gca().add_collection(lc)
plt.show()
```

Out[84]:

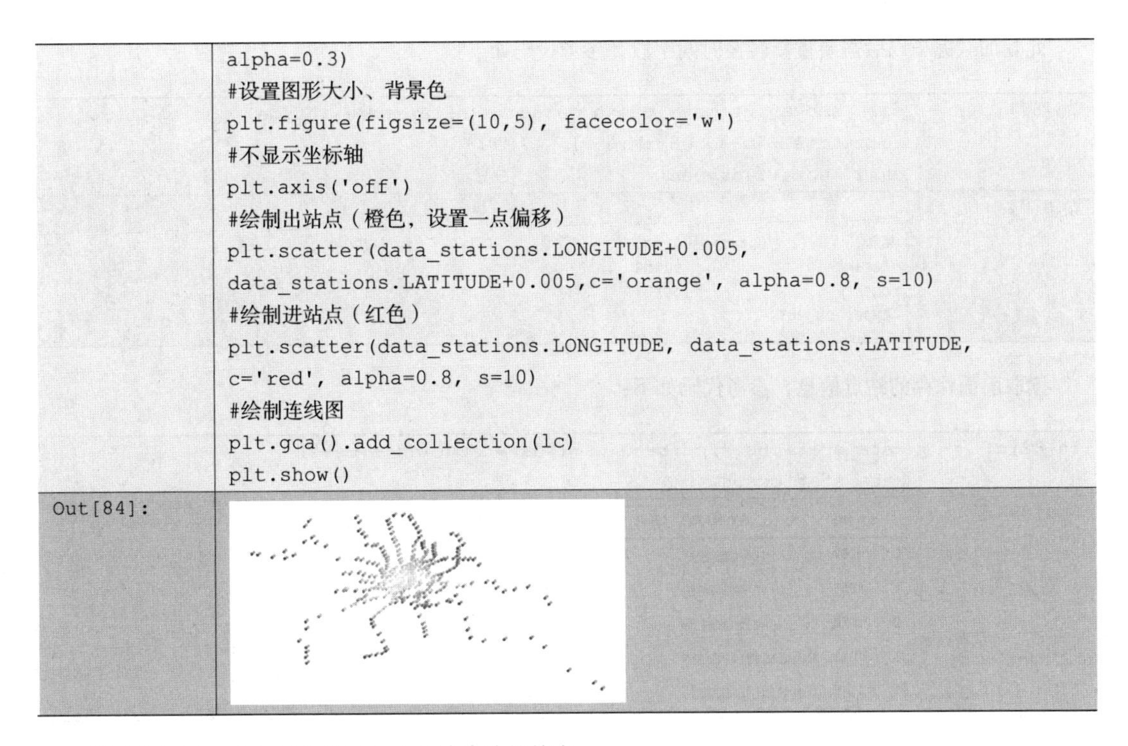

根据连线图，我们可以总结上海地铁线路的特点。

任务 12.4 绘制早高峰地铁刷卡进出站分布图

通过对每日客流量的分析并不能完全展示上海地铁在高峰时间段内客流的空间分布及其具体特征，因此，本任务以早高峰时间段为例，分析在该时间段内各个站点的进站及出站刷卡量，获得更为详细的工作日通勤出行客流空间分布特征。

12.4.1 载入数据

加载相关库，参考代码如下：

In[85]:

```
import numpy as np
import pandas as pd
import matplotlib as mpl
import matplotlib.pyplot as plt
```

加载前面保存的地铁刷卡记录，参考代码如下：

In[86]:

```
data_subway = pd.read_csv("data_subway_2.csv")
data_subway.head()
```

Out[86]:

	card	dtime	station_id	money
0	5690	2015-04-08 08:23:36	929	0.0
1	5690	2015-04-08 08:37:49	933	4.0
2	5690	2015-04-08 18:18:00	933	0.0
3	5690	2015-04-08 18:32:18	929	4.0
4	6138	2015-04-08 07:17:13	638	0.0

此处加载完毕以后需要重新转换时间字段，参考代码如下：

In[87]:
```
data_subway.dtime = pd.to_datetime(data_subway.dtime,
format='%Y-%m-%d %H:%M:%S')
data_subway. dtypes
```
Out[87]:
```
card                    int64
dtime          datetime64[ns]
station_id              int64
money                 float64
dtype: object
```

读取前面保存的站点信息，参考代码如下：

In[88]:
```
data_stations = pd.read_csv("data_station_1.csv")
data_stations.head()
```
Out[88]:

	ST_NO	ST_NAME	LINE_NO	LATITUDE	LONGITUDE	ST_NAME_CH
0	1063	10号线国权路	10	31.289238	121.510033	国权路
1	1059	10号线海伦路	10	31.259211	121.488696	海伦路
2	1018	10号线航中路	10	31.165215	121.353748	航中路
3	1043	10号线虹桥1号航站楼	10	31.191646	121.347238	虹桥1号航站楼
4	1042	10号线虹桥2号航站楼	10	31.194222	121.326252	虹桥2号航站楼

设置 index，参考代码如下：

In[89]:
```
data_stations.index = data_stations.ST_NO
data_stations.head()
```
Out[89]:

	ST_NO	ST_NAME	LINE_NO	LATITUDE	LONGITUDE	ST_NAME_CH
ST_NO						
1063	1063	10号线国权路	10	31.289238	121.510033	国权路
1059	1059	10号线海伦路	10	31.259211	121.488696	海伦路
1018	1018	10号线航中路	10	31.165215	121.353748	航中路
1043	1043	10号线虹桥1号航站楼	10	31.191646	121.347238	虹桥1号航站楼
1042	1042	10号线虹桥2号航站楼	10	31.194222	121.326252	虹桥2号航站楼

12.4.2 统计进出站的频次

找到早高峰时段对应的数据，此处不用字符串比较，因为数值运算更快，获得当日 0 点以后的秒数，参考代码如下：

In[90]:
```
seconds = ((data_subway.dtime.dt.hour * 60 +
          data_subway.dtime.dt.minute) * 60 +
          data_subway.dtime.dt.second)
seconds.head()
```
Out[90]:
```
0    30216
1    31069
2    65880
3    66738
4    26233
Name: dtime, dtype: int64
```

获取早高峰的地铁刷卡记录，参考代码如下：

In[91]:
```
mrush = data_subway[(seconds >= (7*60+30)*60) & (seconds <=
(9*60+30)*60)]
mrush.head()
mrush.shape
```
Out[91]:

	card	dtime	station_id	money
0	5690	2015-04-08 08:23:36	929	0.0
1	5690	2015-04-08 08:37:49	933	4.0
5	6138	2015-04-08 07:49:24	423	4.0
20	55966	2015-04-08 08:13:01	111	0.0
21	55966	2015-04-08 08:50:45	835	3.0

```
(2372842, 4)
```

标记是否为进站刷卡，参考代码如下：

In[92]:
```
is_in = (mrush.money==0)
is_in.name = 'is_in'
mrush = pd.concat([mrush, is_in], axis=1)
mrush.head()
```
Out[92]:

	card	dtime	station_id	money	is_in
0	5690	2015-04-08 08:23:36	929	0.0	True
1	5690	2015-04-08 08:37:49	933	4.0	False
5	6138	2015-04-08 07:49:24	423	4.0	False
20	55966	2015-04-08 08:13:01	111	0.0	True
21	55966	2015-04-08 08:50:45	835	3.0	False

先统计，再转换站点位置，以便用向量化获得较高的性能，对站点制表，参考代码如下：

In[93]:
```
freq = mrush.groupby(['station_id', 'is_in']).size()
freq.name = 'freq'
freq = pd.DataFrame(freq)
freq.reset_index(inplace=True)
freq.head()
freq.shape
```
Out[93]:

	station_id	is_in	freq
0	111	False	9177
1	111	True	23992
2	112	False	1193
3	112	True	6988
4	113	False	5686

```
(626, 3)
```

获得站点名称、经纬度，参考代码如下：

In[94]:
```
freq_info = data_stations.loc[freq.station_id,
 ['LATITUDE', 'LONGITUDE', 'ST_NAME_CH']]
freq_info.reset_index(drop=True, inplace=True)
freq_info.columns = ['lat', 'long', 'name']
freq_info.head()
freq_info.shape
```

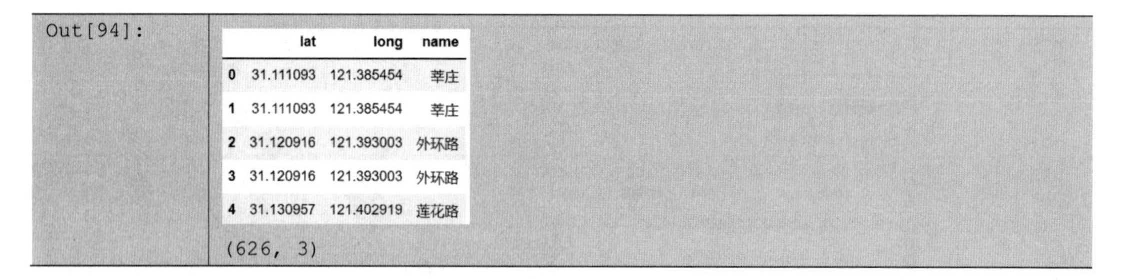

Out[94]:

	lat	long	name
0	31.111093	121.385454	莘庄
1	31.111093	121.385454	莘庄
2	31.120916	121.393003	外环路
3	31.120916	121.393003	外环路
4	31.130957	121.402919	莲花路

```
(626, 3)
```

合并前面生成的两组数组，参考代码如下：

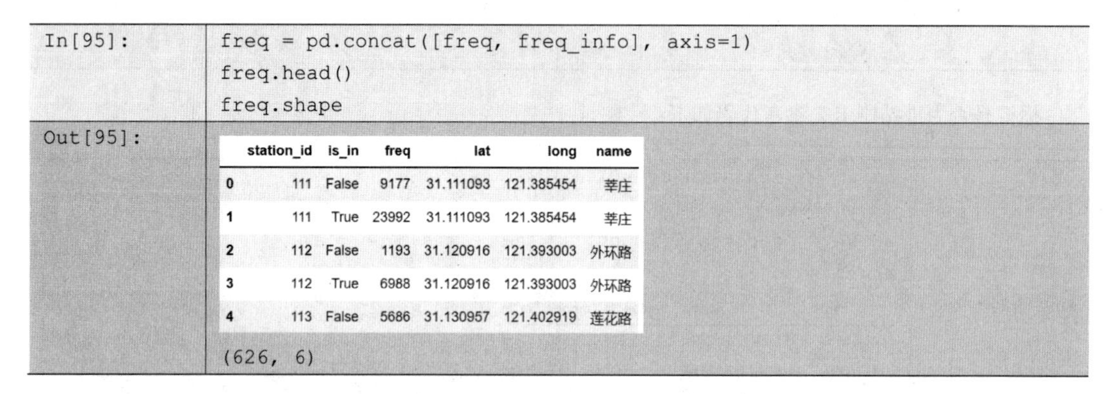

In[95]:

```
freq = pd.concat([freq, freq_info], axis=1)
freq.head()
freq.shape
```

Out[95]:

	station_id	is_in	freq	lat	long	name
0	111	False	9177	31.111093	121.385454	莘庄
1	111	True	23992	31.111093	121.385454	莘庄
2	112	False	1193	31.120916	121.393003	外环路
3	112	True	6988	31.120916	121.393003	外环路
4	113	False	5686	31.130957	121.402919	莲花路

```
(626, 6)
```

删除 station_id 字段，参考代码如下：

In[96]:

```
freq.drop('station_id',axis=1,inplace=True)
freq.head()
```

Out[96]:

	is_in	freq	lat	long	name
0	False	9177	31.111093	121.385454	莘庄
1	True	23992	31.111093	121.385454	莘庄
2	False	1193	31.120916	121.393003	外环路
3	True	6988	31.120916	121.393003	外环路
4	False	5686	31.130957	121.402919	莲花路

根据站点名称累加频次，参考代码如下：

In[97]:

```
freq = freq.groupby(['lat','long','name','is_in']).sum()
freq.reset_index(inplace=True)
freq.head()
freq.shape
```

Out[97]:

	lat	long	name	is_in	freq
0	30.906867	121.929926	滴水湖	False	589
1	30.906867	121.929926	滴水湖	True	241
2	30.923607	121.910663	临港大道	False	348
3	30.923607	121.910663	临港大道	True	288
4	30.959261	121.850663	书院	False	113

```
(576, 5)
```

拆分成进站、出站数据集，参考代码如下：

In[98]:

```
freq_in = freq[freq.is_in]
freq_in.head()
freq_out = freq[~freq.is_in]
freq_out.head()
```

Out[98]:

	lat	long	name	is_in	freq
1	30.906867	121.929926	滴水湖	True	241
3	30.923607	121.910663	临港大道	True	288
5	30.959261	121.850663	书院	True	389
7	30.984299	121.231029	松江南站	True	296
9	31.000610	121.369753	闵行开发区	True	1029

	lat	long	name	is_in	freq
0	30.906867	121.929926	滴水湖	False	589
2	30.923607	121.910663	临港大道	False	348
4	30.959261	121.850663	书院	False	113
6	30.984299	121.231029	松江南站	False	530
8	31.000610	121.369753	闵行开发区	False	1298

按频次排序，参考代码如下：

In[99]:

```
freq_in = freq_in.sort_values('freq', ascending=False)
freq_in.head()
freq_out = freq_out.sort_values('freq', ascending=False)
freq_out.head()
```

Out[99]:

	lat	long	name	is_in	freq
63	31.111093	121.385454	莘庄	True	23992
351	31.247228	121.455805	上海火车站	True	19312
99	31.154688	121.430136	上海南站	True	18671
71	31.130957	121.402919	莲花路	True	18207
73	31.137308	121.318699	九亭	True	17550

	lat	long	name	is_in	freq
304	31.232373	121.476074	人民广场	False	41775
320	31.238147	121.502567	陆家嘴	False	38650
282	31.224065	121.448166	静安寺	False	31563
128	31.170786	121.397421	漕河泾开发区	False	30552
350	31.247228	121.455805	上海火车站	False	30006

12.4.3 设置图形选项参数并画图

设置绘图函数的参数，点的大小和颜色根据频次调整，显示频次最高的 15 个站点的名称，并显示图例，参考代码如下：

In[100]:

```
from matplotlib.font_manager import FontProperties
def draw_station_map(freq_x, topN=15):
    #设置图像大小、背景色
    plt.figure(figsize=(15,12), facecolor='w')
    #不显示坐标轴
    plt.axis('off')
```

```
    #散点的大小
    point_size = freq_x.freq / 200
    #绘制散点图
    _=plt.scatter(freq_x.long, freq_x.lat,c='red', alpha=0.4,
s=point_size)
    #中文字体、大小
    fontp = FontProperties(fname='simkai.ttf', size='10')
    #字体颜色
    font = {'color': 'black'}
    #标注前N个站点
    for i in np.arange(0,topN):
        freq_n = freq_x.iloc[i]
        plt.text(freq_n.long, freq_n.lat, freq_n['name'],
        fontproperties=fontp, fontdict=font,
        horizontalalignment='center', verticalalignment='baseline')
```

绘制进站站点图，参考代码如下：

```
In[101]:  draw_station_map(freq_in, 15)
Out[101]:
```

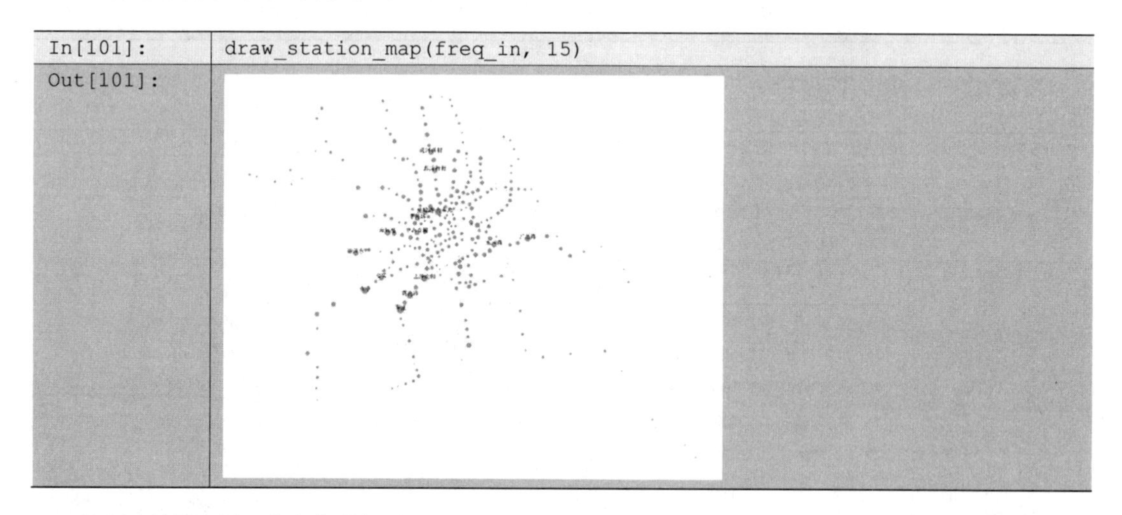

绘制出站站点图，参考代码如下：

```
In[102]:  draw_station_map(freq_out, 15)
Out[102]:
```

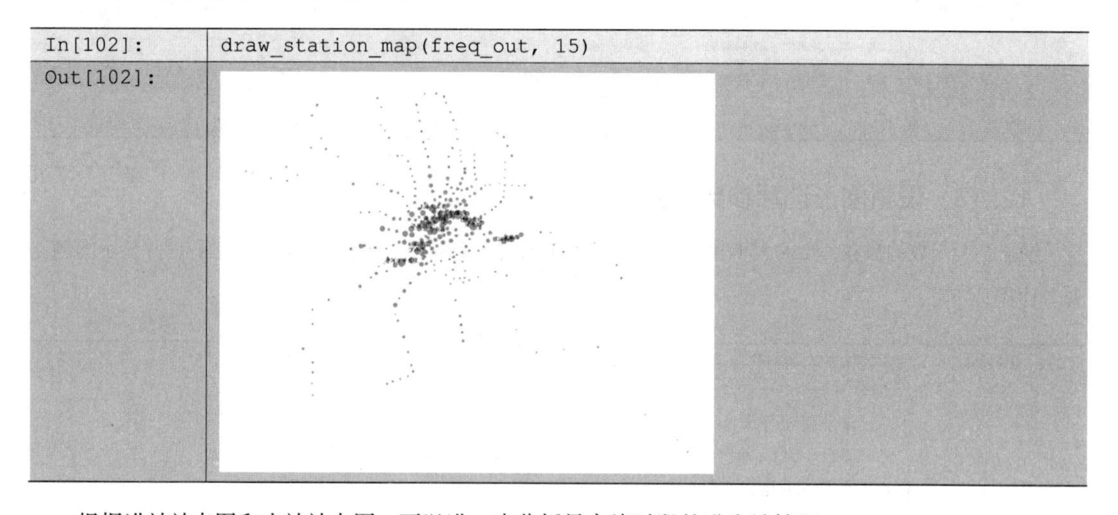

根据进站站点图和出站站点图，可以进一步分析早高峰时段的进出站情况。

任务 12.5 职住地识别与分析

本任务利用处理得到的地铁通勤数据，筛选居住地和工作地的地铁站，并利用空间聚类算法确定最终的居住地、工作地中心区域及相应范围。

12.5.1 载入数据

加载相关库，参考代码如下：

In[103]:
```
import numpy as np
import pandas as pd
import matplotlib as mpl
import matplotlib.pyplot as plt
```

加载前面保存的地铁通勤数据，参考代码如下：

In[104]:
```
data_commute = pd.read_csv("subway_commute_2.csv")
data_commute.head()
```

Out[104]:

	card	dtime_in	station_in	dtime_out	station_out	money
0	5690	2015-04-08 08:23:36	929	2015-04-08 08:37:49	933	4.0
1	5690	2015-04-08 18:18:00	933	2015-04-08 18:32:18	929	4.0
2	6138	2015-04-08 07:17:13	638	2015-04-08 07:49:24	423	4.0
3	6138	2015-04-08 17:40:45	423	2015-04-08 18:24:57	638	4.0
4	7422	2015-04-08 09:39:21	930	2015-04-08 09:57:44	741	4.0

此处加载完毕以后需要重新转换时间字段，参考代码如下：

In[105]:
```
data_commute.dtime_in =
pd.to_datetime(data_commute.dtime_in,format='%Y-%m-%d %H:%M:%S')
data_commute.dtime_out =
pd.to_datetime(data_commute.dtime_out,format='%Y-%m-%d %H:%M:%S')
data_commute.dtypes
```

Out[105]:
```
card                    int64
dtime_in       datetime64[ns]
station_in              int64
dtime_out      datetime64[ns]
station_out             int64
money                 float64
dtype: object
```

读取前面保存的站点信息，参考代码如下：

In[106]:
```
data_stations = pd.read_csv("data_station_1.csv")
data_stations.head()
```

Out[106]:

	ST_NO	ST_NAME	LINE_NO	LATITUDE	LONGITUDE	ST_NAME_CH
0	1063	10号线国权路	10	31.289238	121.510033	国权路
1	1059	10号线海伦路	10	31.259211	121.488696	海伦路
2	1018	10号线航中路	10	31.165215	121.353748	航中路
3	1043	10号线虹桥1号航站楼	10	31.191646	121.347238	虹桥1号航站楼
4	1042	10号线虹桥2号航站楼	10	31.194222	121.326252	虹桥2号航站楼

设置 index，参考代码如下：

```
In[107]:  data_stations.index = data_stations.ST_NO
          data_stations.head()
```

Out[107]:

	ST_NO	ST_NAME	LINE_NO	LATITUDE	LONGITUDE	ST_NAME_CH
ST_NO						
1063	1063	10号线国权路	10	31.289238	121.510033	国权路
1059	1059	10号线海伦路	10	31.259211	121.488696	海伦路
1018	1018	10号线航中路	10	31.165215	121.353748	航中路
1043	1043	10号线虹桥1号航站楼	10	31.191646	121.347238	虹桥1号航站楼
1042	1042	10号线虹桥2号航站楼	10	31.194222	121.326252	虹桥2号航站楼

12.5.2 统计居住地和工作地的进出站频次

（1）合并早、晚通勤记录

因为我们采用的是 2015 年 4 月 8 日（星期三）的记录，因此从一个工作日中判断某一卡号的持卡人是否是从居住地到工作地并返回。我们采取相对比较简单的识别方法，持卡人的居住地假定为其每天的第一次进站站点；若持卡人在某地逗留超过 6 个小时，则可认定该地为持卡人的工作地，即假设某日某一持卡人在某一站点刷卡出站，超过 6 个小时以后又在该站点刷卡进站，便认为该站点是持卡人的工作地。

根据卡号、进站时间排序，参考代码如下：

```
In[108]:  data_commute.sort_values(['card', 'dtime_in'])
          data_commute.reset_index(drop=True, inplace=True)
          data_commute.head()
```

Out[108]:

	card	dtime_in	station_in	dtime_out	station_out	money
0	5690	2015-04-08 08:23:36	929	2015-04-08 08:37:49	933	4.0
1	5690	2015-04-08 18:18:00	933	2015-04-08 18:32:18	929	4.0
2	6138	2015-04-08 07:17:13	638	2015-04-08 07:49:24	423	4.0
3	6138	2015-04-08 17:40:45	423	2015-04-08 18:24:57	638	4.0
4	7422	2015-04-08 09:39:21	930	2015-04-08 09:57:44	741	4.0

获取日期，从进站时间中抽取出日期部分，参考代码如下：

```
In[109]:  date_in = data_commute.dtime_in.dt.date
          date_in.name = 'date_in'
          date_in.head()
```

合并到 DataFrame，参考代码如下：

```
In[110]:  data_commute = pd.concat([data_commute, date_in], axis=1)
          data_commute.head()
```

Out[110]:

	card	dtime_in	station_in	dtime_out	station_out	money	date_in
0	5690	2015-04-08 08:23:36	929	2015-04-08 08:37:49	933	4.0	2015-04-08
1	5690	2015-04-08 18:18:00	933	2015-04-08 18:32:18	929	4.0	2015-04-08
2	6138	2015-04-08 07:17:13	638	2015-04-08 07:49:24	423	4.0	2015-04-08
3	6138	2015-04-08 17:40:45	423	2015-04-08 18:24:57	638	4.0	2015-04-08
4	7422	2015-04-08 09:39:21	930	2015-04-08 09:57:44	741	4.0	2015-04-08

提取每一个卡号所对应记录中每天最早、最晚的通勤记录，参考代码如下：

```
In[111]:  group_card_date = data_commute.groupby(['card', 'date_in'])
          first = group_card_date.agg({'dtime_in':np.min})
          last = group_card_date.agg({'dtime_in':np.max})
```

删除临时字段，参考代码如下：

```
In[112]:  data_commute.drop('date_in', axis=1, inplace=True)
```

查看最早的通勤记录：

```
In[113]:  first.head()
```

Out[113]:

card	date_in	dtime_in
5690	2015-04-08	2015-04-08 08:23:36
6138	2015-04-08	2015-04-08 07:17:13
7422	2015-04-08	2015-04-08 09:39:21
7753	2015-04-08	2015-04-08 12:16:44
55427	2015-04-08	2015-04-08 09:40:49

查看最晚的通勤记录：

```
In[114]:  last.head()
```

Out[114]:

card	date_in	dtime_in
5690	2015-04-08	2015-04-08 18:18:00
6138	2015-04-08	2015-04-08 17:40:45
7422	2015-04-08	2015-04-08 15:57:00
7753	2015-04-08	2015-04-08 15:03:58
55427	2015-04-08	2015-04-08 09:40:49

合并早、晚通勤记录，参考代码如下：

```
In[115]:  first.columns = ['first_in']
          last.columns = ['last_in']
          commute_round = pd.concat([first, last], axis=1)
```

重置 index，保留原 index，参考代码如下：

```
In[116]:  commute_round.reset_index(inplace=True)
          commute_round.head()
```

Out[116]:

	card	date_in	first_in	last_in
0	5690	2015-04-08	2015-04-08 08:23:36	2015-04-08 18:18:00
1	6138	2015-04-08	2015-04-08 07:17:13	2015-04-08 17:40:45
2	7422	2015-04-08	2015-04-08 09:39:21	2015-04-08 15:57:00
3	7753	2015-04-08	2015-04-08 12:16:44	2015-04-08 15:03:58
4	55427	2015-04-08	2015-04-08 09:40:49	2015-04-08 09:40:49

连接第一条记录的相应的站点信息，参考代码如下：

In[117]:
```
commute_round = pd.merge(commute_round, data_commute,
left_on=['card', 'first_in'],
right_on=['card', 'dtime_in'])
```

删除多余字段，参考代码如下：

In[118]:
```
commute_round.drop(['dtime_in','money'],axis=1,
inplace=True)
```

重命名字段，参考代码如下：

In[119]:
```
commute_round.rename({'station_in':'station_first_in','dtime_out':
'first_out','station_out':'station_first_out'},axis=1, inplace=True)
commute_round.head()
```

Out[119]:

	card	date_in	first_in	last_in	station_first_in	first_out	station_first_out
0	5690	2015-04-08	2015-04-08 08:23:36	2015-04-08 18:18:00	929	2015-04-08 08:37:49	933
1	6138	2015-04-08	2015-04-08 07:17:13	2015-04-08 17:40:45	638	2015-04-08 07:49:24	423
2	7422	2015-04-08	2015-04-08 09:39:21	2015-04-08 15:57:00	930	2015-04-08 09:57:44	741
3	7753	2015-04-08	2015-04-08 12:16:44	2015-04-08 15:03:58	413	2015-04-08 12:53:56	425
4	55427	2015-04-08	2015-04-08 09:40:49	2015-04-08 09:40:49	823	2015-04-08 10:46:16	1241

merge 最后一条记录的相应的站点信息，参考代码如下：

In[120]:
```
commute_round = pd.merge(commute_round, data_commute,
left_on=['card', 'last_in'], right_on=['card', 'dtime_in'])
```

删除多余字段，参考代码如下：

In[121]:
```
commute_round.drop(['dtime_in', 'money'], axis=1, inplace=True)
```

重命名字段，参考代码如下：

In[122]:
```
commute_round.rename({'station_in':'station_last_in',
'dtime_out':'last_out','station_out':'station_last_out'},
axis=1, inplace=True)
commute_round.head()
```

Out[122]:

	card	date_in	first_in	last_in	station_first_in
0	5690	2015-04-08	2015-04-08 08:23:36	2015-04-08 18:18:00	929
1	6138	2015-04-08	2015-04-08 07:17:13	2015-04-08 17:40:45	638
2	7422	2015-04-08	2015-04-08 09:39:21	2015-04-08 15:57:00	930
3	7753	2015-04-08	2015-04-08 12:16:44	2015-04-08 15:03:58	413
4	55427	2015-04-08	2015-04-08 09:40:49	2015-04-08 09:40:49	823

first_out	station_first_out	station_last_in	last_out	station_last_out
2015-04-08 08:37:49	933	933	2015-04-08 18:32:18	929
2015-04-08 07:49:24	423	423	2015-04-08 18:24:57	638
2015-04-08 09:57:44	741	937	2015-04-08 16:18:02	930
2015-04-08 12:53:56	425	742	2015-04-08 15:32:12	414
2015-04-08 10:46:16	1241	823	2015-04-08 10:46:16	1241

（2）筛选出居住地、工作地的往返记录

查看行数，参考代码如下：

```
In[123]:   commute_round.shape
Out[123]:  (2431743, 10)
```

筛选中间停留在同一个站点的，参考代码如下：

```
In[124]:   i = (commute_round['station_first_out'] == commute_round
           ['station_last_in'])
           commute_round = commute_round[i]
           commute_round.shape
Out[124]:  (1223096, 10)
```

筛选间隔时间大于等于 6 小时的记录，参考代码如下：

```
In[125]:   i = ((commute_round['last_in'] - commute_round['first_out']) >=
           '06:00:00')
           commute_round = commute_round[i]
           commute_round.shape
Out[125]:  (893007, 10)
```

（3）统计居住地和工作地的站点频次并排序

统计居住地的站点频次，参考代码如下：

```
In[126]:   freq_first_station =
           commute_round.groupby(['station_first_in']).size()
           freq_first_station.name = 'freq'
```

设置居住地站点的经纬度和名称，参考代码如下：

```
In[127]:   first_station = data_stations.loc[freq_first_station.index,
           ['LATITUDE', 'LONGITUDE', 'ST_NAME_CH']]
           first_station.columns = ['lat', 'long', 'name']
```

合并居住地信息，参考代码如下：

```
In[128]:   freq_first_station = pd.concat([freq_first_station, first_station],
           axis=1)
           freq_first_station.head()
```

Out[128]:

	freq	lat	long	name
station_first_in				
111	18726	31.111093	121.385454	莘庄
112	5088	31.120916	121.393003	外环路
113	13743	31.130957	121.402919	莲花路
114	6374	31.142197	121.414146	锦江乐园
115	4216	31.154688	121.430136	上海南站

累加统计，参考代码如下：

```
In[129]:   freq_first_station = freq_first_station.groupby(['lat', 'long',
           'name']).agg({'freq':np.sum})
           freq_first_station.reset_index(inplace=True)
```

根据频次降序排列，参考代码如下：

In[130]:
```
freq_first_station.sort_values('freq', ascending=False,
inplace=True)
freq_first_station.reset_index(drop=True, inplace=True)
freq_first_station.head()
```

Out[130]:

	lat	long	name	freq
0	31.111093	121.385454	莘庄	18726
1	31.137308	121.318699	九亭	14811
2	31.130957	121.402919	莲花路	13743
3	31.154688	121.430136	上海南站	12492
4	31.218093	121.360409	淞虹路	11490

统计工作地的站点频次，参考代码如下：

In[131]:
```
freq_last_station =
commute_round.groupby(['station_last_in']).size()
freq_last_station.name = 'freq'
```

设置工作地站点的经纬度和名称，参考代码如下：

In[132]:
```
last_station = data_stations.loc[freq_last_station.index,
['LATITUDE', 'LONGITUDE', 'ST_NAME_CH']]
last_station.columns = ['lat', 'long', 'name']
```

合并工作地信息，参考代码如下：

In[133]:
```
freq_last_station = pd.concat([freq_last_station, last_station],
axis=1)
freq_last_station.head()
```

Out[133]:

	freq	lat	long	name
station_last_in				
111	6875	31.111093	121.385454	莘庄
112	848	31.120916	121.393003	外环路
113	4010	31.130957	121.402919	莲花路
114	1653	31.142197	121.414146	锦江乐园
115	1662	31.154688	121.430136	上海南站

累加统计，参考代码如下：

In[134]:
```
freq_last_station = freq_last_station.groupby(
 ['lat', 'long', 'name']).agg({'freq':np.sum})
freq_last_station.reset_index(inplace=True)
```

根据频次降序排列，参考代码如下：

In[135]:
```
freq_last_station.sort_values('freq', ascending=False, inplace=True)
freq_last_station.reset_index(drop=True, inplace=True)
freq_last_station.head()
```

Out[135]:

	lat	long	name	freq
0	31.238147	121.502567	陆家嘴	31689
1	31.232373	121.476074	人民广场	27719
2	31.224065	121.448166	静安寺	25534
3	31.170786	121.397421	漕河泾开发区	25084
4	31.194440	121.435980	徐家汇	23594

（4）绘制居住地和工作地的站点地图

绘制站点地图，参考代码如下：

In[136]:

```
from matplotlib.font_manager import FontProperties
def draw_station_map(freq_x, topN=15):
    #设置图像大小、背景色
    plt.figure(figsize=(15,12), facecolor='w')
    #不显示坐标轴
    plt.axis('off')
    #散点的大小
    point_size = freq_x.freq / 200
    #绘制散点图
    plt.scatter(freq_x.long, freq_x.lat,c='red', alpha=0.4,
s=point_size)
    #中文字体、大小
    fontp = FontProperties(fname='simkai.ttf', size='10')
    #字体颜色
    font = {'color': 'black'}
    #标注前N个站点
    for i in np.arange(0,topN):
        freq_n = freq_x.iloc[i]
        plt.text(freq_n.long, freq_n.lat, freq_n['name'],
        fontproperties=fontp, fontdict=font,
        horizontalalignment='center', verticalalignment='baseline')
```

绘制居住地的站点地图，参考代码如下：

In[137]:

```
#绘制居住地的站点地图
draw_station_map(freq_first_station,15)
```

Out[137]:

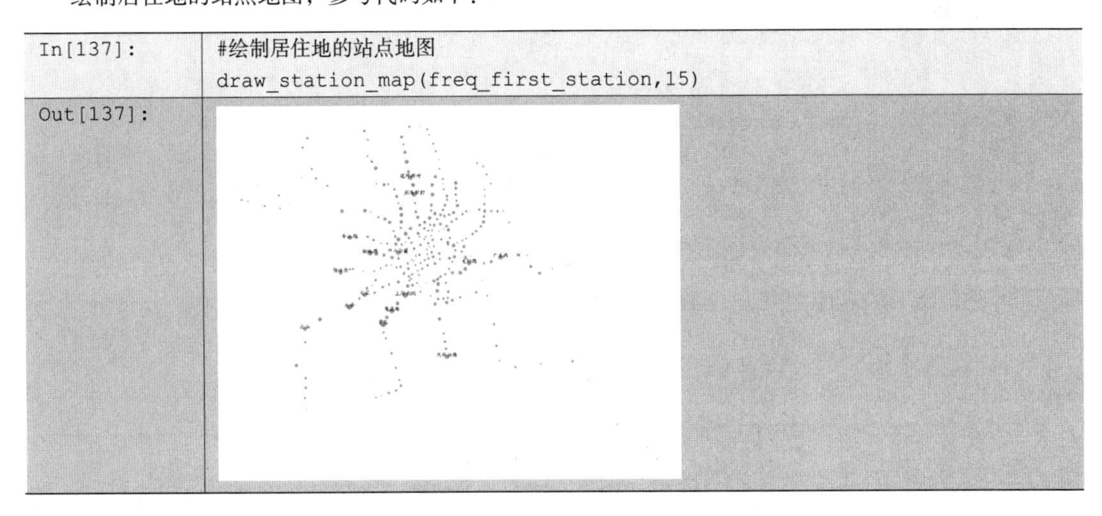

绘制工作地的站点地图，参考代码如下：

In[138]:

```
#绘制工作地的站点地图
draw_station_map(freq_last_station, 15)
```

Out[138]:

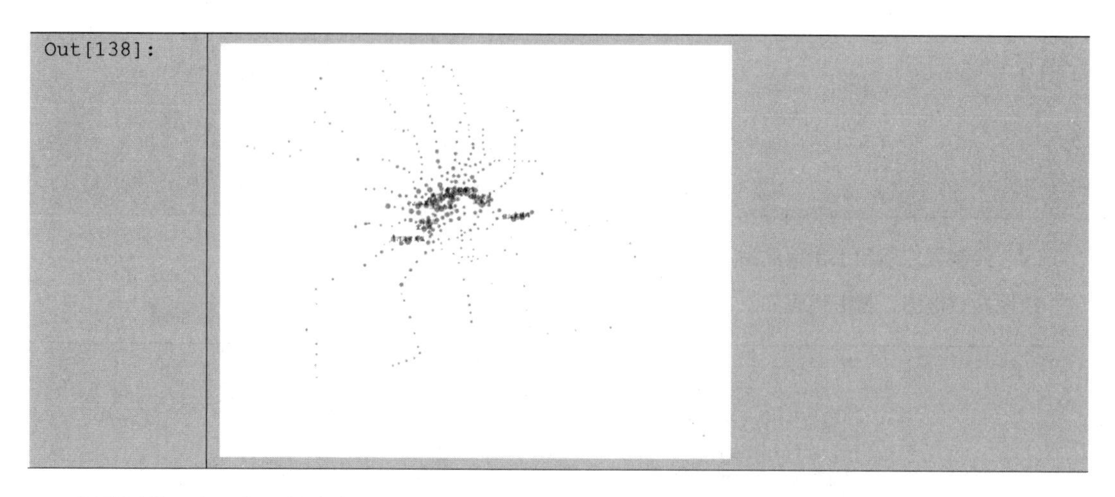

根据居住地和工作地的站点地图，可以看出上海市的进出站频次排在前 15 的工作地站点和排在前 15 的居住地站点。

12.5.3 进行区域中心分析

在本小节中，我们要对站点进行区域中心化，具体步骤如下：

（1）将筛选出来的居住地和工作地的进站频次数据进行降序排列，并将每个区域中频次最高的站点作为中心站点。上海市内环地区地铁站间距通常为 1～2km，为了保证结果的稳定性，本任务设定 *L* 值为 1500 （对应的经纬度差异约为 0.0135 ）。

（2）对第（1）步中已经完成中心化的各个站点的刷卡出站记录数量依次进行累加。

自定义函数，实现站点中心化。参考代码如下：

In[139]:

```
def centralize(freq_x) :
    '''
    函数：站点中心化
    参数 freq_x 必须是已经根据'freq'从大到小排序的
    '''
    freq_x = freq_x.copy()
    #标志：是否已经被附近站点吞并
    freq_x['absorbed'] = False
    for center_index in freq_x.index :
        center = freq_x.loc[center_index]
        #跳过已被吞并的
        if center.absorbed :
            continue
        print( '=====', center['name'], center.long, center.lat, '=====')
        #从最高的一个站点开始，依次并入附近的站点
        #寻找方圆 1.5km 之内（经纬度相差约 0.0135）的所有站点
        around_index = ((freq_x.index != center_index) &
                    (~freq_x.absorbed) &
                    ((freq_x.long - center.long).abs() <= 0.0135)&
                    ((freq_x.lat - center.lat).abs() <= 0.0135))
        around = freq_x[around_index]
        print(around.name.values)
        #吞并附近的站点
```

```
        freq_x.loc[center_index, 'freq'] += around.freq.sum()
        #删除附近的站点
        freq_x.loc[around_index, 'absorbed'] = True
    #删除被吞并掉的站点
    freq_x = freq_x[~freq_x.absorbed]
    #重新降序排列
    freq_x.sort_values('freq', ascending=False, inplace=True)
    return freq_x
```

对居住地中心化，参考代码如下：

In[140]:

```
#居住地中心化
center_first_station = centralize(freq_first_station)
center_first_station.head()
```

Out[140]:

	lat	long	name	freq	absorbed
21	31.171330	121.496079	成山路	25464	False
0	31.111093	121.385454	莘庄	25300	False
12	31.218222	121.416211	中山公园	24521	False
17	31.246726	121.431161	镇坪路	21971	False
47	31.269920	121.479232	虹口足球场	21943	False

对工作地中心化，参考代码如下：

In[141]:

```
#工作地中心化
center_last_station = centralize(freq_last_station)
center_last_station.head()
```

Out[141]:

	lat	long	name	freq	absorbed
1	31.232373	121.476074	人民广场	81409	False
2	31.224065	121.448166	静安寺	73024	False
4	31.194440	121.435980	徐家汇	56156	False
5	31.221427	121.530502	浦电路	47287	False
0	31.238147	121.502567	陆家嘴	45648	False

（3）显示中心化的结果

使用任务 12.4 定义好的 draw_station_map 函数绘制中心化的居住地的站点地图，参考代码如下：

In[142]:

```
#绘制中心化的居住地的站点地图
draw_station_map(center_first_station, 15)
```

Out[142]:

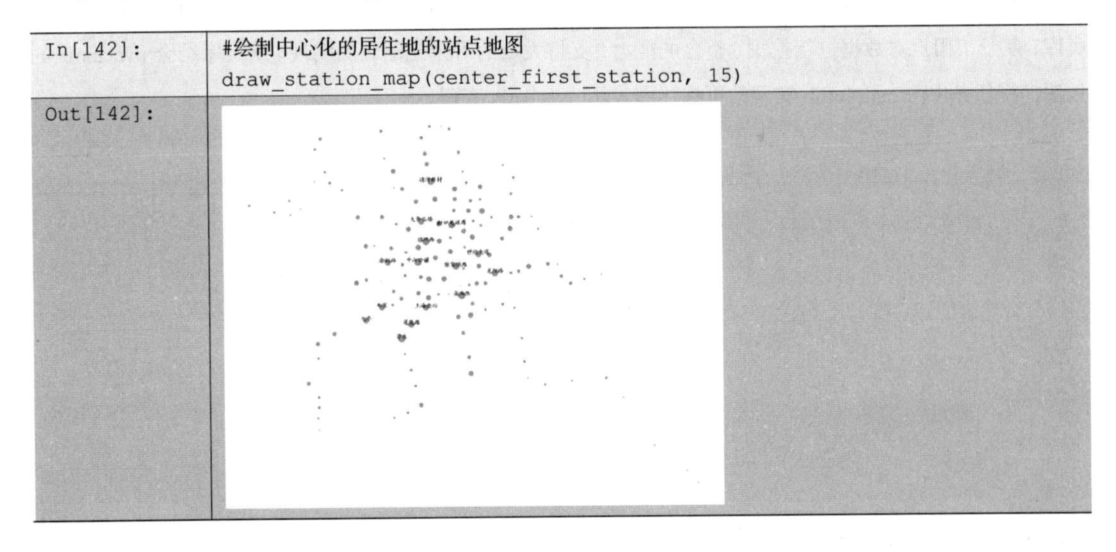

使用同样的函数绘制中心化的工作地的站点地图，参考代码：

In[143]:
```
#绘制中心化的工作地的站点地图
draw_station_map(center_last_station, 15)
```

Out[143]:

根据中心化的居住地和工作地的站点地图，可以进一步分析上海市的工作地和居住地中心区域的特点。

项目总结

本项目通过对2015年4月8日上海市公共轨道交通刷卡数据进行分析，建立轨道交通出行数据模型，并对交通出行数据进行可视化展示。通过项目实施，让学习者掌握Python数据处理工具的使用方法，以及词云图、条形图等数据可视化方法。

项目实践

本项目中使用了大量的可视化图表去辅助完成数据分析。pyecharts是一个用于生成ECharts图表的类库，赋予了用户对数据进行挖掘、整合的能力，支持大量的可视化图表的实现。请大家结合pyecharts的用法，将任务中由matplotlib实现的可视化图表用pyecharts实现。

单元13 上市公司新闻情感与股票价格的关系

项目目标

（1）能够使用 Python 进行网页的爬取、解析，提取出需要的内容；

（2）能够对中文进行基本的文本处理，包括分词、特征选择、文本向量化；

（3）能够使用多种机器学习算法对文本进行情感判别，包括逻辑斯谛回归、朴素贝叶斯、支持向量机等，了解如何进行模型训练，如何进行模型评估；

（4）能够使用 Python 的 wordcloud 库绘制词云图，展示文本的关键词。

相关背景知识

互联网不断发展，给人类带来了更快速的信息传播媒介。在“互联网”时代，上市公司新闻的传播更加快速，股票价格对新闻的反应速度也更快。上市公司新闻中往往包含大量信息，除了上市公司的财务数据外，还包括经营公告、行业动向、国家政策等大量文本信息，这些文本信息中常常包含一定的情感倾向，会影响股民对公司股票未来走势的预期，造成公司的股票价格波动。如果能够挖掘出这些新闻中蕴含的情感信息，会对指导投资起到很大的作用。本任务想要使用文本挖掘技术和机器学习算法，挖掘出新闻中蕴含的情感信息，将文本的情感分别判别为积极的（positive）、中立的（neutral）、消极的（negative）这 3 种，通过上市公司新闻的情感对股票价格做预测。

任务实现

任务13.1 网络数据爬取

本任务需要使用 Python 中与网络爬虫相关的第三方库对网页进行爬取、解析，提取出需要的内容。

13.1.1 查看要爬取的网页结构

（1）打开网页

在 Chrome 浏览器中打开新浪财经的网页，查看个股新闻，例如万科 A：

http://vip.stock.finance.sina.com.cn/corp/go.php/vCB_AllNewsStock/symbol/sz000002.phtml

单击上面的链接，打开万科 A 的主页。

（2）查看源码

在浏览器中右击，在弹出的快捷菜单中选择“检查”，在浏览器右边可以看到网页结构，如图 13-1 所示。

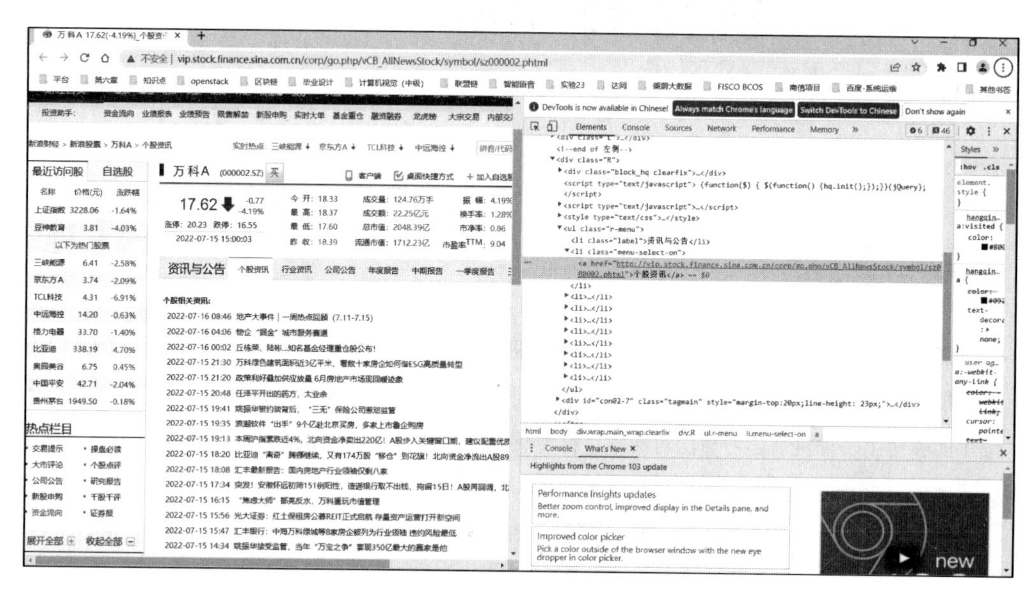

图 13-1　新浪财经网页

该网页中，上市公司“万科 A”相关新闻的标题就是我们要分析的内容。下面，我们需要把这些新闻标题提取出来。

13.1.2　提取网页中的新闻标题

导入本任务需要使用的第三方库，并设置选定万科 A 的股票，只下载第一页的新闻标题，参考代码如下：

In[1]:

```
import pandas as pd
import numpy as np
import urllib
import bs4
import re
import os
#选定万科 A 的股票，只下载第一页新闻标题
stock = 'sz000002'
page = 1
```

设置爬虫地址，如果任务环境可以连接联网，则需指定实际网站的网址（否则以下此段代码无须编写），参考代码如下：

In[2]:

```
#如果可以联网，拼接出网页链接的字符串
url_base = 'http://vip.stock.finance.sina.com.cn/corp/view/vCB_
AllNewsStock.php?symbol='
url_head = url_base + stock + '&Page=' + str(page)
```

如果任务环境不能联网，则指定预先下载好的网页（否则以下此段代码无须编写），参考代码：

```
In[3]:  #如果不能联网，指定预先下载好的网页
        url_head = 'sz000002.htm'
```

下载网页，使用 urllib 模块下载网页，参考代码：

```
In[4]:  response=urllib.request.urlopen(url_head)
        html_cont=response.read()
```

内容提取，使用 BeautifulSoup 模块，找到种类为'datelist'的 div 元素下的内容，并使用正则表达式将字符串中需要的内容提取出来，将股票代码、日期、时间、新闻标题、新闻链接组合成一条记录，最后存储在 TXT 文件中，参考代码如下：

```
In[5]:  #使用 BeautifulSoup 模块，找到种类为'datelist'的 div 元素下的内容
        soup=bs4.BeautifulSoup(html_cont,'html.parser',from_encoding='utf-8')
        temp=soup.find_all('div',class_='datelist')[0]
        #使用正则表达式将字符串中需要的内容提取出来
        time_list = re.findall("\xa0\xa0\xa0\xa0(\d+-\d+-
        \d+)\xa0(\d+:\d+)\xa0\xa0", str(temp))
        head_list = temp.find_all('a',target="_blank")
        #将股票代码、日期、时间、新闻标题、新闻链接组合成一条记录
        page_total=[]
        for i in range(len(time_list)):
            date = time_list[i][0]
            time = time_list[i][1]
            headline=head_list[i].get_text()
            content_url=head_list[i]['href']
            page_total.append([stock,date,time,headline,content_url])
        #将所有新闻存储在 TXT 文件中
        filepath = 'download_HTML.txt'
        with open(filepath, 'w',encoding="utf-8") as file_handler:
            for item in page_total:
                for each in item:
                    file_handler.write("{}  ".format(each),)
                file_handler.write("\n")
        #查看文件是否生成
        os.path.exists(filepath)
Out[5]: True
```

任务 13.2 中文文本处理

基本的文本处理，包括分词、特征选择、文本向量化等。本任务提供了用于训练的标注好情感的新闻文本近 1500 篇，这些新闻文本根据'positive'、'negative'、'neutral'这 3 种情感，被分为 3 类，分别放在 3 个文件夹中。我们需要将其转化为向量形式，向量中的每个值为一个词的 TF-IDF 值。TF-IDF 值在单元 11 中有相关说明。

13.2.1 中文分词

1. 加载分词库，定义分词函数

停用词，是由英文单词 stop word 翻译过来的，在英文文档里面会遇到很多 a、the、or 等使用频率很高的字母或词，一般为冠词、介词、副词或连词等。而在中文文档里面其实也存在大量的停用词。比如，“在”“里面”“也”“的”“它”“为”等都是停用词。这些词的使用频率很高，几乎在每个文档中都存在，这些词没有任何情感信息，所以开发人员会将这些词全部忽略掉。中文词的停用词表，可以作为中文文本处理中停用词删除的索引词典。

中文文本处理和英文文本处理的一个极大不同之处在于处理中文文本需要经过分词这个过程，将一段文本分成一个个的词组。参考代码如下：

In[6]:
```
#加载分词库 jieba
import jieba
stopwords = [line.rstrip() for line in open('stopwords.txt', 
encoding="GBK")]

#定义一个函数，对传入的中文字符串进行分词
def parse(text):
    words=[]
    seg_list=jieba.cut(text,cut_all=False)  #精确模式
    for word in seg_list:
        if len(word)>1 and (word not in stopwords) and (not 
word[0].isdigit()) and (not word[1].isdigit()):  #去掉停用词、一个字符的
词和所有数字
            words.append(word)
    return words
```

2. 查看分词效果

我们可以用 parse 函数对字符串进行分词，举一个例子，参考代码如下：

In[7]:
```
#查看分词效果
text = '王石放手后：郁亮时代万科能否成为技术公司?'
parse(text)
```

Out[7]:
```
['王石', '放手', '郁亮', '时代', '万科', '能否', '成为', '技术', '公司']
```

13.2.2 将分词后得到的词组转换为向量

对新闻文本进行分词后，定义一个类，将词组转换为向量，参考代码如下：

In[8]:
```
#对新闻文本进行分词，然后将词组放入 corpus 中，情感类别放入 label 中
classes = ['negative', 'neutral', 'positive']
corpus = []
label = []
for i in range(3):
    file_name = os.listdir('TrainingData/' + classes[i])
    for file in file_name:
        news = open('TrainingData/' + classes[i] + '/' + file, 
encoding="GBK").read()
```

```
        news_cut = parse(news)
        #将 news_cut 中的词组用空格分开，使用 CountVectorizer 需要这种格式
        corpus.append(" ".join(news_cut))
        label.append(classes[i])
#导入模块 chi2 做特征选择
from sklearn.feature_selection import chi2
#导入 sklearn 模块中的函数来将词组转化为 TF-IDF 向量
from sklearn.feature_extraction.text import TfidfTransformer
from sklearn.feature_extraction.text import CountVectorizer
#编写将词组转化为向量的类
class Transword2vec(object):
    def __init__(self, data, label):
        #初始化时转化为基于词频的向量
        self.data = data
        self.label = label
        vectorizer = CountVectorizer()
        self.orig_tf = vectorizer.fit_transform(self.data)
        self.orig_vocab = vectorizer.get_feature_names()
        self.vec_tf = np.zeros(1)
        self.vec_tfidf = np.zeros(1)
    #特征选择，主要使用卡方检验，卡方值越大说明特征对结果影响越大，也就是越需要保留
    def feature_selection(self, proportion=1.0):
        #卡方选择，参数控制为特征的比例，存储选择后的矩阵和词汇
        self.orig_setofwords = (self.orig_tf > 0) * 1
        #做卡方选择时不用词频，而用是否出现过，得到每个词的卡方值组成的向量，是否
存在该词(0,1)和情感('negative','neutral','positive')
        self.chi = chi2(self.orig_setofwords, self.label)
        #argsort 函数返回的是数组从小到大的索引
        self.ordered_index = np.argsort(-
self.chi[0])[:np.int(self.orig_tf.shape[1] * proportion)]
        self.ordered_vocab =
np.array(self.orig_vocab)[self.ordered_index]
        #按照词汇重要性重新对 dict 排序
        self.vec_tf = self.orig_tf[:, self.ordered_index]
    def trans_tfidf(self, toarray=False):
        #转化为 TF-IDF 值的向量
        tfidf_transformer = TfidfTransformer()
        #将词频向量 vec_tf 转化为 TF-IDF 值
        self.vec_tfidf = tfidf_transformer.fit_transform(self.vec_tf)
        if toarray:
            return self.vec_tfidf.toarray()
        else:
            return self.vec_tfidf
#假设要在出现过的词汇中选取卡方值排名前 10%的特征
proportion = 0.1
transformer = Transword2vec(corpus, label)
transformer.feature_selection(proportion)
vec_tfidf = transformer.trans_tfidf(toarray=False)
print(vec_tfidf)
```

Out[8]:

```
(0, 2763)	0.10574960120158365
(0, 2761)	0.20313395146792024
(0, 2682)	0.1089316067760901
(0, 2640)	0.309959451317874
(0, 1932)	0.362866006410774
(0, 1860)	0.12605514115358724
(0, 1577)	0.089375249595194
(0, 1362)	0.22206090552509136
(0, 1233)	0.07345998777737509
(0, 963)	0.09450857414465831
(0, 953)	0.1110304527625456
(0, 917)	0.16812642768233793
(0, 675)	0.17581404190734645
(0, 571)	0.11576933098083103
(0, 530)	0.10605199863806769
(0, 485)	0.09471053524184139
(0, 412)	0.43448615433199167
(0, 274)	0.08954324703979201
(0, 214)	0.36603296608118485
(0, 163)	0.054840652160051115
(0, 133)	0.08561924860997676
(0, 116)	0.30034563567953404
(0, 89)	0.0840530054398889
(0, 79)	0.11252261935199105
(0, 39)	0.12798497459898708
:	:
(1498, 2579)	0.12094806114742927
(1498, 2362)	0.16106253070831084
(1498, 2304)	0.12276693693724461
(1498, 2202)	0.24810290886910433
(1498, 1627)	0.2726710488036416
(1498, 1539)	0.08131123917013004
(1498, 1494)	0.1291005065501324
(1498, 1492)	0.11564282987674293
(1498, 1143)	0.10740675721515568
(1498, 1005)	0.07813465786148231
(1498, 995)	0.08445412931964184
(1498, 460)	0.1353176764597597
(1498, 459)	0.26678088936191113
(1498, 444)	0.11764150479502297
(1498, 439)	0.05692468417725055
(1498, 353)	0.0838547764456356
(1498, 340)	0.08475887571894838
(1498, 315)	0.167878380576423
(1498, 289)	0.08400337059222619
(1498, 166)	0.10314814892643966
(1498, 145)	0.06871976217377367
(1498, 117)	0.12405145443455216
(1498, 80)	0.07961282335993208
(1498, 22)	0.19341815481612418
(1498, 4)	0.10225404154063147
```

执行上面的代码，因为有 1000 多条记录，执行完成需要一定时间。从执行结果可以看到 vec_tfidf 是一个稀疏矩阵。

“(0, 2763)　0.10574960120158365” 表示 vec_tfidf 稀疏矩阵的第 0 行第 2763 列的值为 0.10574960120158365。

任务 13.3　使用机器学习算法进行情感分析

我们能够使用多种机器学习模型对文本进行情感分析，包括朴素贝叶斯、逻辑斯谛回归、支持向量机等。下面，分别使用这些算法对文本进行模型训练和模型评估。

13.3.1　样本拆分

加载 sklearn 库的相关模块，导入需要的函数，参考代码如下：

In[9]:

```
from sklearn.model_selection import train_test_split
from sklearn.naive_bayes import MultinomialNB
from sklearn import svm
from sklearn.metrics import confusion_matrix
from sklearn.metrics import f1_score
from sklearn.metrics import precision_score
from sklearn.metrics import recall_score
from sklearn import linear_model
from sklearn.metrics import confusion_matrix
from sklearn.metrics import classification_report
```

将样本分成训练集和测试集两部分。训练集用来训练和建立模型，测试集用来对所建模型的精确性进行测试，参考代码如下：

In[10]:

```
proportion = 0.1
transformer = Transword2vec(corpus, label)
transformer.feature_selection(proportion)
```

```
vec_tfidf = transformer.trans_tfidf(toarray=False)
X_train, X_test, y_train, y_test = train_test_split(vec_tfidf,label,
test_size=0.3, random_state=0)
```

执行上面的两段代码，将获得训练集和测试集两部分数据。

13.3.2 模型训练与评估

下面，我们分别使用朴素贝叶斯、逻辑斯谛回归、支持向量机 3 种模型进行情感模型的训练，然后对比和评估这 3 种模型，评估准则为 f1-macro。f1-macro 一般用于多分类问题，它先计算出每个类别的 f1 值，再计算 f1 值的平均值，该方法平等地对待所有类别，而不考虑不同类别的重要性。参考代码如下：

```
In[11]:
#使用朴素贝叶斯
method = 'Naive Beyes'
print('-----------------------Naive Beyes-----------------------')
MNB = MultinomialNB()
y_pred = MNB.fit(X_train, y_train).predict(X_test)
#使用 f1_score 方法计算宏平均（Macro-averaging）
f1_macro = f1_score(y_test,y_pred,labels=['negative','neutral',
'positive'], average='macro')
#使用 f1_score 方法计算微平均（Micro-averaging）
f1_micro = f1_score(y_test, y_pred, labels=['negative', 'neutral',
'positive'], average='micro')
#print("method %s,prop:%.4f,f1:%s"%(method,proportion,f1_macro))
print(classification_report(y_test, y_pred))
print("method %s,prop:%.4f,f1_macro:%s" % (method, proportion, f1_macro))
print("method %s,prop:%.4f,f1_micro:%s" % (method, proportion, f1_micro))

#使用逻辑斯谛回归
method = 'Logistic Regression'
print('--------------------Logistic Regression--------------------')
LR = linear_model.LogisticRegression()
y_pred = LR.fit(X_train, y_train).predict(X_test)
#使用 f1_score 方法计算宏平均
f1_macro = f1_score(y_test,y_pred,labels=['negative','neutral',
'positive'], average='macro')
#使用 f1_score 方法计算微平均
f1_micro = f1_score(y_test, y_pred, labels=['negative', 'neutral',
'positive'], average='micro')
print(classification_report(y_test, y_pred))
print("method %s,prop:%.4f,f1_macro:%s" % (method, proportion, f1_macro))
print("method %s,prop:%.4f,f1_micro:%s" % (method, proportion, f1_micro))

#使用支持向量机
method = 'SVM'
print('---------------------------SVM---------------------------')
clf = svm.SVC(kernel='linear', C=1)
clf.fit(X_train, y_train)
y_pred = clf.predict(X_test)
#使用 f1_score 方法计算宏平均
```

```
f1_macro = f1_score(y_test,y_pred,labels=['negative','neutral',
'positive'], average='macro')
#使用 f1_score 方法计算微平均
f1_micro = f1_score(y_test, y_pred, labels=['negative', 'neutral',
'positive'], average='micro')
print(classification_report(y_test, y_pred))
print("method %s,prop:%.4f,f1_macro:%s" % (method, proportion, f1_macro))
print("method %s,prop:%.4f,f1_micro:%s" % (method, proportion, f1_micro))
```

Out[11]:

```
------------------------Naive Beyes------------------------
              precision    recall  f1-score   support

    negative       0.81      0.85      0.83       133
     neutral       0.84      0.79      0.82       155
    positive       0.85      0.86      0.86       162

    accuracy                           0.84       450
   macro avg       0.83      0.84      0.83       450
weighted avg       0.84      0.84      0.84       450

method Naive Beyes,prop:0.1000,f1_macro:0.8348090711997763
method Naive Beyes,prop:0.1000,f1_micro:0.8355555555555556
-------------------Logistic Regression-------------------
              precision    recall  f1-score   support

    negative       0.84      0.85      0.85       133
     neutral       0.84      0.83      0.83       155
    positive       0.90      0.91      0.90       162

    accuracy                           0.86       450
   macro avg       0.86      0.86      0.86       450
weighted avg       0.86      0.86      0.86       450

method Logistic Regression,prop:0.1000,f1_macro:0.8607195532871534
method Logistic Regression,prop:0.1000,f1_micro:0.8622222222222222
----------------------------SVM----------------------------
              precision    recall  f1-score   support

    negative       0.85      0.83      0.84       133
     neutral       0.84      0.84      0.84       155
    positive       0.88      0.90      0.89       162

    accuracy                           0.86       450
   macro avg       0.86      0.86      0.86       450
weighted avg       0.86      0.86      0.86       450

method SVM,prop:0.1000,f1_macro:0.8560565839332578
method SVM,prop:0.1000,f1_micro:0.8577777777777779
```

根据输出结果可以看到 3 个模型的分类指标文本报告，其中包括 precision（查准率）、recall（查全率）、f1-score（f1 度量）、f1_macro（宏平均）和 f1_micro（微平均）。

使用评估准则 f1-macro，可以发现预测效果由差到好依次为朴素贝叶斯（0.8348090711997763）、支持向量机（0.8560565839332578）、逻辑斯谛回归（0.8607195532871534）。可以看到，逻辑斯谛回归模型在测试集上的效果是最好的。

任务 13.4 绘制词云图

最后，我们需要使用 Python 的 wordcloud 库绘制词云图，展示文本的关键词。

13.4.1 载入数据

加载 wordcloud 库的 WordCloud 函数和可视化相关的库，参考代码如下：

In[12]:

```
from wordcloud import WordCloud
import matplotlib.pyplot as plt
from PIL import Image
```

然后，我们抓取一个新闻页面，新闻标题为“美的集团与万科集团签署战略合作框架协议”，该页面的 URL（Uniform Resource Locator，统一资源定位符）如下：

```
web_url = 'https://finance.sina.com.cn/jjxw/2022-09-19/doc-imqmmtha7909011.shtml'
```

读取这个页面的文本，并对它进行解析，参考代码如下：

In[13]:

```
web_url = 'https://finance.sina.com.cn/jjxw/2022-09-19/doc-imqmmtha7909011.shtml'

response = urllib.request.urlopen(web_url)
html_cont = response.read()

soup = bs4.BeautifulSoup(html_cont, 'html.parser', from_encoding='utf-8')
#对 soup 使用 find_all，提取页面中 class 为'article'的 div 元素下面的所有 p 元素中的文本
temp = soup.find_all('div', class_='article')[0].find_all('p', text=True)
print(temp)
```

Out[13]:

```
[<p>转自：中国网地产</p>, <p cms-style="font-L">美的集团企业业务总裁王新亮、万科集团董事会秘书朱旭分别代表双方在协议上签字。</p>, <p cms-style="font-L">根据战略合作协议，双方将发挥各自专业领域的技术、品牌、资源、客户等优势，促进资源共享、互利互惠，构建稳固、可持续的战略合作伙伴关系，在智能家居、楼宇科技、物流仓储、长租公寓、物业管理、EPC代建等多个领域开展全面深入的合作。为此，双方还建立了高层互访、日常部门联络等沟通机制，保障双方战略合作的有效推进。</p>, <p cms-style="font-L">签约仪式上，双方管理团队围绕各大业务板块进行了深入交流，挖掘进一步合作的可能性。</p>, <p cms-style="font-L">美的集团董事长兼总裁方洪波表示，万科是值得信赖的伙伴，双方有很好的合作基础，合作将长期地持续下去。双方可以发挥各自优势，除了家电合作以外，可以在物业管理、代建、物流、楼宇等新型的业务领域共建共创，实现互利共赢。如物业管理方面，美的几大核心园区的物业管理都由万科在承接，包括美的总部大楼、“青春+”公寓、上海全球创新园区等；在楼宇方面，美的楼宇科技事业部的iBUILDING数字化平台，打造了一个智慧建筑的集成平台，可以解决智慧建筑中设备设施的互联互通、开放平台打造、节能降耗等一系列的问题。方洪波认为，“双方的战略合作机制很好，期待未来的前景，落地好更多项目，为用户带来更大的价值。”</p>, <p cms-style="font-L">万科集团董事会主席郁亮认为，两家企业之所以有这么全面的合作关系，是基于两家有着共同的价值观。“万科对美的是充分信任的。这次合作协议里的内容，跟万科的转型发展有很大的关联性。当下的存量市场仍有开拓空间，用户的‘改善需求’很大，这对双方都是机会。”郁亮表示，“我们两家企业不仅能面对现在，更能面向未来挖潜，共同探讨适应市场需求的新东西，包括新能源、智慧物流、储能，实现更广泛的合作基础，共同服务好客户，期待未来实现更大的合作成果。”</p>, <p cms-style="font-L">签约仪式前，万科集团管理团队参观了美的集团楼宇科技事业部展厅和美的集团总部企业展厅。双方均表示将加强在多种用户场景下产业共建与研究，推动高质量产品和服务发展。</p>]
```

13.4.2 分词

接下来，使用 13.2.1 小节定义的 parse 函数对这些文本进行分词，参考代码如下：

In[14]:

```
#使用 parse 函数完成分词
seg_list = parse(str(temp))
txt = ' '.join(seg_list)
print(txt)
```

Out[14]:

```
转自 中国 地产 cms style font 美的 集团 企业 业务 总裁 王新亮 万科 集团 董事会 秘书 朱旭 分别 代表 双方 协议 签字 cms style font 战略 合作 协议 双方 发挥 专业 领域 技术 品牌 资源 客户 优势 促进 资源共享 互利互惠 构建 稳固 持续 战略 合作伙伴 关系 智能家居 楼宇 科技 物流 仓储 长租 公寓 物业管理 EPC 代建 多个 领域 开展 全面 深入 合作 为此 双方 建立 高层 互访 日常 部门 联络 沟通 机制 保障 双方 战略 合作 有效 推进 cms style font 签约 仪式 双方 管理 团队 围绕 各大 业务 板块 进行 深入 交流 挖掘 进一步 合作 可能性 cms style font 美的 集团 董事长 总裁 方洪波 表示 万科 值得 信赖 伙伴 双方 合作 基础 合作 长期 持续 下去 双方 发挥 优势 家电 合作 以外 物业管理 代建 物流 楼宇 新型 业务 领域 共建 共创 实现 互利 共赢 物业管理 方面 美的 核心 园区 物业管理 万科 承接 包括 美的 总部 大楼 青春 公寓 上海 全球 创新 园区 楼宇 方面 美的 楼宇 科技 事业部 iBUILDING 数字化 平台 打造 一个 智慧 建筑 集成 平台 解决 智慧 建筑 设备 设施 互联互通 开放平台 打造 节能降耗 一系列 问题 方洪波 认为 双方 战略 合作 机制 期待 未来 前景 落地 项目 用户 带来 更大 价值 cms style font 万科 集团 董事会 主席 郁亮 认为 两家 企业 全面 合作 关系 两家 有着 共同 价值观 万科 美的 信任 这次 合作 协议 内容 万科 转型 发展 很大 关联性 存量 市场 开拓 空间 用户 改善 需求 很大 双方 机会 郁亮 表示 两家 企业 面对 现在 更能 面向未来 挖潜 共同 探讨 适应 市场需求 东西 包括 新能源 智慧 物流 储能 实现 广泛 合作 基础 共同 服务 客户 期待 未来 实现 更大 合作 成果 cms style font 签约 仪式 万科 集团 管理 团队 参观 美的 集团 楼宇 科技 事业部 展厅 美的 集团 总部 企业 展厅 双方 表示 加强 多种 用户 场景 产业 共建 研究 推动 高质量 产品 服务 发展
```

13.4.3 绘制新闻文本词云图

在单元 11 中，我们已经讲解了使用 WordCloud 函数绘制词云图的方法。下面，我们仍然使用这个方法来绘制新闻文本的词云图。参考代码如下：

In[15]:

```
#指定词云图中文字字体为 simhei
font_path = 'simhei.ttf'
#词云形状的来源图片，使用 numpy 的 array 函数配合 Image 的 open 方法，传入形状图片
shape_mask = np.array(Image.open('niu.jpeg'))
```

	#构建 WordCloud 对象，第一个参数 font_path 为字体路径，第二个参数 mask 为形状，第三个参数 background_color 为背景颜色，之后调用 generate 方法将文本传入 wordcloud = WordCloud(font_path=font_path,mask=shape_mask,background_color= "white").generate(txt) %matplotlib inline plt.figure(figsize = (10,7)) plt.imshow(wordcloud) plt.axis("off") plt.show()
Out[15]:	

项目总结

本项目以某上市公司的经营公告、行业动向、国家政策等大量文本信息为背景，系统地介绍了数据采集、文本分词、特征转换和挖掘分析算法等开发流程，让大家掌握 Python 数据处理工具包 pandas、爬虫工具包 bs4、词云工具包 wordcloud 和机器学习工具包 sklearn 等的使用，并分别利用朴素贝叶斯、逻辑斯谛回归、支持向量机 3 种模型进行情感模型的训练，在验证样本上进行预测，对比和评价 3 种模型。最终，通过为新闻文本绘制词云图的方式，展示新闻关键字，从而为股民提供有价值的信息。

项目实践

基于文本数据的情感分析挖掘应用场景非常广泛，除了本任务中金融场景的应用外，在电商、旅游及娱乐影视场景中也有大量应用。请尝试使用本任务中的方法，并查阅资料，任选一个场景，实现一个基于文本数据的情感分析应用。